普通高等教育“十一五”国家级规划教材
全国交通土建高职高专规划教材

工 程 地 质

（第三版）

齐丽云　徐秀华　主编
赵明阶［重庆交通大学］
王　清［吉林大学］　主审

人民交通出版社

内 容 提 要

本书为普通高等教育"十一五"国家级规划教材，亦是全国交通土建高职高专规划教材。全书共分四篇：第一篇为工程地质基础知识，较简要地介绍了地球的地质作用、岩石、地质构造、地下水的地质作用、地貌等方面的基本内容，以及它们与公路建设的关系；第二篇为工程地质分析，主要介绍了岩体边坡稳定性分析、不良地质现象、地下洞室围岩稳定性评价等内容；第三篇为工程地质勘察，包括公路工程地质勘察内容和常见的工程地质问题；第四篇为工程地质勘察技能训练。

本书作为高等职业教育道路桥梁工程技术等专业教材，可供中等职业教育路桥、土建类专业师生及各类干部培训学习，也可供从事路桥设计、施工的工程技术人员参考。

图书在版编目(CIP)数据

工程地质/齐丽云，徐秀华主编. —3 版. —北京：人民交通出版社，2009.6

普通高等教育"十一五"国家级规划教材. 全国交通土建高职高专规划教材

ISBN 978-7-114-07735-7

Ⅰ.工… Ⅱ.①齐…②徐… Ⅲ.工程地质—高等学校：技术学校—教材 Ⅳ.P642

中国版本图书馆 CIP 数据核字(2009)第 069064 号

普通高等教育"十一五"国家级规划教材
全国交通土建高职高专规划教材

书　　名：工程地质（第三版）
著 作 者：齐丽云　徐秀华
责任编辑：卢忠贤　黎小东
出版发行：人民交通出版社
地　　址：(100011) 北京市朝阳区安定门外外馆斜街 3 号
网　　址：http://www.ccpress.com.cn
销售电话：(010) 59757973
总 经 销：人民交通出版社发行部
经　　销：各地新华书店
印　　刷：北京鑫正大印刷有限公司
开　　本：787 × 1092　1/16
印　　张：13
字　　数：310 千
版　　次：2002 年 4 月　第 1 版
　　　　　2005 年 8 月　第 2 版
　　　　　2009 年 6 月　第 3 版
印　　次：2015 年 9 月　第 3 版　第 14 次印刷　总第 31 印刷
书　　号：ISBN 978-7-114-07735-7
印　　数：134001 – 139000 册
定　　价：23.00 元
（有印刷、装订质量问题的图书由本社负责调换）

全国交通土建高职高专规划教材编审委员会

主 任 委 员　张洪滨（吉林交通职业技术学院）

副主任委员　（按姓氏笔画为序）

田　平（河北交通职业技术学院）
刘建明（青海交通职业技术学院）
李加林（广东交通职业技术学院）
陆春其（江苏省无锡交通高等职业技术学校）
钟建民（山西交通职业技术学院）
郭发忠（浙江交通职业技术学院）
刘　志（贵州交通职业技术学院）
陈方晔（湖北交通职业技术学院）
李全文（四川交通职业技术学院）
张润虎（贵州交通职业技术学院）
俞高明（安徽交通职业技术学院）
彭富强（湖南交通职业技术学院）

委　　员　（按姓氏笔画为序）

王丰胜（安徽交通职业技术学院）
王连威（吉林交通职业技术学院）
王常才（安徽交通职业技术学院）
孙元桃（宁夏交通学校）
刘福明（南昌工程学院）
杨　平（四川交通职业技术学院）
付清华（甘肃交通职业技术学院）
张保成（内蒙古大学交通学院）
杨晓丰（黑龙江工程学院）
蔡龙成（江西交通职业技术学院）
周传林（南京交通职业技术学院）
周志坚（福建交通职业技术学院）
易　操（湖北城市建设职业技术学院）
赵树青（山东交通职业学院）
晏　杉（云南交通职业技术学院）
夏连学（河南交通职业技术学院）
梁金江（广西交通职业技术学院）
程兴新（陕西省交通厅交通工程定额站）
谢远光（重庆交通职业技术学院）
薛安顺（陕西交通职业技术学院）
王　彤（辽宁交通高等专科学校）
王海春（青海交通职业技术学院）
王穗平（河南交通职业技术学院）
刘孟良（湖南城建职业技术学院）
李中秋（河北交通职业技术学院）
李仕东（鲁东大学交通学院）
沈建康（徐州建筑职业技术学院）
张美珍（山西交通职业技术学院）
张铁成（广东同望科技股份有限公司）
阿巴克力（维）（新疆交通职业技术学院）
金仲秋（浙江交通职业技术学院）
金　桃（贵州交通职业技术学院）
姚　丽（辽宁交通高等专科学校）
高占云（呼和浩特职业学院）
郭秀芹（山东省公路高级技工学校）
栗振锋（太原科技大学）
曹雪梅（四川交通职业技术学院）
彭　芳（内蒙古河套大学）
裴俊华（甘肃林业职业技术学院）
朱小辉（内蒙古交通职业技术学院）

秘　书　长　卢仲贤（人民交通出版社）

总　序

针对高职高专教材建设与发展问题，教育部在《关于加强高职高专教材建设的若干意见》中明确指出：先用2至3年时间，解决好高职高专教材的有无问题。再用2至3年时间，推出一批特色鲜明的高质量的高职高专教育教材，形成**一纲多本、优化配套**的高职高专教育教材体系。

2001年7月，由人民交通出版社发起组织，15所交通高职院校的路桥系主任和骨干教师相聚昆明，研讨交通土建高职高专教材的建设规划，提出了28种高职高专教材的编写与出版计划。后在交通部科教司路桥工程学科委员会的具体指导下，在人民交通出版社精心安排、精心组织下，于2002年7月前完成了28种路桥专业高职高专教材出版工作。

这套教材的出版发行，首先解决了交通高职教育教材的有无问题，有力支持了路桥专业高职教育的顺利发展，也受到了全国各高职院校的普遍欢迎。

随着高职教育教学改革的深入发展、高职教学经验的丰富与积累，以及本行业有关技术标准、规范的更新，本套教材在使用了2至3轮的基础上，对教材适时进行修订是十分必要的，时机也是成熟的。

2004年8月，人民交通出版社在新疆乌鲁木齐召开了有19所交通高职院校领导、系主任、骨干教师共41人参加的教材修订研讨会。会议商定了本套教材修订的基本原则、方法和具体要求。会议决定本套教材更名为"交通土建高职高专统编教材"，并成立了以吉林交通职业技术学院张洪滨为主任委员的"交通土建高职高专统编教材编审委员会"，全面负责本套教材的修订与后续补充教材的建设工作。

2005年6月，编委会在长春召开了同属交通土建大类、与路桥专业链接紧密的"工程监理专业、工程造价专业、高等级公路维护与管理专业"主干课程教材研讨会，正式规划和启动了这三个专业教材的编写出版工作。

2005年12月，教育部高等教育司发布了"关于申报普通高等教育'十一五'国家级规划教材"选题的通知(教高司函[2005]195号)，人民交通出版社积极推荐本套教材参加了"十一五"国家级规划教材选题的评选。

2006年6月，经教育部组织专家评选、网上公示，本套教材中有十五种入选为"十一五"国家级规划教材，2008年1月，又有六种教材在"十一五"国家级规划教材补报中列选，共计21种，标志着广大参与本套教材编写的教师的辛勤劳动得到了社会的认可、本套教材的编写质量得到了社会的认同。

2006年7月，交通土建高职高专统编教材编审委员会及时在银川召开会议，有24所各省区交通高职院校或开办有交通土建类专业的高等学校系部主任、专业带头人、骨干教师以及人民交通出版社领导共39位代表出席了本次会议。会议就全面落实教育部"十一五"国家级规划教材的编写工作进行了研讨。与会代表一致认为必须以入选的十五种国家级规划教材为基本标准，进一步全面提升本套教材的编写质量，编审委员会将严格按照国家级规划教材的要求审稿把关，并决定本套教材更名为**"全国交通土建高职高专规划教材"**，原编委会相应更名为**"全国交通土建高职高专规划教材编审委员会"**。以期在全国绝大多数交通高职院校和开办有交通土建类专业的高等院校的参与、统筹、规划下，本套教材中有更多的进入"十一五"国家级规划教材行列。

2007年5月，编委会在湖南长沙召开工作会议，就“十一五”国家级规划教材主参编人员的确定和教材的编写原则作出了具体安排，全面启动“十一五”国家级规划教材的编写与出版工作。

2008年4月，编委会在广东珠海召开工作会议，研讨了**“工学结合”**高职高专教材编写思路，决定在“十一五”国家级规划教材编写过程中，注重高职教学改革新方向，注重工程实践经验的引入，倡导**“工学结合”。**

本套高职高专规划教材具有以下特色：

——顺应交通高职院校人才培养模式和教学内容体系改革的要求，按照专业培养目标，进一步加强教材内容的针对性和实用性，适应学制转变，合理精简和完善内容，调整教材体系，贴近模块式教学的要求；

——实施开放式的教材编审模式，聘请高等院校知名教授和生产一线专家直接介入教材的编审工作，更加有利于对教材基本理论的严格把关，有利于反映科研生产一线的最新技术，也使得技能培训与实际密切结合；

——全面反映2003年以来的公路工程行业已颁布实施的新标准、规范；

——服务于师生、服务于教学，重点突出，逐章均配有思考题或习题，并给出本教材的参考教学大纲；

——注重学生基本素质、基本能力的培养，教材从内容上、形式上力求更加贴近实际；

——为加强学生的实际动手能力，针对《工程测量》、《道路建筑材料》等课程，本套教材特别配套有实训类辅导教材；

——为方便教学，本套教材配套有《道路工程制图多媒体教材》、《公路工程试验实训多媒体教材》、《路基路面施工与养护技术多媒体教材》、《桥涵设计多媒体教材》、《桥涵施工技术多媒体教材》、《现代道路测量仪器与技术多媒体教材》等。

本套教材的出版与修订再版，始终得到了交通部科教司路桥工程学科委员会和全国交通职教路桥专业委员会的指导与支持，凝聚了交通行业专家、教师群体的智慧和辛勤劳动。愿我们共同向精品教材的目标持续努力。

向所有关心、支持本套教材编写出版的各级领导、专家、教师、同学和朋友们致以敬意和谢意。

全国交通土建高职高专规划教材编审委员会

人民交通出版社

2008年5月

第三版前言

《工程地质》(第二版)于2005年8月由人民交通出版社出版发行。本教材符合“路桥专业高职教材编审原则”之规定,体现了高职教材特色,理论部分的内容以“必需、够用”为原则,把技术应用训练作为本书的核心,并将其贯穿于教材的始终。本书具有理论难度适宜,同时突出实践技能训练的特点,可满足培养高素质应用型人才的要求。

从实际教学情况来看,本书的内容在深度和广度上基本符合了高等职业技术教育的要求,达到了我们预期的效果,做到了理论与实践并重,突出了学生实践技能的培养,提高了学生的综合素质,受到了高职院校师生的欢迎和高度评价。

2008年本教材被教育部评为“普通高等教育‘十一五’国家级规划教材”。根据教育部要求和实际教学情况,本书做了再次修订,并作为第三版出版。

此次修订,原《工程地质》(第二版)的基本内容不变,主要进行局部调整,将第一章“矿物与岩石”改为“岩石及其工程地质性质”,岩石的物理性质指标内容有些调整;第二章中“地质年代”部分内容进行了调整;第三章“水的地质作用”中河流的地质作用增加了河流冲积物的四种主要类型和河流地质作用与公路工程的关系,承压水内容作了适当调整;第八章“公路工程地质勘察”中把第一和第二节合并成“公路工程地质勘察任务和内容”。同时在每一章增加了教学要求、学习建议和内容小结。

在使用本教材时,建议将第十章“野外地质勘察应用技能的训练”部分,在教师授课的过程中让学生自阅,增强学生的感性认识;第七章“地下洞室围岩稳定性评价”可作为选讲内容。

本教材章节内容重点突出,主次分明,深浅适度。同时为了便于学习,每章后附有复习题,以使学生更好地了解和掌握本章内容。书后附有教学大纲,可供教师及相关人员参阅和学生自学之参考。

本次教材修订由吉林交通职业技术学院齐丽云、福建交通职业技术学院的徐秀华担任主编,主审人为重庆交通大学的赵明阶教授和吉林大学的王清教授。

参加本教材修订编写人员如下:导言、第一章、第三章、第六章、第七章、第八章由吉林交通职业技术学院齐丽云编写;第五章由福建交通职业技术学院徐秀华编写;第二章、第四章由吉林交通职业技术学院李晓红、郭丰敏、慕平编写;第九章由河北交通职业技术学院李中秋、宁夏交通学校钟琦编写;第十章由四川交通职业技术学院李大培和盛湧编写。

在本次教材修订的过程中,得到了人民交通出版社高职教材出版中心主任卢仲贤的指导和帮助,在此表示衷心的感谢!

本教材虽然作了修订,但由于我们水平有限,其中仍难免有不足之处,恳请读者批评指正。

编　者

二零零九年六月

第二版前言

《工程地质》于2002年4月由人民交通出版社出版发行。工程地质是公路与桥梁工程专业的一门技术基础课，这本教材具有理论难度适宜，同时突出实践技能训练的特点，满足了培养高素质应用型人才的要求。

本书已出版两年多，从实际教学情况来看，本书的内容在深度和广度上基本符合了高等职业技术教育的要求，达到了我们预期的效果。这次修订，首先我们将第一版中的错误给予修正；另外将原教材中的第六章工程地质环境评价，第十章工程地质勘察方法删去。原第一章部分内容和第二章内容合并成第一章，在修订后的第八章中新增加了不良地质现象的勘察与评价。

目前在高等职业技术院校中，分为两年制和三年制两种形式。总体来说，目前的高职教育中理论教学的学时在减少，实践教学量增多，因此我们将第一版中的部分内容进行删减，以配合目前的高职教育特点。

在使用本教材时，我们建议将第九章野外地质勘察应用技能的训练部分，在教师授课的过程中让学生自阅，增强学生的感性认识；第七章地下洞室围岩稳定性评价可作为选讲内容。在本书后附有《工程地质》教学大纲，可供教师及相关人员参阅。

本次教材修订由吉林交通职业技术学院齐丽云、福建交通职业技术学院的徐秀华任主编，主审为重庆交通学院的赵明阶。参加本教材修订编写人员如下：导言、第一章、第三章、第六章、第七章、第八章由吉林交通职业技术学院齐丽云编写；第五章由福建交通职业技术学院的徐秀华编写；第二章、第四章由吉林交通职业技术学院的郭丰敏、王连威、周秀民、慕平、张求书编写；第九章由河北交通学校的李中秋、宁夏交通学校的钟琦编写；第十章由四川交通职业技术学院的李大培和盛湧编写。

在本次教材修订的过程中，得到了人民交通出版社卢仲贤、吉林交通职业技术学院张洪滨的指导和帮助，在此表示衷心的感谢！

本教材虽然作了修订，但由于我们水平有限，其中仍难免有不足之处，恳请读者批评指正。

编　者

二零零五年六月

第一版前言

高等职业教育培养的是一线岗位的应用型技术人才，随着市场经济的飞速发展，如何培养能很快适应社会需要的理论功底扎实、实践动手能力强、具有较强创新意识的高素质应用型人才是职业技术院校的任务。在交通高等职业技术教育路桥专业教学与教材联络组2001年7月昆明会议上，对高职教材提出了具体要求，要体现出：(1)针对性与先进性；(2)实用性与可操作性；(3)综合性与科学性。同时确定了《工程地质》教材的主编吉林交通职业技术学院的齐丽云老师；副主编福建交通职业技术学院的徐秀华老师；主审四川交通职业技术学院的李瑾亮老师。

为了保证编写的质量，符合昆明会议精神的规定，编审人员共同对本书的知识结构进行了磋商。具体编写情况如下：导言、第四章、第八章、第九章、第十二章由吉林交通职业技术学院齐丽云编写；第五章、第七章由福建交通职业技术学院的徐秀华编写；第一章、第三章、第十一章分别由吉林交通职业技术学院的郭丰敏、韩润峤、王连威、闫淑杰编写；第十章由河北交通学校的李中秋编写；第六章由宁夏交通学校的钟琦编写；第二章、第十三章分别由四川交通职业技术学院的李大培和盛湧编写。

本书于2002年元月初在成都会议上共同审定，参加审稿会的有四川交通职业技术学院李全文、黄万才、李瑾亮；贵州交通职业技术学院张贵元、罗筠；吉林交通职业技术学院王连威、齐丽云；福建交通职业技术学院徐秀华；宁夏交通学校钟琦；河北交通学校李中秋；四川交通职业技术学院李大培、盛湧等12人。

本教材在编写过程中，力求符合“路桥专业高职教材编审原则”之规定，体现了高职教材特色，工程地质理论部分的内容以“必需、够用”为原则，注重讲清基本概念、基本原理和基本方法，尽可能避免了繁琐的公式推导和大篇幅的理论分析。理论内容的深度和广度高于中等职业教育的水平，但又不同于本科教材。工程地质应用技能训练部分把技术应用训练作为本书的核心，并将其贯穿于教材的始终。实践部分的内容简明实用，学生易于理解、掌握和实践，加入了野外地质实习内容，与实际结合的更为紧密。力求做到理论与实践并重，突出学生实践技能的培养，以利于学生综合素质的提高。

本书内容上重点突出，主次分明，深浅适度。为了便于学生学习，每章后附有复习题，以使学生更好地了解掌握本章内容。

考虑国情和地区性差异，并考虑各院校具体情况，讲授过程中教师应对本书内容进行适当的增删。

本教材在编写的过程中，得到了人民交通出版社卢仲贤、四川交通职业技术学院李全文、贵州交通职业技术学院张贵元、吉林交通职业技术学院张洪滨的指导和帮助，同时附于书末的主要参考文献作者们对本书完成给予了巨大的支持，在此一并衷心致谢。

鉴于编者的水平及能力有限，且任务紧，时间仓促，书中错误和不足在所难免，殷切期望读者批评指正。

编　者

二零零二年元月

目　　录

导言……………………………………………………………………………… 1

第一篇　工程地质基础知识

第一章　岩石及其工程地质性质…………………………………………… 4
　第一节　概述……………………………………………………………… 4
　第二节　造岩矿物………………………………………………………… 9
　第三节　岩石 …………………………………………………………… 13
　第四节　岩石的工程地质性质与工程分类 ……………………………… 24
第二章　地质构造 ………………………………………………………… 31
　第一节　地质年代 ……………………………………………………… 31
　第二节　地质构造 ……………………………………………………… 35
　第三节　活断层 ………………………………………………………… 43
　第四节　阅读地质图 …………………………………………………… 44
第三章　水的地质作用 …………………………………………………… 49
　第一节　地表流水的地质作用 ………………………………………… 49
　第二节　地下水的地质作用 …………………………………………… 58
　第三节　路基翻浆 ……………………………………………………… 70
第四章　地貌及第四纪地质 ……………………………………………… 74
　第一节　地貌概述 ……………………………………………………… 74
　第二节　山地地貌 ……………………………………………………… 76
　第三节　平原地貌 ……………………………………………………… 80
　第四节　第四纪地质 …………………………………………………… 82

第二篇　工程地质分析

第五章　岩体边坡稳定性分析 …………………………………………… 87
　第一节　岩体结构 ……………………………………………………… 87
　第二节　岩体边坡稳定性分析 ………………………………………… 93
第六章　常见的不良地质现象 …………………………………………… 99
　第一节　崩塌 …………………………………………………………… 99
　第二节　滑坡…………………………………………………………… 102
　第三节　泥石流………………………………………………………… 109
　第四节　岩溶…………………………………………………………… 112

第五节　地震……115
第七章　地下洞室围岩稳定性评价……120
第一节　围岩压力……120
第二节　洞室围岩的变形与破坏……122
第三节　地下洞室围岩稳定性的分析方法……123
第四节　保障地下洞室围岩稳定性的处理措施……125
第五节　地质作用对公路隧道施工的影响……127

第三篇　公路工程地质勘察

第八章　公路工程地质勘察……131
第一节　公路工程地质勘察任务与内容……131
第二节　公路路基工程地质勘察……133
第三节　桥梁工程地质勘察……137
第四节　隧道工程地质勘察……139
第六节　不良地质现象的勘察……143

第四篇　工程地质勘察技能训练

第九章　室内地质分析应用技能的训练……156
第一节　矿物的识别……156
第二节　岩石的识别……157
第三节　编制并分析节理玫瑰花图……160
第四节　阅读地质图并绘制地质剖面图……162
第五节　潜水等水位线图的判读及运用……166
第六节　赤平极射投影的作图方法和运用……167
第十章　野外地质勘察应用技能的训练……174
第一节　地质实习教学大纲……174
第二节　地质教学实习参考资料……176
附录Ⅰ　《工程地质》教学大纲……189
附录Ⅱ　本书主要符号……192
参考文献……194

导　言

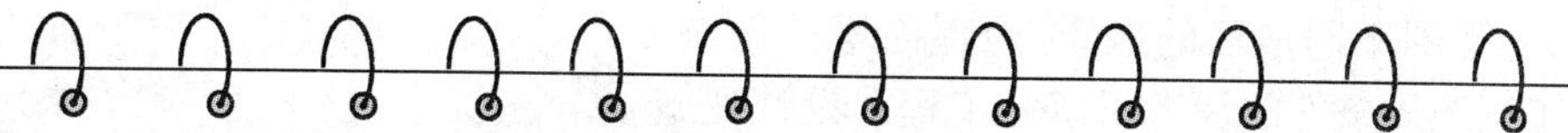

教学要求

1. 描述工程地质学的研究对象。

2. 描述工程地质学的任务和内容。

3. 熟悉本课程的学习要求。

学习建议

对工程地质条件的理解是学好本课程的关键之所在。

一、工程地质学的研究对象

工程地质学是调查、研究、解决与各类工程建筑物的设计、施工和使用有关的地质问题的一门学科。简言之，是研究人类工程活动与地质环境相互作用的一门学科，它是地质学在应用方面的一个分支。

地球的表层——地壳，是人类赖以生存的活动场所，同时也是一切工程建筑的物质基础。人类的工程活动都是在一定的地质环境中进行的，修建水库、道路与桥梁、民用建筑等工程活动，在很多方面受地质环境的制约，它可以影响工程建筑物的类型、工程造价、施工安全、稳定性和正常使用等。如公路沿河谷布线，若不分析河道形态、河水流向以及水文地质特征，就有可能造成路基水毁；山区开挖深路堑时，忽视地质条件，有可能引起大规模的崩塌或滑坡，不仅增加工程量，还可能延长工期和提高造价，甚至危及施工安全。

建筑物的施工和使用过程中，也影响着地质环境的变化，从而出现工程地质现象。如在城市中过量抽吸地下水或其他的地下流体，降低了土体中的孔隙液压，而导致大规模的地面沉降（上海、天津等城市均有出现）；桥梁的修建改变了水流和泥沙的运动状态，使局部河段发生冲淤变形等。

为了使所修建的建筑物能够正常的发挥作用，应对赖以生存的地质环境进行合理的利用和保护。在工程修建之前，必须根据实际需要深入地研究工程地质问题（Engineering Geological Problem），对有关的工程地质条件（Engineering Geological Condition）进行深入的调查和勘探，以解决建筑工程中出现的地质问题。

工程活动的地质环境亦称工程地质条件，通常指影响工程建筑物的结构形式、施工方法及其稳定性的各种自然因素的总和。这些自然条件包括土和岩石的工程性质、地质构造、水文地质、地貌、物理地质作用、天然建筑材料等。应当强调指出，不能将上述的某一方面理解为工程地质条件，而必须是各种自然因素的总和。

工程地质问题，一般是指所研究地区的工程地质条件由于不能满足工程建筑的要求，而在建筑物的稳定、经济或正常使用方面常常发生的问题。工程地质问题是多样的，依据建筑物特点和地质条件，概括起来包括两个方面：一是区域稳定性问题；二是地基稳定问题。公路工程常遇到的工程地质问题有边坡稳定和路基（桥基）稳定问题；隧道工程常遇到的工程地质问题有隧道围岩稳定和突然涌水问题；还有天然建筑材料的质量和储量问题等。

由上述分析可知，工程活动与地质环境之间的相互影响、相互制约的关系，就成为了工程地质学必须研究的对象。

公路是一种延伸很长，且以地壳表层为基础的线形建筑物，它常要穿越许多自然条件不同的地段，要受到不同地区的地质、地理因素的影响。为此对工程地质条件的深入了解是工程从设计到施工以至营运过程中不可缺少的。例如，某一公路在穿过峡谷时，由于开挖边坡后，岩体沿裂隙面失重而产生了崩塌。该峡谷的岩性属厚层灰岩和白云质灰岩，岩层大致顺河水流向倾斜。峡谷岩性坚硬，崖壁陡峭，坡高约80m，处于自然稳定状态。但其节理很发育，其中有一组倾向河谷。当沿崖脚顺河修筑公路，经大爆破开挖边坡后，于一次大雨之后突然发生了数十万立方米的塌方，中断交通达半年之久。疏通后道路向河岸加宽，用半旱桥式挡土墙加固外边坡（图1），然而，内边坡高崖上还有多处风化裂隙，崩塌的隐患仍然存在。

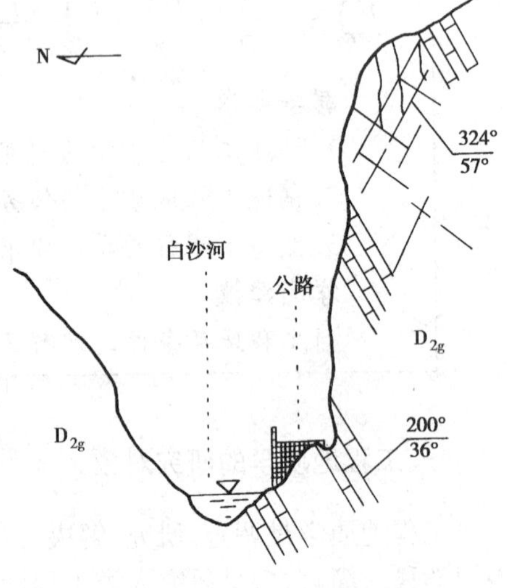

图1　某峡谷崩塌剖面示意图

二、工程地质学的研究内容与任务

工程地质学主要研究人类工程活动与地质环境（工程地质条件）之间的相互作用。它的主要任务是把地质科学应用于工程实践，通过工程地质调查、勘探等方法，评价工程建筑场地的工程地质条件，预测在工程建筑物作用下地质条件可能发生的变化，选择最佳的建筑场地，提出克服不良的地质条件应采取的工程措施，从而为保证建筑工程的合理设计、顺利施工、正常使用提供可靠的地质科学依据。

一般认为，工程地质学由以下三个基本部分组成。

(1)工程岩土学——研究岩土的工程地质性质及其内在机理和在天然或人为因素影响下的变化规律。

(2)工程地质分析——运用地质学的基本原理去分析、研究工程活动中不同建筑物的主要工程地质条件、力学机制及其发展演化规律，以正确评价和有效防治其不良影响。

(3)工程地质勘察——采用地质手段查明有关工程活动中的地质条件，并研究查明工程地质条件的方法和手段。

上述工程地质学的基本内容，都是以地质学作为理论基础的，所以一般都编入了“基础地质知识”这一部分，如果没有地质学基础知识的铺垫是无法学好工程地质的。

三、本课程的学习要求

一般来说，进行公路工程建设时，地质工作主要由专业地质人员进行。但作为公路工程师，只有在具备必要的工程地质的基本知识，对工程地质勘察的任务、内容和方法有较全面的了解，才能正确地提出勘察任务和要求，才能正确应用工程地质勘察成果和资料，全面理解和综合考虑拟建工程建筑场地的工程地质条件，并进行工程地质问题分析，提出相应对策和防治措施。

我国地域辽阔，自然条件复杂，在工程建设中常常遇到各种各样的自然条件和地质问题。本课程作为一门技术基础课，它结合我国自然地质条件与路桥工程特点，为专业课程的学习提供必要的工程地质学基础知识。通过学习使学生了解工程建设中的工程地质现象和问题，掌握这些现象和问题对工程设计、施工和使用各阶段的影响；了解工程地质勘察内容与要点，合理利用勘察成果分析解决设计和施工中的问题，为今后从事实际工作打下地质基础。在学习本课程后，应达到以下基本要求。

能够根据地质资料在野外辨认常见的岩石，了解其主要的工程性质；

能辨认基本的地质构造类型及较明显的、简单的地质灾害现象，掌握它们对公路工程的影响，并确定有关的防治措施；

熟悉地貌类型、水的地质作用特征及它们对公路建设的影响；

能够在公路工程勘测、设计及施工中，懂得搜集和应用有关的工程地质资料，对一般的工程地质问题作初步评价；

熟悉工程地质勘察主要内容、不同阶段勘察的要点；学会阅读和分析常用的工程地质及水文地质资料（地质勘察报告书及地质图等）。

本课程是一门理论性与实践性都很强的学科，因此，要学好这门课程，首先主要牢固掌握基本概念、基本理论，在此基础上要重视工程实践的应用。在教学中应运用辩证唯物主义观点，由浅入深，循序渐进，尽量采用现代化教学手段进行。为了增强学生的感性认识，加强实践性教学，应安排适当的试验课和野外地质实习，以巩固和印证课堂所学的理论知识，提高学生实际动手能力。通过理论与实践的紧密结合，为完成路桥工程勘测、设计和施工打下工程地质方面的坚实基础。

小结

工程地质学是运用地质学的基本理论和知识，解决工程建设中各种工程地质问题的一门学科。通过工程地质调查、勘探等方法，评价工程建筑场地的工程地质条件，预测在工程建筑物作用下地质条件可能发生的变化，选择最佳的建筑场地，提出克服不良的地质条件应采取的工程措施，为保证公路工程的合理设计、顺利施工、正常使用提供可靠的地质科学依据。

复习思考题

1. 什么是工程地质学？
2. 试举例说明地质条件与人类工程活动之间的关系。
3. 什么是工程地质条件？
4. 试述本门课的学习要求。

第一篇　工程地质基础知识

第一章　岩石及其工程地质性质

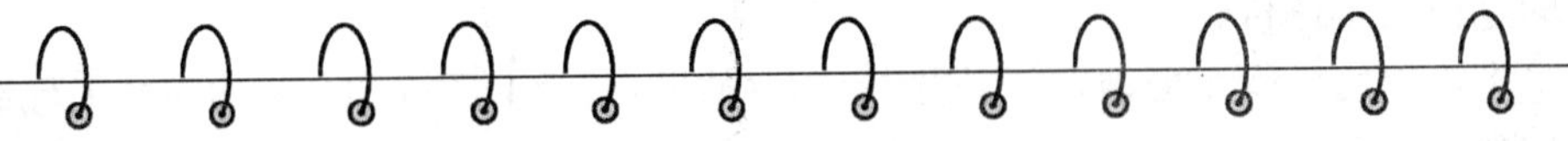

教学要求

1. 描述地球的内、外动力地质作用及其分类。
2. 描述矿物的主要物理性质并识别常见的主要造岩矿物。
3. 描述三大类岩石的成因和主要特征。
4. 识别典型的岩浆岩、沉积岩和变质岩并描述其主要的工程性质。

学习建议

对矿物主要物理性质和三大类岩石特征的理解是识别岩石的关键。

岩石是组成地壳的主要物质成分，是地壳发展过程中各种地质作用的自然产物。

岩石是建造各种工程结构物的地基、环境或天然建筑材料。因此，了解最主要类型岩石的特征和特性，无论对工程设计、施工或地质勘测人员都是十分必要的。

在研究岩石时，首先必须注意作为每一种岩石的特征并决定岩石物理力学特性的下列性质：①产状：指岩石在空间所占有的形状；②成分：指岩石的矿物成分和化学成分；③结构：指岩石中矿物的结晶程度、颗粒的大小和形态及彼此之间的组合方式；④构造：指岩石中的矿物集合体之间或矿物集合体与岩石的其他组成部分之间的排列方式及充填方式。

自然界岩石的种类很多，按形成原因可分为岩浆岩、沉积岩和变质岩三大类。不同成因类型的岩石具有不同的地质性质，它们也是决定岩石不同工程性质的依据。

第一节　概　　述

地球是宇宙中的一个运动着的球状体。原始地球形成后，在重力分异和化学分异等作用下，经历了大约45.5亿年的演化过程。从均匀混合的物质状态逐渐分化成为今天这样的由不同状态和不同物质组成的非均质圈层构造的椭球体。通常把地球的圈层构造以地表为界分为外部圈层和内部圈层。

地球是扁率不大的梨状三轴旋转椭球体，由于地球椭球体的扁率很小，故在一般计算时，常视地球为一圆球体，取其平均半径值为6 371km。

一、地球的圈层构造

(一)外部圈层

1. 大气圈

大气圈是环绕地球的空气层,大气圈按物理性质自下而上分为四层:对流层、平流层、电离层、扩散层。大气圈主要是由氮、氧、二氧化碳和少量的水汽等多种气体组成的混合物。由于受地心引力作用,3/4 的大气质量集中在对流层。氮是植物制造蛋白质的主要原料;氧是生物生命活动的重要条件,也是促进岩石等氧化分解的重要成分;位于大气圈最底部的二氧化碳主要来自有机物的氧化和生物的呼吸,它强烈吸收地面长波辐射并放出热量,因而对地表起着一种保温的作用,同时也是促使岩石风化分解的重要因素之一;平流层中存在大量臭氧,它对太阳辐射紫外线的强烈吸收构成了对生物的有效天然保护。

2. 水圈

地球表面上的海洋面积占 70.78%,通常人们把地球表面的海洋、河流、湖泊及地下水等看成是包围地球表面的闭合圈。在自然界水分的循环过程中,大陆降水量只占总降水量的 20.6%,然而这一水量却是改变地貌的强大动力因素。河流、冰川、地下水等水体在其流动过程中,不断改造地表,塑造出各种地表形态。同时水圈对生命的生存、演化提供了必不可少的条件,因此,水圈是外动力地质作用的主要动力来源。

3. 生物圈

地球表面凡是有生命活动的范围称为生物圈。生物包括动物、植物和微生物。生物在其生命活动过程中,通过光合作用、新陈代谢等方式,形成一系列生物地质作用,从而改变地壳表层的物质成分和结构。生物活动成为改造大自然的一个积极因素。同时,生物的繁殖活动和生物遗体的堆积,为形成有用矿产提供物质基础。

(二)内部圈层

目前,根据对地震资料的研究,发现地球内部地震波的传播速度在两个深度上作显著跳跃式的变化,反映出地球内部物质以这两个深度作为分界面,上下分界面有明显的不同。上分界面称“莫霍面”,它位于地表以下平均 33km 处。下分界面称“古登堡面”,位于地表以下 2 900km处。根据这两个分界面,目前把地球内部构造分为地壳、地幔和地核三个层圈(图 1-1)。

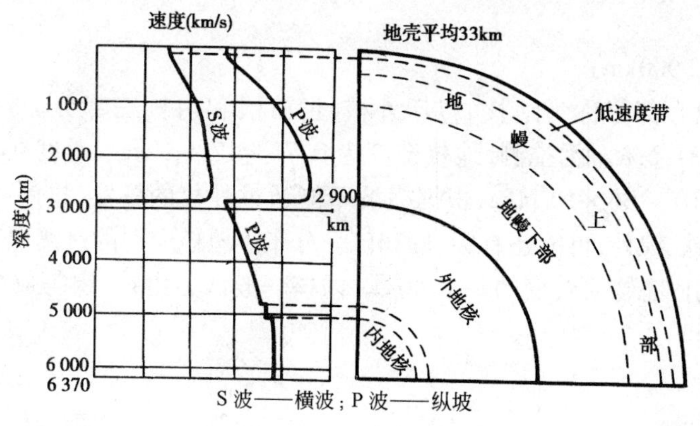

图 1-1 地球的圈层构造

1. 地壳(0~33km)

地壳指地球外表的一层薄壳,平均厚度为 33km,主要由固体岩石组成。根据岩石的物质组成,地壳可分硅铝层和硅镁层两层。硅铝层是地壳上部分布不连续的一层,平均厚度约为10km,化学成分以硅、铝为主,故称硅铝层。硅铝层密度较小,平均为2.7g/cm^3。地震波在其中的传播速度与花岗岩近似,其物质成分类似花岗岩,又称花岗岩质层;硅镁层主要化学成分除硅、铝外,铁、镁相对增多,故称硅镁层。硅镁层密度较大,平均为2.9g/cm^3。因硅镁层平均化学成分、地震波传播速度均与玄武岩相似,又称玄武岩质层。地壳按分布状态分为大陆地壳和大洋地壳。大陆壳厚度大且呈双层结构,上层为花岗岩质层,下层为玄武岩质层。大洋地壳厚度小,呈单层结构,以玄武岩质层为主。大洋地壳厚度较薄,平均仅5~6km,一般缺乏硅铝层,硅镁层直接出露于洋底。

组成地壳的化学元素有百余种,但各元素的含量极不均匀,其中最主要的几种分别占地壳总质量的百分比如下:氧(O)46.95%;硅(Si)27.88%;铝(Al)8.13%;铁(Fe)5.17%;钙(Ca)3.65%;钠(Na)2.78%;钾(K)2.58%;镁(Mg)2.06%;钛(Ti)0.62%;氢(H)0.14%;它们占地壳总质量的99.96%。其余的是磷、锰、氮、硫、钡、氯等近百种元素。地壳中的化学元素常随环境的改变而不断地变化。元素在一定地质条件下形成矿物,矿物的自然集合体则是岩石。人类的一切活动都是在地壳的最表层进行的。

2. 地幔(33~2 900km)

地幔是地球的莫霍面以下、古登堡面以上部分,其体积约占地球总体积的83%,质量占68.1%,是地球的主体部分,主要由固态物质组成。以984km为界分上地幔和下地幔两个次级圈层,上地幔的平均密度为3.5g/cm^3,顶部v_p为8.0km/s,与地壳有明显差别。根据密度、波速资料、与陨石对比以及对火山喷出物内发现的只能形成于地幔中的岩石的分析,上地幔的物质成分是由含铁、镁较多的硅酸盐矿物组成的,与超基性岩类似。通过对地幔中地震波传播特征的研究发现,在40~250km处存在"低速带",尤其是100~150km深度处波速降低得最多。一般认为低速带是由于该带内温度增高至接近岩石的熔点,但尚未熔融的物态引起的,又据低速带内有些区域不传播横波,推断这些区域的温度已超过岩石熔点形成液态区。由于低速带距地表很近,这些液态区很可能是岩浆的发源地。鉴于低速带的塑性较大,它为上部固态岩石的活动创造了有利的条件,故在构造地质学中称其为软流圈。而将软流圈以上的上地幔和地壳合称为岩石圈。下地幔地震波速平缓增加,密度已达5.1g/cm^3。一般认为其物质成分以铁、镁的硅酸盐为主,硅酸盐结构已转变成类似致密氧化物的紧密堆积结构而趋于稳定。

3. 地核(大于2 900km)

地幔下界至地心部分称为地核,包括外核、过渡层和内核三部分。它占地球总体积的16%,占总质量的31.5%。据推测,地核密度为9.71~17.9g/cm^3,温度在2 000~3 000℃之间,压力可达$30\times10^4\sim36\times10^4$MPa,根据横波不能通过外核的事实,推断外核是由液态物质组成的,其成分除铁、镍外,可能还有碳、硅和硫。分布于地核中间的过渡层,波速变化复杂,可能是由液态开始向固态物质转变的一个圈层。内核一般认为由铁、镍等成分为主的固态物质组成。

二、地质作用

地壳自形成以来,一直处在不停的运动和变化之中,一些变化速度快,容易为人们感觉到,如地震和火山喷发等;另一些变化则进行得很慢,不易被人们发现,如地壳的缓慢上升、下降等。虽然这些活动缓慢,但经过漫长的地质年代,可导致地球面貌的巨大变化。在地质历史发展的过程中,促使地壳物质组成、构造和地表形态不断变化的作用统称为地质作用。由地质作用所引起的各种自然现象称为地质现象。

按地质作用的动力来源不同,地质作用分为内动力地质作用和外动力地质作用。

地质作用具有三个含义:地质作用是自然发生的复杂的物质运动形式;这个复杂的运动形式的表现是对地球的改造和建造;对地球的改造和建造是一对矛盾的统一。

(一)内动力地质作用

内动力地质作用是由地球的转动能、放射性元素蜕变产生的热能等所引起的。根据动力和作用方式可分为以下四种情况。

1. 地壳运动

由内部能源引起地壳结构和面貌发生改变或相对位移的运动。按地壳运动的方向可分水平运动和升降运动。

1)水平运动

水平运动指地壳或岩石圈块体沿水平方向的移动。水平运动是地壳演变过程中,相对表现得较为强烈的一种形式,也是当前认为形成地壳表层各种构造形态的主要原因。

水平运动使岩层产生褶皱、断裂,形成裂谷、盆地及褶皱山系,如我国的喜马拉雅山、天山等。

2)升降运动(即垂直运动)

垂直运动指相邻块体或同一块体的不同部分做差异性上升或下降,是地壳演变过程中,表现得比较缓和的一种运动形式。它可以使某些地区上升形成山岳、高原,另一些地区下降,形成湖、海、盆地,所谓"沧海桑田"即是古人对地壳垂直运动的直观表述。喜马拉雅山上大量新生代早期的海洋生物化石的存在,反映了五六千万年前,这里曾是汪洋大海,由此可见垂直运动幅度之大。目前,我国地势西部总体相对上升,而东部相对下降。

同一地区构造运动的方向随着时间推移而不断变化,某一时期以水平运动为主,另一时期则以垂直运动为主,且水平运动的方向和垂直运动的方向也会发生更替。

地壳运动不断地改变地壳的原始状态,当地壳受到挤压、拉张、扭转等应力时,便形成各种各样的构造形态。在内力地质作用中地壳运动是诱发地震作用,影响岩浆作用和变质作用的重要条件,也影响外动力地质作用的强度和变化。因此,地壳运动在地质作用的总概念中是带有全球性的主导因素。

2. 岩浆作用

岩浆,通常是指 40 ~ 250km 深处、呈高温黏稠状的、富含挥发组分、成分复杂的硅酸盐熔融体。岩浆在高温高压下常处于相对平衡状态,但当地壳运动使地壳出现破裂带,或其上覆岩层受外力地质作用发生物质转移时,造成局部压力降低,打破了岩浆的平衡环境,岩浆就会向低压方向运动,这种现象称为岩浆活动。其侵入地壳上部或喷出地表冷凝而成的岩石称岩浆岩。岩浆活动还使围岩发生变质现象,同时引起地形改变。

3. 变质作用

是指由于地壳运动、岩浆作用等引起地壳物理和化学条件发生变化,促使岩石在固体状态下改变其成分、结构和构造的作用。变质作用形成各种不同的变质岩。

4. 地震

地震是地壳快速颤动的现象,地壳运动和岩浆作用都能引起地震。

(二)外动力地质作用

外动力地质作用是大气、水和生物在太阳能、重力能、天体引力能的影响下,产生的动力对地球表层所进行的各种作用的统称，其具体表现方式有风化、剥蚀、搬运、沉积和成岩作用。

1. 风化作用

由于太阳辐射、大气、水和生物等风化营力的作用，地壳表层的岩石发生崩解、破碎以至逐渐分解等物理和化学的变化则称为风化作用。风化作用是外力作用中较为普遍的一种作用，在大陆的各种地理环境中都存在着风化作用。其作用在地表最显著，随着深度的增加，其影响就逐渐减弱以至消失。风化作用使岩石逐渐破裂，转变为碎石、砂和黏土。

风化作用使坚硬致密的岩石松散破坏，改变了岩石原有的矿物组成和化学成分，使岩石的强度和稳定性大为降低，对工程建筑条件起着不良的影响。此外，像滑坡、崩塌、碎落、岩堆及泥石流等不良地质现象，大部分都是在风化作用的基础上逐渐形成和发展起来的。所以了解风化作用，认识风化现象，分析岩石的风化程度，对评价工程建筑条件是十分必要的。风化作用按其占优势的营力及岩石变化的性质的不同，可分为物理风化作用、化学风化作用及生物风化作用三个密切联系的类型。

1）物理风化作用

在地表或接近地表条件下，岩石、矿物在原地发生机械破碎而不改变其化学成分的过程叫物理风化作用。引起物理风化作用的主要因素是岩石释重和温度的变化。此外，岩石裂隙中水的冻结与融化、盐类的结晶与潮解等，也能促使岩石发生物理风化作用。

2）化学风化作用

在地表或接近地表条件下，受大气和水溶液的影响，岩石、矿物在原地发生化学变化并产生新矿物的过程叫化学风化作用。引起化学风化作用的主要因素是水和氧等。自然界的水，不论是雨水、地面水或地下水，都溶解有多种气体（如 O_2、CO_2 等）和化合物（如酸、碱、盐等），因此自然界的水溶液可通过溶解、水化、水解、碳酸化等方式促使岩石发生化学风化。

3）生物风化作用

岩石在动植物及微生物影响下发生的破坏作用，称为生物风化作用。生物风化作用主要发生在岩石的表层和土中。生物风化作用既有机械的风化，也有化学的风化。

生物的机械破坏主要是通过生物的生命活动来进行的。如植物根系在岩石裂隙中生长，不断楔裂岩石，使裂隙扩大，从而引起岩石崩解。又如穴居动物田鼠、蚂蚁和蚯蚓等不停地挖掘洞穴，使岩石破碎、土粒变细；生物的化学破坏是通过生物的新陈代谢和生物死亡后的遗体腐烂分解来进行的。

地壳表层的岩石经长期风化作用后，残留原地的松散堆积物，称为残积物。残积物覆盖在地壳表面的风化基岩上，具有一定厚度的风化岩石层即为风化壳，它是原岩在一定的地质历史时期各种因素综合作用的产物。

2. 剥蚀作用

剥蚀作用是将岩石风化破坏的产物从原地剥离下来的作用。通过风力、地面流水、地下水、湖泊、海洋和生物等各种外动力因素，把风化后的松散物从岩石表面搬离原地，并以风化物为工具，参与对岩石、矿物进行风化破坏的过程，统称为剥蚀作用。剥蚀作用在破坏组成地壳物质的同时，也不断地改变着地表的基本形态。按引起剥蚀作用的动能性质不同，可以分为风的吹蚀作用，流水的侵蚀作用，地下水的潜蚀和溶蚀作用，湖、海水的冲蚀作用，冰川的刨蚀作用等。

3. 搬运作用

风化剥蚀的产物，通过风力、流水、冰川、湖水、海水以及生物的动力，被搬离母岩后而转移空间的过程，称为搬运作用。搬运与剥蚀往往是在同一种动力下进行的。例如风和流水在剥蚀着岩石的同时,又将剥蚀下来的岩屑搬走。按搬运动力的不同,可以分为:风的搬运作用、流水的搬运作用、冰川搬运作用等,其中以流水为主要搬运力。

4. 沉积作用

被搬运的物质,由于搬运能力减弱、搬运介质的物理化学条件发生变化或由于生物的作用,从搬运介质中分离出来,形式沉积物的过程,称为沉积作用。按其沉积方式可以分为:机械沉积、化学沉积和生物沉积。按其沉积环境又可分为:风的沉积、河流沉积、冰川沉积、洞穴沉积、湖泊沉积和海洋沉积等。

5. 成岩作用

使松散堆积物固结为岩石的过程,称为成岩作用。在固结过程中,要经历物理的压实作用和化学的胶结作用。当沉积物达到一定厚度时,上覆沉积物的静压力使矿物颗粒互相靠紧,发生脱水,空隙减小,体积压缩,密度增大,再通过空隙中水溶胶结物质的化学沉淀,将松散碎屑物胶结、凝聚起来;同时,随着沉积物的埋深而升温、加压,使其中细粒矿物发生化学反应进行结晶而固化成岩。可见,此时地球的内能对成岩作用有着很大的意义。

外力地质作用,一方面通过风化和剥蚀作用不断地破坏出露地面的岩石;另一方面又把高处剥蚀下来的风化产物,通过流水等介质搬运到低洼的地方沉积下来,重新形成新的岩石。外力作用总的趋势是切削地壳表面隆起的部分,填平地壳表面低洼的部分,不断使地壳的面貌发生变化。

内力地质作用总的趋势是形成地壳表层的基本构造形态和地壳表面大型的高低起伏,而外力地质作用则是破坏内力地质作用形成的地形或产物,外力地质作用总的趋势是削高补低,形成新的沉积物,并进一步塑造了地表形态。

内、外力地质作用在漫长地质年代里是使地壳发生不断演变的强大动力因素,研究各种地质作用的运动规律是地质学的主要任务之一。

第二节　造 岩 矿 物

矿物是组成地壳的基本物质,它是在各种地质作用下形成的具有一定的化学成分和物理性质的单质体或化合物。其中构成岩石的主要矿物称为造岩矿物。

一、矿物的一般知识

矿物是构成岩石的基本单元,目前自然界已被发现的矿物约 3 300 多种,但构成岩石的主要成分并对岩石性质起决定性影响的矿物不过 30 余种,它们占岩石成分的 90%,一般把这些矿物称为造岩矿物。

1. 造岩矿物的晶体形态

造岩矿物绝大部分是结晶质的。结晶质的基本特点是组成矿物的元素质点(离子、原子或分子)在矿物内部按一定的规律重复排列,形成稳定的格子构造,在生长过程中如条件适宜,能生成被若干天然平面所包围的固定的几何形态,但绝大多数矿物在发育时受空间条件的限制往往不具有规则的外形。非晶质矿物内部质点排列没有一定的规律性,所以外表不具有固定的几何形态,非晶质矿物有玻璃质和胶体质两类。前者是高温熔融体迅速冷凝而成,如火山喷出的岩浆迅速冷凝而成的黑耀岩中的矿物;后者是由胶体溶液沉淀或干涸凝固而成,如硅质胶体溶液沉淀凝聚而成的蛋白石($SiO_2 \cdot nH_2O$)等。

2. 造岩矿物的类型

自然界中的矿物都是在一定的地质环境中形成的,并因经受各种地质作用而不断地发生变化。每一种矿物只是在一定的物化条件下才相对稳定。当外界条件改变到一定程度后,矿物原来的成分和性质就会发生变化,形成新的次生矿物。

矿物按其成因可分为以下三大类型。

原生矿物　在成岩或成矿的时期内,从岩浆熔融体中经冷凝结晶过程所形成的矿物,如石英、长石等。

次生矿物　原生矿物遭受化学风化而形成的新矿物,如正长石经水解作用后形成高岭石等。

变质矿物　在变质作用过程中形成的矿物,如区域变质的结晶片岩中的蓝晶石和十字石等。

二、矿物的(肉眼)鉴定特征

矿物的形态和矿物的物理性质决定于其化学成分和晶体格架的特点,因此,它们是鉴别矿物的重要依据。特别是在野外,依据矿物的形态和主要的物理性质鉴别常见的造岩矿物是土木工程技术人员应掌握的基本技能。在实际工作中,一般用肉眼观察并借助简单的工具和试剂鉴定矿物。

(一)矿物的形状

在液态或气态物质中的离子或原子互相结合形成晶体的过程称为结晶。晶体内部质点的排列方式称晶体结构。不同的离子或原子可构成不同晶体结构,相同的离子或原子在不同的地质条件下也可形成不同的晶体结构。晶质矿物内部结构固定,因此具有特定的外形。常见的单晶体矿物形态有:片状、鳞片状、板状、柱状、立方体状等,常见的矿物集合体形态有:粒状、块状、纤维状、土状等。

当矿物在生长条件合适时(有充分的物质来源、足够的空间和时间等),能按其晶体结构特征长成有规则的几何多面体外形,呈现出该矿物特有的晶体形态(图1-2)。矿物的外形特征是其内部构造的反映,是鉴别矿物的重要依据。

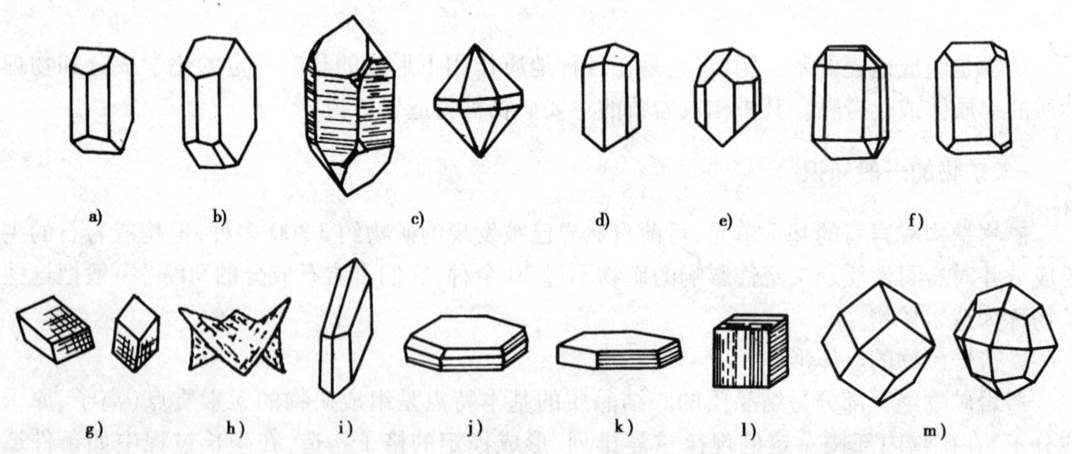

图1-2　常见矿物晶体的形态

a)正长石;b)斜长石;c)石英;d)角闪石;e)辉石;f)橄榄石;g)方解石;h)白云石;i)石膏;j)绿泥石;k)云母;l)黄铁矿;m)石榴子石

(二)矿物的光学性质

矿物的光学性质是指矿物对自然光的吸收、反射和折射所表现出的各种性质。

1. 颜色

矿物的颜色指矿物对可见光中不同光波选择吸收和反射后映入人眼视觉的现象。它是矿物最明显、最直观的物理性质。常以标准色谱的红、橙、黄、绿、蓝、靛、紫以及白、灰、黑来说明矿物颜色，也可以依最常见的实物颜色来描述矿物的颜色，根据成色原因分为自色、他色和假色。

自色　矿物本身所固有的颜色，自色对矿物具有重要的鉴定意义。如黄铁矿多呈铜黄色等。

他色　矿物含有杂质等机械混入物所引起的，无鉴定意义。

假色　矿物内的某些物理原因所引起的颜色，比如光的干涉、内散射等。

原生矿物按其自色分为浅色矿物和深色矿物两类。一般说来，含硅、铝、钙等成分多的矿物颜色较浅，常见的浅色矿物有石英、长石、白云母等；含铁、锰多的矿物颜色较深，常见的深色矿物有橄榄石、黑云母、角闪石、辉石等。

2. 光泽

光泽是矿物对可见光的反射能力。根据反光强弱分为三个等级：分为金属光泽，反光很强，犹如电镀的金属表面光亮耀眼；半金属光泽，似未磨光的金属表面的光亮程度；非金属光泽，绝大多数矿物呈非金属光泽。

当反射面不平时，矿物可形成一些特殊的光泽如丝绢光泽、油脂光泽、蜡状光泽、土状光泽等。

矿物遭受风化后，光泽强度就会有不同程度的降低，如玻璃光泽变为油脂光泽等。

3. 透明度

透明度是指矿物透过可见光波的能力，即光线透过矿物的程度，一般规定以 0.03mm 的厚度作为标准进行鉴定。肉眼鉴定矿物时，根据透明度的差异分为透明矿物、半透明矿物和不透明矿物。这种划分无严格界限，鉴定时用矿物的边缘较薄处，并以相同厚度的薄片及同样强度的光源比较加以确定。

（三）矿物的力学性质

矿物的力学性质是指矿物在受力后所表现的物理性质。

1. 硬度

硬度是矿物抵抗刻划、研磨的能力，一般用肉眼鉴定矿物硬度时，常用两种矿物对划的方法确定矿物的相对硬度。在野外鉴别矿物硬度时，还可采用简易鉴定方法来测试其相对硬度，即利用指甲（2~2.5）、小刀（5~5.5）、玻璃片（5.5~6）和钢刀（6~7）等粗略判定。矿物的硬度是指单个晶体的硬度，而纤维状、放射状等集合方式对矿物硬度有影响，难以测定矿物的真实硬度。

国际公认的摩氏硬度计以常见的 10 种矿物作为标准，从低到高分为 10 个等级（表 1-1）。

摩氏硬度计　　表 1-1

硬度等级	1	2	3	4	5	6	7	8	9	10
标准矿物	滑石	石膏	方解石	萤石	磷灰石	长石	石英	黄玉	刚玉	金刚石

2. 解理与断口

解理是矿物受打击后，能沿一定晶面裂开成光滑平面的性质。其裂开的晶面一般平行成组出现，称为解理面，根据其解理发育的程度分为极完全解理、完全解理、中等解理和不完全解理。

具有解理的矿物严格受其内部格子构造的控制，根据解理出现方向数目，有的沿着一组平行方向发育的称为一组解理，有的沿两个方向发育的称为二组解理，还有的沿三个方向发育的称为三组解理（图 1-3）等。

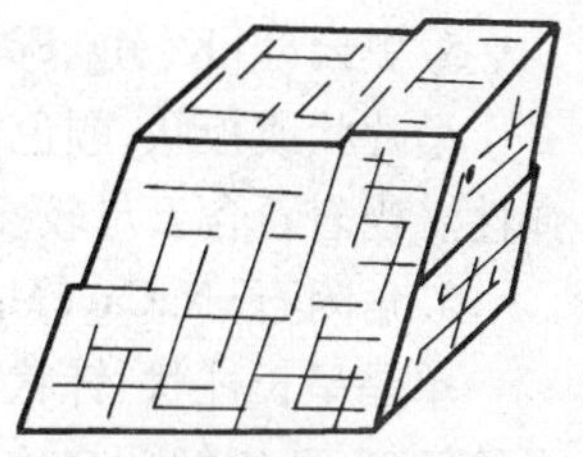

图 1-3　方解石的三组解理

(1)极完全解理。极易裂开成薄片,解理面大而完整,平滑光亮,如云母。

(2)完全解理。常沿解理方向开裂成小块,解理面平整光亮,如方解石。

(3)中等解理。既有解理,又有断口,如长石。

(4)无解理。常出现断口,解理面很难出现。

矿物在外力打击下,沿任意方向发生的不规则裂口称为断口。对于某种矿物来说,解理与断口的发生常互为消长的关系,越容易出现解理的方向越不易发生断口。

(四)其他性质

有些矿物还具有独特的性质,如磁性、弹性、挠性、发光性、人的感官感觉等,这些性质对某些矿物的鉴别有时十分重要。

三、常见的造岩矿物

野外正确识别和鉴定常见的造岩矿物是鉴定岩石和研究岩石工程性质的基础,同时也是土木工程技术人员应掌握的一门技能。一种矿物之所以不同于别的矿物,是由于在化学成分、内部构造和物理性质三个方面有别于其他矿物,而矿物的物理性质主要取决于其内部构造和化学成分。由于物理性质测试简单,常是鉴定和分类的主要依据,下面介绍几种重要造岩矿物的物理性质。

1. 石英(SiO_2)

石英(SiO_2)无色,因含杂质等可呈各种颜色,无解理,断口有油脂光泽,硬度等级为7,透明度较好,发育良好的石英单晶为六方锥体,通常为块状或粒状集合体,纯净透明的石英晶体称为水晶,玻璃光泽。化学性质稳定,抗风化能力强,含石英越多的岩石,岩性越坚硬。石英广泛分布在各种岩石和土层中,是重要的造岩矿物。

2. 正长石($KAlSi_3O_8$)

单晶呈短柱状或厚板状,集合体为粒状或块状。颜色为肉红色或黄褐色或近于白色,玻璃光泽,硬度等级为6,中等解理,两组解理面近于90°正交。易于风化,完全风化后形成高岭石、绢云母、铝土矿等次生矿物。

3. 斜长石[mNa($AlSi_3O_8$)-Ca($Al_2Si_2O_8$)]

单晶呈长柱状、板条状,集合体为粒状。白色至暗灰色,玻璃光泽,硬度等级为6,中等解理,两组解理面呈86°左右斜交。易于风化,解理面上有细条纹。成分中以Na^+为主的称酸性斜长石,成分中以Ca^{2+}为主的称基性斜长石,成分中Na^+、Ca^{2+}含量相当的为中性斜长石。斜长石是构成岩浆岩最主要的矿物。

4. 白云母{$KAl_2[AlSi_3O_{10}](OH)_2$}

呈片状、鳞片状,薄片无色透明,珍珠光泽,硬度等级为2~3,薄片有弹性,一组极完全解理,具有高的电绝缘性。抗风化能力较强,主要分布在变质岩中。

5. 黑云母{$K(Mg、Fe)_3[AlSi_3O_{10}](OH、H)_2$}

呈片状或板状,颜色深黑,其他性质与白云母相似。易风化,风化后可变成蛭石,薄片失去弹性。当岩石含云母较多时,强度降低,分布于岩浆岩和变质岩中。

6. 角闪石{$NaCa_2(Mg、Fe、Al)_5[(Si、Al)_4O_{11}]_2(OH)_2$}

单晶呈长柱状、针状,集合体呈粒状或块状。颜色暗绿至黑色,玻璃光泽,硬度等级为6,中等解理,两组解理交角为56°。较易风化,风化后可形成黏土矿物、碳酸盐及褐铁矿等。多产于中、酸性岩浆岩和某些变质岩中。

7. 普通辉石{$(Ca、Mg、Fe、Al)[(Si、Al)_2O_6]$}

单晶呈短柱状、粒状,集合体为块状。黑色,玻璃光泽,中等解理,两组解理面交角为87°。较易风化,多产于基性或超基性岩浆岩中。

8. 橄榄石{$(Mg、Fe)_2[SiO_4]$}

呈粒状集合体,橄榄绿色,玻璃光泽,硬度等级为6.5~7,断口贝壳状。常见超基性岩浆岩中,易风化。

9. 方解石($CaCO_3$)

单晶呈菱面体或六方柱,集合体为粒状或块状。无色或乳白色,玻璃光泽,硬度等级为3,三组完全解理,与稀盐酸有起泡反应。方解石是组成石灰岩的主要成分,用于制造水泥和石灰等建筑材料,也可作电气及炼钢的熔剂等。

10. 白云石[$CaMg(CO_3)_2$]

单晶呈菱面体,集合体呈块状,灰白色,硬度等级为3.5~4,遇稀盐酸时微弱起泡。

11. 石膏[$CaSO_4 \cdot 2H_2O$]

单晶呈板、柱状、片状,集合体为致密块状或纤维状。一般为白色,硬度等级为2,玻璃光泽,一组完全解理,广泛用于建筑、医学等方面。

12. 黏土矿物,泛指各种形成黏土的矿物,主要有以下几种类型。

(1)高岭石[$Al_4(Si_4O_{10})(OH)_8$]。单晶极小,肉眼不可见,集合体呈致密块状、土状。白色,土状光泽,硬度等级近于1,干燥时黏舌,易捏成粉末,湿润具有可塑性。

(2)蒙脱石{$(Al_2Mg_3)[Si_4O_{10}](OH)_2 \cdot 2H_2O$}。集合体呈土状、块状,白色,土状光泽,硬度等级为1。吸水性很强,吸水后体积可膨胀几倍至十几倍,具有很强的吸附力和阳离子交换性能。

(3)伊利石{$K_{<1}Al_2[(Al、Si)Si_3O_{10}](OH)_2 \cdot 2H_2O$}。集合体呈块状,白色,不具膨胀性,因产于美国伊利诺伊州而得名。

13. 绿泥石{$(Mg、Fe、Al)[(Si、Al)_4O_{10}][OH]_8$}

集合体为隐晶质土状或片状,浅绿到深绿色,玻璃光泽,一组中等解理,薄片有挠性无弹性,硬度等级为2~2.5,强度较低,是长石、辉石、角闪石、橄榄石等的次生矿物,在变质岩中分布最多。

14. 滑石[$Mg_3(Si_4O_{10})(OH)_2$]

集合体呈致密块状,白色、淡黄色、淡绿色,珍珠光泽,硬度等级为1,富有滑腻感,工业上常用原料,为富镁质超基性岩、白云岩等变质后形成的主要变质矿物。

15. 石榴子石[$A_2B_2(SiO_4)_3$]

晶体菱形十二面体或粒状,颜色随成分而异,玻璃光泽,硬度等级为6.5~7.5,无解理,主要用作研磨材料。

16. 蛇纹石[$Mg_6(Si_4O_{10})(OH)_8$]

集合体呈致密块状,颜色黄绿,腊状光泽,硬度等级为2.5~3.5,断口平坦,可作室内装饰材料,为富镁质超基性岩等变质后形成的主要变质矿物,常与石棉共生。

第三节 岩　　石

岩石是地壳发展过程中,由一种或多种矿物组成的,具有一定规律的固态集合体。岩石是构成地壳的最基本单位,按其成因可将组成地壳的岩石分为三大类:岩浆岩、沉积岩和变质岩。

岩石与人们的生活、国民经济发展和科学研究有着密切关系。岩石不仅是研究地质构造、地貌、水文地质、矿产等的基础，而且也是人类工程建筑物的地基和原材料。为了建筑物的安全、稳定，必须从岩石入手去探讨工程地质问题。

一、岩浆岩

（一）岩浆岩的成因

岩浆岩是由岩浆冷凝固结所形成的岩石。岩浆是存在于上地幔和地壳深处，以硅酸盐为主要成分，富含挥发性物质，处于高温（700～1 300℃）、高压（高达数千兆帕）状态下的熔融体。

地下深处相对平衡状态下的岩浆，当地壳发生变动或受其他内力作用时，承受巨大压力的岩浆，沿着地壳中薄弱、开裂地带涌向地表或地下一定深度处，岩浆在上升过程中压力减小，热量散失，经过复杂的物理化学过程，最后冷却凝结形成岩浆岩。

岩浆岩按其生成环境可分为侵入岩和喷出岩。岩浆侵入地壳内部，在高温下缓慢冷却结晶而成的岩浆岩称为侵入岩。岩浆在岩浆源附近（约距地表3km以下）凝结而成的岩浆岩称深成侵入岩；如果是在接近地表不远的地段（约距地表3km以内），但未上升至地表面而凝结的岩浆岩称浅成侵入岩。喷出地表在常压下迅速冷凝而成的岩石称喷出岩。

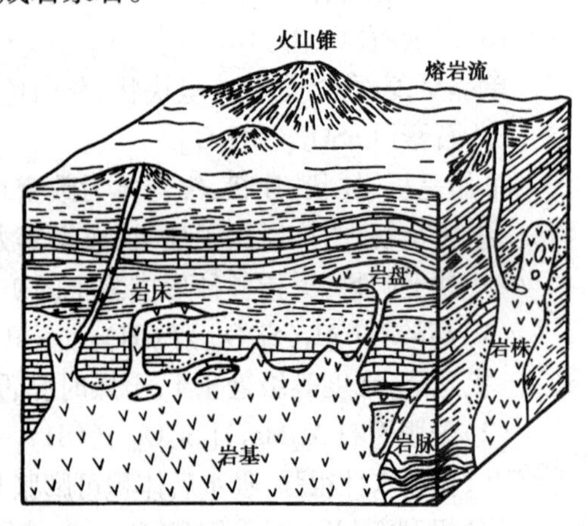

图1-4　岩浆岩体的产状

岩浆岩生成的空间位置和形状、大小称岩浆岩的产状，见图1-4。

1. 岩基和岩株——深成岩的产状

岩基是一种规模庞大的岩体，分布面积一般大于60km^2，构成岩基的岩石多是花岗岩或花岗闪长岩等，岩性均匀稳定，是良好的建筑地基。如三峡坝址区就是选定在面积约200多平方公里的花岗岩—闪长岩岩基的南部。岩株是一种形体较岩基小的岩体，分布面积一般小于60km^2，平面形状多呈浑圆形，其下与岩基相连，也常是岩性均一的良好地基。

2. 岩盘、岩床、岩脉——浅成岩的产状

岩盘是一种中心厚度较大，底部较平，顶部穹隆状的层间侵入体，分布范围可达数平方公里，多由酸性、中性岩石组成。岩床是一种沿原有岩层层面侵入、延伸分布且厚度稳定的层状侵入体，常见的厚度多为几十厘米至几米，延伸长度多为几百米至几千米。组成岩床的岩石以基性岩为主，岩脉是沿岩层裂隙侵入形成的狭长形的岩浆岩体，与围岩层理或片理斜交。

3. 火山锥和熔岩流——喷出岩的产状

火山锥是熔岩和火山碎屑围绕火山通道堆积形成的锥状体；岩浆喷出地表后，沿着倾斜地面流动而形成的岩石，称为熔岩流。

岩浆冷凝会使体积收缩，从而在岩体中产生一些裂隙，这些裂隙称为原生节理，它们常按一定的规律和一定的形态排列分布，如玄武岩中常有直立的六边形或多边形柱状节理。

（二）岩浆岩的主要特征

1. 岩浆岩的化学成分和矿物成分

绝大多数岩浆以硅酸盐类为主，其中O、Si、Al、Fe、Ca、Na、K、Mg、H等九种元素占地壳总质量的98.13%，以O、Si的含量为最多，占75.13%，这些元素一般都以氧化物的形式存在。

岩浆岩中的各种氧化物之间有明显的变化规律：当 SiO_2 含量较低时，FeO、MgO 等铁镁质矿物增多；当 SiO_2 和 Al_2O_3 的含量较高时，Na_2O、K_2O 等硅铝质矿物增加。由此据 SiO_2 的含量把岩浆岩分为四大类，见表 1-2。

岩浆岩的分类 表 1-2

类　别	酸 性 岩	中 性 岩	基 性 岩	超基性岩
SiO_2 的含量(%)	65~75	55~65	45~55	>45

岩浆岩中矿物成分不是任意组合，而是有规律的共生，它主要取决岩浆岩的化学成分及形成时的物化环境。化学成分不同的岩浆岩其矿物成分也不一样。

在岩浆岩中 SiO_2 含量很多时，SiO_2 除了与各种金属氧化物组成硅酸盐矿物外，剩余的 SiO_2 结晶成为石英，所以石英是岩浆岩中 SiO_2 过饱和的指示矿物。当 SiO_2 不足时，在岩浆岩中就可能出现镁橄榄石和白榴石等，一般石英和橄榄石不能共生。因为岩浆岩中若有较多的 SiO_2，则镁橄榄石可与 SiO_2 反应生成其他新矿物，比如顽火辉石等。当 SiO_2 含量充足时，在岩浆岩中可能出现辉石、角闪石、斜长石、钾长石等，这些矿物称饱和矿物。

岩浆岩的矿物成分既可以反映岩石的化学成分和生成条件，是岩浆岩分类命名的主要依据之一，同时，矿物成分也直接影响岩石的工程地质性质。所以，在研究岩石时要重视矿物的组成和识别鉴定。

组成岩浆岩的矿物大约有 30 多种，按其颜色及化学成分的特点可分为浅色矿物和深色矿物两类。浅色矿物富含硅、铝成分，如正长石、斜长石、石英、白云母等；深色矿物富含铁、镁成分，如黑云母、辉石、角闪石、橄榄石等。

2. 岩浆岩的结构

岩浆岩的结构指组成岩石的矿物的结晶程度、晶粒大小、形态及晶粒之间或晶粒与玻璃质间的相互结合方式。它的结构特征是岩浆冷凝时所处物理化学环境的综合反映。

1）按矿物的结晶程度分类

全晶质结构　岩石全部由结晶矿物组成，这种结构是岩浆在温度缓慢降低的情况下形成的，通常是侵入岩具有的结构。

半晶质结构　岩石由结晶的矿物和非晶质矿物组成，这种结构主要为浅成岩或喷出岩具有的结构。

非晶质结构　岩石全部由非晶质矿物组成，这种结构是岩浆喷出地表迅速冷凝来不及结晶的情况下形成的，为喷出岩特有的结构。

2）按矿物晶粒的绝对大小分类

显晶质结构　岩石中的矿物颗粒较大，用肉眼可以分辨并鉴定其特征。一般为深成侵入岩所具有的结构。

隐晶质结构　岩石全部由结晶微小的矿物组成，用肉眼和放大镜均看不见晶粒，只有在偏光显微镜下方可识别。

玻璃质结构　岩石全部由非晶质矿物组成，呈均匀致密似玻璃的结构。

3）按矿物晶粒的相对大小分类

等粒结构　岩石中的矿物全部是显晶质粒状，同种主要矿物结晶颗粒大小大致相等，是深成岩特有的结构。

不等粒结构　组成岩石的主要矿物结晶颗粒大小不等，相差悬殊。其中晶形完好，颗粒粗大的称斑晶，细粒的微小晶粒或隐晶质、玻璃质称石基。不等粒结构又分为斑状及似斑状结构。石基为非晶质或隐晶质的结构称为斑状结构。斑晶形成于地壳深处，而石基是后来含斑晶的岩浆上升至地壳较浅处或喷溢地表后才形成的，斑状结构是浅成岩或喷出岩的重要特征。石基为显晶质的结构称为似斑状结构，斑晶和石基同时形成于相同的环境，似斑状结构多见于深成岩体的边缘或浅成岩中。

一般深成岩多为全晶质等粒结构；浅成岩多为斑状结构；喷出岩多为隐晶质致密结构或斑状结构，有时为玻璃质结构。

3. 岩浆岩的构造

岩浆岩的构造是指岩石中各种矿物集合体在空间排列及充填方式上所表现出来的特征。常见的构造形式有以下几种。

块状构造　矿物在岩石中的排列无一定次序、无一定方向，不具有任何特殊形象的均匀块体，为大部分侵入岩所具有的构造。

流纹状构造　在喷出岩中由不同颜色的矿物和拉长气孔等沿一定方向排列，表现出熔岩流动的状态。常见于酸性或中酸性喷出岩中。

气孔及杏仁状构造　当熔岩喷出时，由于温度和压力骤然降低，岩浆中大量挥发性气体被包裹于冷凝的玻璃质中，气体逐渐逸出，形成各种大小和数量不同的孔洞，称气孔状构造。有的岩石气孔极多，以至岩石呈泡沫状块体，如浮岩。如果孔洞中被后期次生方解石、蛋白石等矿物充填，形如杏仁则称为杏仁状构造。

（三）常见岩浆岩的类型

岩浆岩通常根据它的成因、矿物成分、化学成分、结构、构造及产状等方面的综合特征分类，见表1-3。

岩浆岩分类表　　表1-3

类型			酸性	中性		基性	超基性
SiO_2 含量(%)			75~65	65~55		55~45	<45
化学成分			以Si、Al为主			以Fe、Mg为主	
颜色(色率,%)			0~30	30~60		60~90	90~100
成因	产状	矿物成分 / 代表岩属 / 结构构造	含长石		含斜长石		不含长石
			石英>20%	石英0~20%		极少石英	无石英
			云母 角闪石	黑云母 角闪石 辉石		角闪石 辉石 黑云母	橄榄石 辉石
喷出岩	喷出堆积	玻璃状或碎屑状	黑耀石、浮石、火山凝灰岩、火山碎屑岩、火山玻璃				少见
	火山锥 岩流 岩被	微料、斑状、玻璃质结构，块状、气孔状、杏仁状、流纹状等构造	流纹岩	粗面岩	安山岩	玄武岩	苦橄岩
侵入岩 浅成岩	岩基、岩株、岩脉、岩床、岩盘等	半晶质、全晶质、斑状等结构，块状构造	花岗斑岩	正长斑岩	闪长玢岩	辉绿岩	橄玢岩(少见)
侵入岩 深成岩		全晶质、显晶质、粒状等结构，块状构造	花岗岩	正长岩	闪长岩	辉长岩	橄榄岩

1. 酸性岩类

花岗岩　属深成岩。多呈肉红色、灰白色，主要矿物为石英、正长石和酸性斜长石，次要的有黑云母和角闪石等。全晶质等粒结构，块状构造。花岗岩分布广泛，抗压强度大，质地均匀坚实，颜色美观，是优质的建材。产状多为岩基、岩株，是良好的建筑物地基。

花岗斑岩　成分与花岗岩相似，斑状结构，斑晶主要有钾长石、石英或斜长石，块状构造。

流纹岩　呈灰白色、紫红色，斑状结构，斑晶多为斜长石、石英或正长石，流纹状构造，抗压强度略低于花岗岩。

2. 中性岩类

正长岩　呈肉红色、浅灰色，全晶质等粒结构或似斑状结构，块状构造。主要矿物为正长石，次要矿物有黑云母、角闪石，含极少量石英，较易风化。极少单独产出，主要与花岗岩等共生。

正长斑岩　斑状结构，斑晶为正长石，块状构造。

粗面岩　斑状结构，斑晶为正长石，块状构造，表面具有细小孔隙，表面粗糙。

闪长岩　呈灰色或浅绿灰色，主要矿物为中性斜长石和角闪石，次要矿物有黑云母、辉石等，全晶质等粒结构，块状构造。闪长岩结构致密强度高，且具有较高的韧性和抗风化能力，可作为各种建筑物地基和建筑材料。

闪长玢岩　斑状结构，斑晶为中性斜长石，有时为角闪石，块状构造。常为灰色，如有次生变化，则多为灰绿色。岩石中常含有绿泥石、高岭石等次生矿物。

安山岩　呈灰绿色、灰紫色，斑状结构，斑晶为角闪石或基性斜长石，块状构造，有时为气孔状构造或杏仁状构造，是分布较广的中性喷出岩。

3. 基性岩类

辉长岩　呈灰黑、黑色，主要矿物为基性斜长石和辉石，次要的矿物成分有橄榄石和角闪石，全晶质等粒结构，块状构造。辉长岩强度很高，抗风化能力强。

辉绿岩　呈灰绿色，辉绿结构，块状构造，强度较高，是优良的建筑材料。常含有绿泥石等次生矿物。

玄武岩　玄武岩是岩浆岩中分布较广泛的基性喷出岩，呈灰黑色、黑色，隐晶质结构或斑状结构，斑晶为橄榄石、辉石或斜长石，常见气孔状构造、杏仁状构造。玄武岩致密坚硬，性脆、强度较高，是良好的沥青类路面材料的骨料。但是多孔时强度较低，较易风化。

综上分析，一般深成岩常形成岩基等大型侵入体，岩性一般较均一，以中、粗粒结构为主，致密坚硬，孔隙率小，透水性弱，抗水性强，故深成岩体常被选为理想的建筑场地。但有些岩体风化层很厚，须采取处理措施。此外还应注意的是，深成岩经过多期地壳变动影响，其完整性和均一性受到破坏，且有些节理被黏土矿物充填形成软弱夹层或泥化夹层等。

浅成岩以岩床、岩墙、岩脉等状态产出，有时相互穿插。颗粒较细的岩石强度高，不易风化。这些小型侵入体与围岩接触部位岩性不均一，节理发育，岩石破碎，风化蚀变严重，透水性增大。

喷出岩一般原生节理发育，产状不规则，厚度变化大，岩性很不均一，因此强度较低，透水性强，抗风化能力差。但对于节理不发育、颗粒细或呈致密状的喷出岩，则强度高，抗风化能力强，也属于良好建筑物地基，需注意的是喷出岩常覆盖在其他岩层之上。

二、沉积岩

(一)沉积岩的形成过程

在地表常温常压条件下,外动力地质作用促使地壳表层先生成的矿物和岩石遭到破坏,将其松散碎屑搬运到适宜的地带沉积下来,再经压固、胶结形成层状的岩石。

沉积岩广泛分布于地壳表层,占陆地面积的75%,沉积岩各处的厚度不一,最厚可超过10km,薄者只有数十米。沉积岩是地表常见的岩石,在沉积岩中蕴藏着大量的沉积矿产,比如煤、石油、天然气等,同时各种建筑物如道路、桥梁、矿山、水坝等,几乎都以沉积岩为地基,沉积岩也是建筑材料的重要来源。

沉积岩的形成是一个长期而复杂的地质作用过程,一般可分为以下四个阶段。

1. 原岩的风化剥蚀作用

地壳表面的各种岩石长期遭受自然界的风化、剥蚀,使原来坚硬的岩石逐渐分解破碎,形成大小不同的松散物质,它们是构成新的沉积岩的主要物质来源。

2. 沉积物的搬运作用

岩石除一部分经风化、剥蚀后的产物残积原地外,大多数破碎物质受流水、风、冰川和自身重力等作用,搬运到适宜的地方。流水的机械搬运作用,使具有棱角的碎屑物质不断磨蚀,颗粒逐渐变细磨圆。溶解物质则随水溶液流入河口和湖海等。

3. 沉积物的沉积作用

当搬运能力减弱或物理化学环境改变时,携带的物质逐渐沉积下来。沉积一般可分为机械沉积、化学沉积和生物化学沉积三种。机械沉积物具有明显的分选性,如当河流由山区流向平原时,随着河床坡度的减小,水流速度变慢,上游沉积颗粒粗大,下游沉积颗粒细小,海洋中沉积的颗粒更细。碎屑物是碎屑岩的物质来源,黏土矿物是黏土岩的主要物质来源,溶解物则是化学岩的物质来源。这些呈松散状态的物质,称为沉积物或沉积层。

4. 成岩作用

松散沉积物经过下述三种成岩作用中的一种或几种作用后,形成新的坚硬、完整的岩石——沉积岩。

压实　压实即是上覆沉积物的重力压固,导致下伏沉积物孔隙减少、水分挤出而变得紧密坚硬。

胶结　胶结是指其他物质充填到碎屑沉积物的粒间孔隙中,使其胶结变硬。

重结晶　重结晶是指新形成的矿物产生结晶质间的联结。

(二)沉积岩的主要特征

1. 沉积岩的物质组成

(1)碎屑物质。原岩经风化破碎而生成的呈碎屑状态的物质。其中主要有矿物碎屑(石英、长石、白云母等)、岩石碎块、火山碎屑等。在岩浆岩中常见的橄榄石、辉石、角闪石、黑云母、基性斜长石等形成于高温高压环境,在常温常压这种表生条件不稳定。岩浆岩中的石英,大部分的形成于岩浆结晶的晚期,在表生条件下稳定性较大,一般以碎屑物形式出现于沉积岩中。

(2)黏土矿物。主要是一些原生矿物经化学风化作用所形成的次生矿物。它们是在常温常压、富含二氧化碳和水的表生环境下形成的。主要有高岭石、伊利石、蒙脱石等,这些矿物粒径小于0.002mm,具有很大的亲水性、可塑性及膨胀性。

(3)化学沉积矿物。由化学作用从溶液中沉淀结晶产生的沉积矿物,如方解石、白云石、石膏、铁锰的氧化物及氢氧化物等。

(4)有机质及生物残骸。由生物残骸或经有机化学变化而形成的矿物,如贝壳、珊瑚礁、泥炭及其他有机质等。

(5)胶结物。这些胶结物或是通过矿化水的运动带到沉积物中,或是来自原始沉积物矿物组分的溶解和再沉淀。常见的有硅质(SiO_2)、铁质(Fe_2O_3)、钙质($CaCO_3$)、泥质(黏土矿物)等。

2. 沉积岩的结构

沉积岩的结构是指沉积岩的物质组成、颗粒大小、形状及其组合关系,它不仅决定于岩性特征,也反映了形成条件,它是沉积岩分类命名的重要依据。

(1)碎屑结构。指碎屑物被胶结物胶结而成的结构,按碎屑颗粒的粒径大小划分为三种结构:砾状结构(碎屑粒径 $d > 2$mm);砂状结构($d = 0.074 \sim 2$mm);粉砂状结构($d < 0.074$mm)。其中胶结物的成分不同,岩石的工程性质差异很大。硅质胶结的颜色浅,强度高;铁质胶结的颜色呈红褐色,强度较高;钙质胶结的颜色浅,强度较低,性脆,易于溶蚀;泥质胶结结构松散,强度最低,遇水易软化。

(2)黏土结构(泥质结构)。它是由粒径 $d < 0.002$mm 的陆源碎屑和黏土矿物经过机械沉积而成。外观呈均匀致密的泥质状态,特点是手摸有滑感,用刀切呈平滑面,断口平坦。

(3)化学结晶结构。是由溶液中沉淀或重结晶,纯化学成因所形成的结构,它是溶液中溶质达到过饱和后逐渐积聚生成的。

(4)生物结构。岩石以大部分或全部生物遗体或碎片所组成的结构,如贝壳结构、珊瑚结构等。

3. 构造

沉积岩的构造指岩石各组成部分的空间分布和排列方式所呈现的特征。

(1)层理构造。由于季节、沉积环境的改变使先后沉积的物质在颗粒大小、颜色和成分在垂直方向发生变化,从而显示出来的成层现象。层理分为水平层理、斜层理、交错层理和块状层理,见图 1-5。不同类型的层理反映了沉积岩形成时的古地理环境的变化。

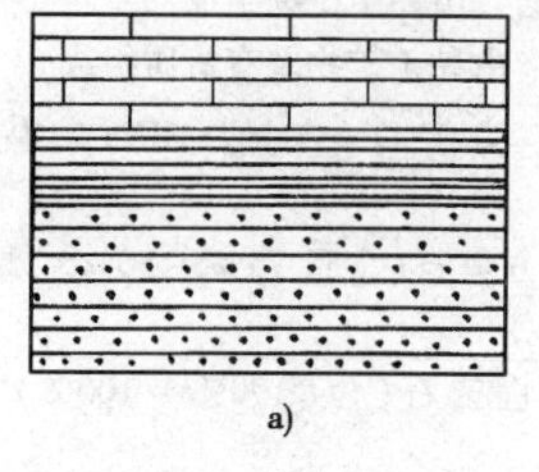
a)

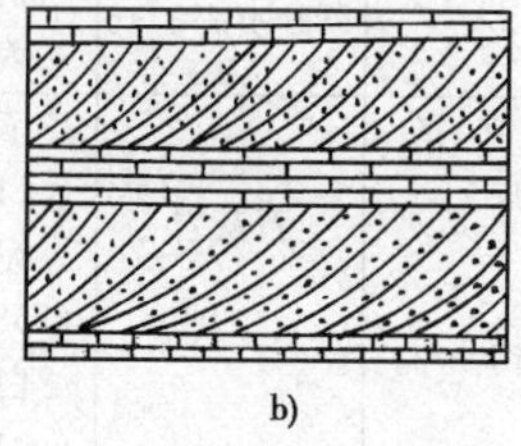
b)

c)

图 1-5 层理构造类型示意图

a)水平层理;b)斜层理;c)交错层理

层或岩层是组成沉积地层的基本单位,其成分、结构、构造和颜色基本均一,它是在较大区域内生成条件基本一致的情况下形成的。层与层之间的分界面叫做层面,层面反映了沉积过程中气候的变化。

(2)层面构造。指未固结的沉积物,由于搬运介质的机械原因或自然条件的变化及生物活动,在层面上留下痕迹并被保存下来,如波痕、泥裂、雨痕等。

(3)层间构造。指不同厚度、不同岩性的层状岩石之间层位上发生变化的现象,层间构造有尖灭、透镜体、夹层等类型。厚度大的岩层中所夹的薄层称为夹层；岩层一端较厚，另一端逐渐变薄以至消失，这种岩层称为尖灭层；若在不大的距离内两端都尖灭，而中间较厚，称为透镜体。

(4)化石。化石是岩层中，保存着的经石化了的各种古生物遗骸和遗迹，如三叶虫、贝壳等。

(三)常见沉积岩的类型

由于沉积岩的形成过程比较复杂，目前对沉积岩的分类方法尚不统一。但是通常主要是依据岩石的成因、成分、结构、构造等方面的特征进行分类的，见表1-4。

沉积岩分类简表 表1-4

<table>
<tr><th colspan="2">岩类</th><th colspan="2">结构</th><th>岩石分类名称</th><th>主要亚类及其组成物质</th></tr>
<tr><td rowspan="6">碎屑岩类</td><td rowspan="3">火山碎屑岩</td><td rowspan="6">碎屑结构</td><td>粒径>100mm</td><td>火山集块岩</td><td>主要由大于100mm的熔岩碎块、火山灰尘等经压密胶结而成</td></tr>
<tr><td>粒径2~100mm</td><td>火山角砾岩</td><td>主要由2~100mm的熔岩碎屑、晶屑、玻屑及其他碎屑混入物组成</td></tr>
<tr><td>粒径<2mm</td><td>凝灰岩</td><td>由50%以上粒径<2mm的火山灰组成，其中有岩屑、晶屑、玻屑等细粒碎屑物质</td></tr>
<tr><td rowspan="3">沉积碎屑岩</td><td>砾状结构
(粒径>2mm)</td><td>砾岩</td><td>角砾岩由带棱角的角砾经胶结而成，砾岩由浑圆的砾石经胶结而成</td></tr>
<tr><td>砂质结构
(粒径0.074~2mm)</td><td>砂岩</td><td>石英砂岩 石英(含量>90%)、长石和岩屑(<10%)
长石砂岩 石英(含量<75%)、长石(>25%)、岩屑(<10%)
岩屑砂岩 石英(含量<75%)、长石(<10%)、岩屑(>25%)</td></tr>
<tr><td>粉砂结构
(粒径0.002~0.074mm)</td><td>粉砂岩</td><td>主要由石英、长石及黏土矿物组成</td></tr>
<tr><td colspan="2" rowspan="2">黏土岩类</td><td colspan="2" rowspan="2">泥质结构
(粒径<0.002mm)</td><td>泥岩</td><td>主要由高岭石、微晶高岭石及水云母等黏土矿物组成</td></tr>
<tr><td>页岩</td><td>粘土质页岩 由黏土矿物组成
碳质页岩 由黏土矿物及有机质组成</td></tr>
<tr><td colspan="2" rowspan="2">化学及生物化学岩类</td><td colspan="2" rowspan="2">结晶结构及生物结构</td><td>石灰岩</td><td>石灰岩 方解石(含量>90%)、黏土矿物(<10%)
泥灰岩 方解石(含量75%~50%)、黏土矿物(25%~50%)</td></tr>
<tr><td>白云岩</td><td>白云岩 白云石(含量90%~100%)、方解石(<10%)
灰质白云岩 白云石(含量50%~75%)，方解石(50%~25%)</td></tr>
</table>

1. 碎屑岩类

1)火山碎屑岩

火山集块岩 由50%以上粒径大于100mm的火山碎块及细小的火山碎屑和火山灰充填胶结而成，集块结构，岩块坚硬。

火山角砾岩 粒径为2~100mm的碎屑占50%以上，胶结物为火山灰，火山角砾结构，块状构造。

凝灰岩　由粒径小于2mm的火山灰组成，凝灰结构，密度小，易风化。

2）沉积碎屑岩

砾岩及角砾岩　由50%以上粒径大于2mm的砾或角砾胶结而成，砾状结构，块状构造。硅质胶结的石英砾岩，非常坚硬，开采加工较困难，泥质胶结的则相反。

砂岩　由50%以上粒径在0.074～2mm的砂粒胶结而成，砂粒主要成分为石英、长石及岩屑等，砂状结构，层理构造。

砂岩为多孔岩石，孔隙愈多，透水性和蓄水性愈好。砂岩强度主要取决于砂粒成分和胶结物的成分、胶结类型等，其抗压强度差异较大。由于多数砂岩岩性坚硬而脆，在地质构造作用下张裂隙发育，所以，常具有较强的透水性。

粉砂岩　由50%以上粒径在0.002～0.074mm的粉砂粒胶结而成的。成分主要是石英，其次白云母、长石和黏土矿物等，胶结物多为泥质，因颗粒细小，肉眼难于区分成分及胶结物。未固结的沉积物具代表性的有黄土等，粉砂质结构，层理构造，结构疏松，强度和稳定性不高。

2. 黏土岩类

泥岩　主要由黏土矿物经脱水固结而形成的，具黏土结构，层理不明显呈块状构造。固结不紧密、不牢固，强度较低，一般干试样的抗压强度约在5～30MPa之间，遇水易软化，强度显著降低，饱水试样的抗压强度可降低50%左右。

页岩　主要由黏土矿物经脱水胶结而形成的，黏土结构，大部分有明显的薄层理，能沿着层理分成薄片，这种特征和也称页理，富含化石。一般情况下，页岩岩性松软，易于风化呈碎片状，强度低，遇水易软化而丧失其稳定性。

3. 化学岩及生物化学岩类

最常见的是由碳酸盐组成的岩石，以石灰岩和白云岩分布最为广泛。鉴别这类岩石时，要特别注意对盐酸试剂的反应，石灰岩在常温下遇稀盐酸剧烈起泡；泥灰岩遇稀盐酸起泡后留有泥点；白云岩在常温下遇稀盐酸不起泡，但加热或研成粉末后则起泡。多数岩石结构致密，质地坚硬，强度较高。但是它具有可溶性，在水流的作用下形成溶蚀裂隙、洞穴、地下河等。

石灰岩　简称灰岩，主要由方解石组成，次要矿物有白云石、黏土矿物等。质纯者为浅色，若含有机质及杂质则色深。化学结晶结构，生物结构，块状构造。石灰岩致密、性脆，一般抗压强度较差。石灰岩分布很广，是烧制石灰和水泥的重要原材料，也是用途很广的建筑石材。但由于石灰岩属微溶于水的岩石，易形成裂隙和溶洞，对基础工程影响很大。

白云岩　主要由白云石和方解石组成，颜色灰白，略带淡黄、淡红色。化学结晶结构，块状构造，可作高级耐火材料和建筑石料。

泥灰岩　主要由方解石和黏土矿物（含量在25%～50%）组成，化学结晶结构，块状构造，滴稀盐酸剧烈起泡，留下土状斑痕。抗压强度低，遇水易软化，它可作水泥原料。

三、变质岩

（一）变质岩的成因

由于构造运动和岩浆活动等使地壳中的先成岩石受到温度、压力或化学活动性流体的影响，在固体状态下发生剧烈变化后形成的新的岩石称变质岩（图1-6），形成变质岩的过程称为变质作用。

引起变质作用的因素有温度、压力及化学活动性流体。变质温度的基本来源包括地壳深处的高温、岩浆及地壳岩石断裂错动产生的高温等。引起岩石变质的压力包括上覆岩土重量引起的静压力、地壳运动或岩浆活动产生的定向压力等。化学活动性流体则是以岩浆、H_2O、CO_2 为主，还包括其他一些易挥发、易流物质的流体。

变质岩在地球表面分布面积占陆地面积的1/5，岩石生成年代愈老，变质程度愈深，该年代岩石中变质岩比重愈大。例如前寒武纪的岩石几乎都是变质岩。

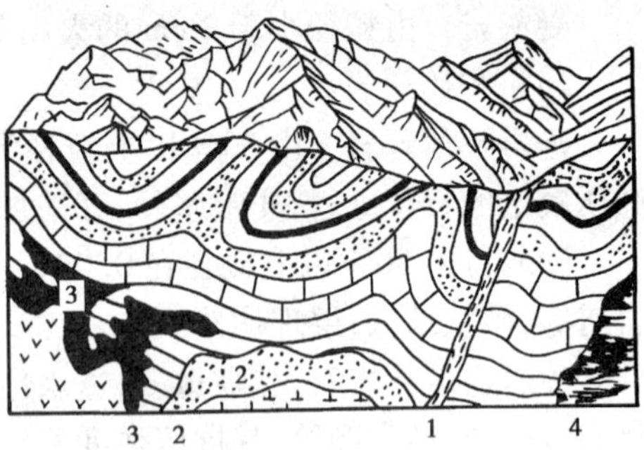

图1-6　变质岩类型示意图

1-动力变质岩；2、3-接触变质岩；4-区域变质岩

（二）变质作用的主要类型

1. 接触变质作用（热力变质）

接触变质作用发生在侵入体接触带或其附近，主要受温度和挥发物质的影响，变质的程度随着距离侵入岩的远近而变化。接触变质带的岩石一般较破碎，裂隙发育，透水性大，强度较低。

2. 动力变质作用

指在地壳运动产生的强应力作用下，使原岩及其组成矿物发生变形、机械破碎及轻微的重结晶现象的一种变质作用。

3. 区域变质作用

指在地壳运动和岩浆活动下所引起的大范围内受温度、压力和化学活动性流体影响的一种变质作用。变质方式以重结晶、重组合为主，区域变质岩的岩性，在很大范围内是比较均匀一致的，其强度则决定了岩石本身的结构和成分等。

（三）变质岩的主要特征

1. 矿物成分

原岩经变质作用后仍保留的部分矿物称残留矿物，如石英、长石、方解石、白云石等。原岩经变质作用后出现某些具有自身特征的矿物称变质矿物，如滑石、蛇纹石、绿泥石、石榴子石等。变质矿物是鉴定变质岩的可靠依据。

2. 结构

变质岩的结构按成因可分为变晶结构、变余结构、碎裂结构。

（1）变晶结构。指原岩在固态条件下，岩石中的各种矿物同时重结晶和变质结晶形成的结构，岩石中矿物重新结晶较好，基本为显晶，变质程度较深，这是变质岩中最常见的结构。按变晶矿物颗粒的形状又分为粒状变晶结构、鳞片变晶结构等。

（2）变余结构。由于变质程度较低，重结晶作用不完全，仍残留原来的一些结构特征。如变余砂状结构、变余斑状结构等。这种结构在变质程度较浅的变质岩中常见。

（3）碎裂结构。在定向压力影响下，使岩石中的矿物颗粒发生弯曲、破裂、断开，甚至研磨成细小的碎屑或岩粉被胶结而成的结构。

3. 构造

变质岩的构造指岩石中矿物在空间排列关系上的外貌特征。变质岩的构造特征常见的有片理构造、变余构造和块状构造。变质岩的构造与岩浆岩及沉积岩有着显著的区别，是鉴定变质岩的可靠特征。

（1）片理状构造。指岩石中片状、针状、柱状或板状矿物受定向压力作用重新组合，呈相互平行排列的现象。能顺着矿物定向排列方向剥裂开的面称片理面。片理面延伸不远，片理面可能是平的、弯曲的或波状的，并且平滑光亮。

板状构造　板状构造,又称板理。在温度不高而以压力为主的变质作用下,由显微片状矿物平行排列成密集的板理面。岩石结构致密,所含矿物肉眼不能分辨,板理面上有弱丝绢光泽。能沿一定方向极易分裂成均一厚度的薄板。

千枚状构造　岩石中矿物重结晶程度比板岩高,其中各组分基本已重结晶并定向排列,但结晶程度较低而使肉眼尚不能分辨矿物,仅在岩石的自然破裂面上见有较强的丝绢光泽,是由绢云母、绿泥石小鳞片造成。

片状构造　原岩经区域变质、重结晶作用,使片状、柱状、板状矿物平行排列成连续的薄片状,岩石中各组分全部重结晶,而且肉眼可以看出矿物颗粒,片理面上光泽很强。

片麻状构造　这是一种变质程度很深的构造,不同矿物(粒状、片状相间)定向排列,呈大致平行的断续条带状,沿片理面不易劈开,它们的结晶程度都比较高。

(2)块状构造。岩石由粒状结晶矿物组成,结构均一,无定向排列,也不能定向裂开。

(四)常见的变质岩类型

变质岩根据其构造特征分为片理状岩石类和块状岩石类,见表1-5。

主要变质岩分类简表　　表1-5

岩类	构　造	岩石名称	主要矿物成分	原　岩
片理状岩类	片麻状构造	片麻岩	石英、长石、云母、角闪石等	中、酸性岩浆岩,砂岩,粉砂岩,黏土岩
	片状构造	片岩	云母、滑石、绿泥石、石英等	黏土岩、砂岩、岩浆岩、凝灰岩
	千枚状构造	千枚岩	绢云母、绿泥石、石英等	黏土岩、粉砂岩、凝灰岩
	板状构造	板岩	黏土矿物、绢云母、绿泥石、石英等	黏土岩、黏土质粉砂岩
块状岩类	块状构造	石英岩 大理岩	以石英为主,有时含绢云母等 方解石、白云石	砂岩、硅质岩 石灰岩、白云岩

1. 片理状岩类

片麻岩　片麻状构造,粒状变晶结构,晶粒粗大。主要矿物为石英、长石,其次是云母、角闪石、辉石等。片麻岩强度较高,一般抗压强度达120~200MPa,可用作各种建筑材料。若云母含量增多且富集在一起时,则强度大为降低。

片岩　属中深变质岩,片理构造,鳞片状或纤维状变晶结构,常见矿物有云母、滑石、绿泥石、石英等,片岩中不含或很少含长石。根据片岩中片状矿物种类不同,又可分为云母片岩、滑石片岩等。因其片理发育,片状矿物含量高,岩石强度低,抗风化能力差,极易风化剥落,甚至发生滑塌。

千枚岩　浅变质岩,千枚状构造,变晶结构,常见矿物有绢云母、绿泥石、石英等。其原岩大部分为黏土岩,新生矿物颗粒较板岩粗大,有时部分绢云母有渐变为白云母的趋势。岩石中片状矿物形成细而薄的连续的片理,沿片理面呈定向排列,致使这类岩石具有明显的丝绢光泽。千枚岩的质地松软,强度低,易风化破碎,在荷载作用下容易产生蠕动变形和滑动破坏。

板岩　浅变质岩,板状构造,变余结构,颜色多种,其主要成分为硅质和泥质矿物组成,肉眼不易辨别,呈致密状,由黏土岩浅变质而形成的。沿劈理易于裂开成薄板状,击之发出清脆的石板声可与页岩区别。板岩透水性很弱,可作隔水层。但板岩在水的长期作用下会软化,形成软弱夹层。

2. 块状岩类

大理岩　由钙、镁碳酸盐类沉积岩变质形成,主要矿物成分为方解石、白云石,具粒状变晶结构、斑状变晶结构,块状构造。大理岩以我国云南大理市盛产优质的此种石料而得名。洁白的细粒大理岩(汉白玉)和带有各种花纹的大理岩常用作建筑材料和各种装饰石料等。大理岩岩块或岩粉与盐酸作用起泡,具有可溶性。强度随其颗粒胶结性质及颗粒大小而异,抗压强度一般为 50 ~ 120MPa。

石英岩　由石英砂岩和硅质岩经变质而成。变质以后石英颗粒和硅质胶结物合为一体,因此,石英岩的强度和结晶程度均较原岩高。它主要由石英组成(>85%),其次含少量白云母、长石等,一般为块状构造,呈粒状变晶结构。石英岩在区域变质作用和接触变质作用下均可形成,岩石坚硬,抗风化能力强,可作良好的建筑物地基。但因性脆,较易产生密集性裂隙,影响建筑物的稳定与安全。

第四节　岩石的工程地质性质与工程分类

前面我们介绍了岩石的成因及类型,岩石不仅是地质、地貌、地质构造的基础,而且还是人类工程建筑物的载体和原料,它的工程性质对建筑物有极大的影响。过去常将岩石和岩体统称岩石,实际上从工程地质观点看,岩石是矿物的集合体,而岩体则是由岩石所组成的,并在后期经历了不同性质的构造运动的改造、被各种结构面分割后的综合地质体。就大多数的工程地质问题而言,岩体的工程地质性质,主要决定于岩体内部裂隙系统的性质及其分布情况,但是岩石本身的性质起着重要的作用。

岩石的工程性质是工程地质学的核心,也是本课的重点内容之一。岩石的工程地质性质是研究岩体工程地质的基础,我们必须对岩石的工程性质有一个较概括的认识。岩石的工程地质性质包括岩石的物理性质、水理性质及力学性质三个主要方面。这里主要介绍有关岩石工程地质性质的一些常用指标和岩石工程分类。

一、岩石的物理性质

岩石的物理性质是由岩石结构中矿物颗粒的排列形式及颗粒间孔隙的连通情况所反映出来的特性。孔隙中有水或气,或二者皆有,岩石的物理性质决定于岩石的固相、液相和气相三者的比例关系,它是评价岩基承载力、计算边坡稳定系数、选配建筑材料所必须测试的指标。通常从岩石的相对密度、重度和孔隙性三个方面来分析。

1. 岩石的相对密度

指岩石固体部分的质量与同体积4℃水的质量比值。

岩石相对密度大小取决于组成岩石矿物的相对密度及其在岩石中的相对含量,如超基性、基性岩含铁镁矿物较多,其相对密度较大,酸性岩相反。岩石的相对密度介于 2. 50 ~ 3. 30 之间,测定其数值常采用比重瓶法。

2. 岩石的重度

岩石的重度是指单位体积岩石的重量。

$$\gamma = \frac{W}{V} \tag{1-1}$$

式中 :γ——岩石的重度(N/cm^3);

W——岩石的重力(N),$W = mg$;

m——岩石的总质量(kg),岩石的总质量 m 值中包含着固体部分的质量 m_s 和孔隙中所

含天然水分的质量 m_w，即 $m = m_s + m_w$；

m_s——岩石固体部分的质量(kg)；

m_w——岩石孔隙中水分的质量(kg)；

V——岩石的总体积(cm^3)，$V = V_s + V_n$；

V_s——岩石固体部分的体积(cm^3)；

V_n——岩石孔隙的总体积，$V_n = V_w + V_a$；

V_w——岩石孔隙中水分的体积(cm^3)；

V_a——岩石孔隙中气体的体积(cm^3)。

岩石的天然重度决定于组成岩石的矿物成分、孔隙性及含水情况，常介于$(2.30 \sim 3.10) \times 10^{-2} N/cm^3$ 之间。

3. 岩石的孔隙性

岩石是含有较多缺陷的多晶材料，因此具有相对较多的孔隙。同时，由于岩石经受过多种地质作用，还发育有各种成因的裂隙，如原生裂隙、风化裂隙及构造裂隙等。所以，岩石的孔隙性比土复杂得多，即除了孔隙外，还有各类裂隙存在。另外，岩石中的孔隙有些部分往往是互不连通的，而且与大气也不相通。因此，岩石中的孔隙有开型孔隙和闭孔隙之分。开型孔隙按其开启程度又有大小开型孔隙之分。岩石中孔隙、裂隙大小、多少及其连通情况等，对岩石的强度及透水性有着重要的影响，一般可用孔隙率来表示。

孔隙率指岩石中孔隙体积 V_n 与岩石总体 V 的百分比，计算公式如下：

$$n = \frac{V_n}{V} \times 100\% \tag{1-2}$$

岩石孔隙率的大小主要取决岩石的结构和构造，同时也受到外力因素的影响。由于岩石中孔隙、裂隙发育程度变化很大，其孔隙率的变化也很大。例如，三叠系砂岩的孔隙率为0.6%～27.2%，碎屑沉积岩的时代愈新，其胶结愈差，则孔隙率愈高。结晶岩类的孔隙率较低，很少高于3%。随着孔隙率的增大，透水性增大，岩石的强度降低，削弱了岩石的整体性，同时又加快了风化的速度，使孔隙又不断扩大。

二、岩石的水理性质

岩石的水理性质指岩石和水相互作用时所表现的性质，包括吸水性、透水性、软化性和抗冻性。

1. 岩石的吸水性

岩石在一定试验条件下的吸水性能称岩石吸水性。它取决于岩石孔隙数量、大小、开闭程度、连通与否等情况。表征岩石吸水性的指标有吸水率、饱水率和饱水系数等。

吸水率指岩石试件在常压下(1 标准大气压，即 101.325kPa)所吸入水分的质量 m_{w1} 与干燥岩石质量 m_s 的比值：

$$w_1 = \frac{m_{w1}}{m_s} \times 100\% \tag{1-3}$$

饱水率指岩石试件在高压或真空条件下所吸水分的质量 m_{w2} 与干燥岩石质量 m_s 的比值：

$$w_2 = \frac{m_{w2}}{m_s} \times 100\% \tag{1-4}$$

饱水系数指岩石吸水率与饱水率的比值。饱水系数反映了岩石大开型孔隙与小开型孔隙之相对数量，饱水系数愈大，表明岩石的吸水能力愈强，受水作用愈加显著。一般认为饱水系数 $K_w < 0.8$ 的岩石抗冻性较高，一般岩石饱水系数在 0.5～0.8 之间。

2. 岩石的透水性

岩石允许水通过的能力称岩石透水性。它主要决定于岩石孔隙的大小、数量、方向及其相互连通的情况。岩石的透水性用渗透系数表示。

3. 岩石的软化性

岩石受水的浸泡作用后，其力学强度和稳定性趋于降低的性能，称岩石的软化性。软化性的大小取决于岩石的孔隙性、矿物成分及岩石结构、构造等因素。凡孔隙大，含亲水性或可溶性矿物多，吸水率高的岩石，受水浸泡后，岩石内部颗粒间的联结强度降低，导致岩石软化。

岩石软化性大小常用软化系数来衡量：

$$\eta = R_W / R_C \tag{1-5}$$

式中：R_W——岩石饱水状态下的抗压强度；

R_C——岩石干燥状态下的抗压强度。

软化系数是判定岩石耐风化、耐水浸能力的指标之一。软化系数值愈大，则岩石的软化性愈小。当 $\eta > 0.75$ 时，岩石工程地质性质比较好。

4. 岩石的抗冻性

岩石抵抗冻融破坏的性能称岩石的抗冻性。由于岩石浸水后，当温度降到0℃以下时，其孔隙中的水将冻结，体积膨胀，产生较大的膨胀压力，使岩石的结构和构造发生改变，直到破坏。反复冻融后，将使岩石的强度降低。可用强度损失率和质量损失率表示岩石的抗冻性。

强度损失率指饱和岩石在一定负温度（-25℃）条件下，冻融 10～25 次，冻融前后饱和岩样抗压强度之差值与冻融前饱和抗压强度的比值。

质量损失率指在上述条件下，冻融试验前后干试件的质量差与试验前干试件质量的比值。

强度损失率和质量损失率的大小主要取决于岩石开型孔隙发育程度、亲水性和可溶性矿物含量及矿物颗粒间联结强度。一般认为，强度损失率小于 25% 或质量损失率小于 2% 时岩石是抗冻的。此外，$w_1 < 0.5\%$，$\eta > 0.75$ 的岩石一般为抗冻岩石。

现将常见岩石的物理性质和水理性质的有关指标列于表 1-6 中。

常见岩石的物理性质和水理性质指标　　表 1-6

岩石名称	相对密度	天然密度（g/cm³）	孔隙率（%）	吸水率（%）	软化系数
花岗岩	2.50～2.84	2.30～2.80	0.04～2.80	0.10～0.70	0.75～0.97
闪长岩	2.60～3.10	2.52～2.96	0.25 左右	0.30～0.38	0.60～0.84
辉长岩	2.70～3.20	2.55～2.98	0.29～0.13		0.44～0.90
辉绿岩	2.60～3.10	2.53～2.97	0.29～1.13	0.80～5.00	0.44～0.90
玄武岩	2.60～3.30	2.54～3.10	1.28	0.30	0.71～0.92
砂岩	2.50～2.75	2.20～2.70	1.60～28.30	0.20～7.00	0.44～0.97
页岩	2.57～2.77	2.30～2.62	0.40～10.00	0.51～1.44	0.24～0.55
泥灰岩	2.70～2.75	2.45～2.65	1.00～10.00	1.00～3.00	0.44～0.54
石灰岩	2.48～2.76	2.30～2.70	0.53～27.00	0.10～4.45	0.58～0.94
片麻岩	2.63～3.01	2.60～3.00	0.30～2.40	0.10～3.20	0.91～0.97
片岩	2.75～3.02	2.69～2.92	0.02～1.85	0.10～0.20	0.49～0.80
板岩	2.84～2.86	2.70～2.87	0.45	0.10～0.30	0.52～0.82
大理岩	2.70～2.87	2.63～2.75	0.10～6.00	0.10～0.80	
石英岩	2.63～2.84	2.60～2.80	0.00～8.70	0.10～1.45	0.96

三、岩石的力学性质

岩石的力学性质指岩石在各种静力、动力作用下所表现的性质，主要包括变形和强度。岩石在外力作用下首先是变形，当外力继续增加，达到或超过某一极限时，便开始破坏。岩石的变形与破坏是岩石受力后发生变化的两个阶段。

岩石抵抗外荷作用而不破坏的能力称岩石强度，荷载过大并超过岩石能承受的能力时，便造成破坏，岩石开始破坏时所能承受的极限荷载称为岩石的极限强度，简称为强度。

按外力作用方式不同将岩石强度分为抗压强度、抗拉强度和抗剪强度。

1. 抗压强度

岩石单向受压时，抵抗压碎破坏的最大轴向压应力称为岩石的极限抗压强度，简称抗压强度(R)。

$$R = P/A \tag{1-6}$$

式中：R——岩石抗压强度(kPa)；

P——试样破坏时的总压力(kN)；

A——岩石受压截面面积(m^2)。

抗压强度通常在室内用压力机对岩样进行加压试验确定。目前试件多采用立方体或圆柱体(尺寸：5cm × 5cm × 5cm、10cm × 10cm × 10cm)。抗压强度的主要影响因素有：岩石的矿物成分、颗粒大小、结构、构造；岩石的风化程度；试验条件等。

2. 抗拉强度

岩石在单向拉伸破坏时的最大拉应力，称为抗拉强度(σ_L)。

$$\sigma_L = P/A \tag{1-7}$$

式中：σ_L——岩石抗拉强度(kPa)；

P——试样破坏时的总拉力(kN)；

A——岩石受拉截面面积(m^2)。

抗拉强度试验一般有轴向拉伸法和劈裂法，实际常利用其与抗压强度关系间接确定。抗拉强度主要决定于岩石中矿物组成之间的黏聚力的大小。由于岩石的抗拉强度很小，所以当岩层受到挤压形成褶皱时，常在弯曲变形较大的部位受拉破坏，产生张性裂隙。

3. 抗剪断强度(τ)

是指岩石在一定的压力条件下，被剪破时的极限剪切应力值。根据岩石受剪时的条件不同，通常把抗剪切强度分为以下三种类型。

(1)抗剪断强度。是指在岩石剪断面上有一定垂直压应力作用，被剪断时的最大剪应力值。

$$\tau = \sigma\tan\varphi + c \tag{1-8}$$

式中：τ——岩石抗剪断强度(kPa)；

σ——破裂面上的法向应力(kPa)；

φ——岩石的内摩擦角(°)；

c——岩石的内聚力(kPa)。

室内测定抗剪断强度时一般采用剪力仪。

(2)抗剪强度。是指沿已有的破裂面剪切滑动时的最大剪切力，测试该指标的目的在于求出抗剪系数值，为坝基、桥基、隧道等基底滑动和稳定验算提供试验数据。

$$\tau = \sigma \tan\varphi \tag{1-9}$$

式中，σ、φ 物理意义同前。

(3)抗切强度。是指压应力等于零时的抗剪断强度，它是测定岩石黏聚力的一种方法。

$$\tau = c \tag{1-10}$$

常见岩石的抗压、抗剪及抗拉强度指标列于表1-7中。

常见岩石的抗压、抗剪及抗拉强度(MPa) 表1-7

岩石名称	抗压强度	抗剪强度	抗拉强度
花岗岩	100~250	14~50	7~25
闪长岩	150~300		15~30
辉长岩	150~300		15~30
玄武岩	150~300	20~60	10~30
砂岩	20~170	8~40	4~25
页岩	5~100	3~30	2~10
石灰岩	30~250	10~50	5~25
白云岩	30~250		15~25
片麻岩	50~200		5~20
板岩	100~200	15~30	7~20
大理岩	100~250		7~20
石英岩	150~300	20~60	10~30

四、岩石的工程分类

1. 按岩石强度分类

在工程上，根据岩石饱和单轴极限抗压强度 R_b 将其划分三类，见表1-8。

岩石按强度分类 表1-8

岩石类别	饱和单轴极限抗压强度(MPa)	代表性岩石
硬质岩石	>60	1. 花岗岩、闪长岩、玄武岩等岩浆岩类； 2. 硅质、铁质胶结的砾岩及砂岩、石灰岩、白云岩等沉积岩类； 3. 片麻岩、大理岩、石英岩、片岩、板岩等变质岩类
中硬岩石	30~60	
软质岩石	5~30	1. 凝灰岩等； 2. 泥砾岩、泥质砂岩、泥质页岩、泥岩等沉积岩类； 3. 云母片岩或千枚岩等变质岩类

软质岩石往往具有一些特殊性质，如可压缩性、软化性、可溶性等，这类岩石不仅强度低，而且抗水性也差，在水的长期作用下，其内部的联结力会逐渐降低，甚至失去。

2. 按岩石施工难易程度分类(表1-9)

3. 按岩石风化程度分类(表1-10)

岩石的工程分级 表1-9

岩石等级	岩石名称	钻眼1m所需时间			爆破$1m^3$所需的炮眼长度(m)		开挖方法
		湿式凿岩一字合金钻头净钻时间(min)	湿式凿岩普通钻头净钻时间(min)	双人打眼(人工)	路堑	隧道导坑	
Ⅰ软石	各种松软岩石、盐岩、胶结不紧的砾岩、泥质页岩、砂岩、较坚实的泥灰岩、块石土及漂石土、软的节理较多的石灰岩		7以内	0.2以内	0.2以内	2.0以内	部分用翘棍或及大锤开挖，部分用爆破法开挖
Ⅱ次坚石	硅质页岩、硅质砂岩、白云岩、石灰岩、坚实的泥灰岩、软玄武岩、片麻岩、正长岩、花岗岩	15以内	7~20	0.2~1.0	0.2~0.4	2.0~3.5	用爆破法开挖
Ⅲ坚石	硬玄武岩、坚实的石灰岩、白云岩、大理岩、石英岩、闪长岩、粗粒花岗岩、正长岩	15以上	20以上	1.0以上	0.4以上	3.5以上	用爆破法开挖

按风化程度划分的岩石等级 表1-10

风化程度	风化系数k_f	野外特征
微风化	$k_f>0.8$	岩质新鲜，表面稍有风化现象
弱风化	$0.4<k_f\leq0.8$	结构未破坏，构造层理清晰； 岩体被节理裂隙分割成块碎状(20~40cm)，裂隙中填充少量风化物； 矿物成分基本未变化，仅沿节理面出现次生矿物； 锤击声脆，石块不易击碎，不能用镐挖掘，岩芯钻方可钻进
强风化	$0.2\leq k_f\leq0.4$	结构已部分破坏，构造层理不甚清晰； 岩体被节理裂隙分割成块碎状(2~20cm)； 矿物成分已显著变化； 锤击声哑，碎石可用手折断，用镐可以挖掘，手摇钻不易钻进
全风化	$k_f<0.2$	结构已全部破坏，仅保持外观原岩状态； 岩体被节理裂隙分割成散体状； 除石英外其他矿物均变质成次生矿物； 碎石可用手捏碎，手摇钻可钻进

本章小结

本章介绍了地球的圈层构造划分和促使地壳不断演变的强大动力因素——地质作用，分析了内、外动力地质作用的相互关系。重点介绍了矿物、岩石的基本概念和主要鉴定特征，认识了常见的造岩矿物和岩石类型，分析了岩石的主要工程地质性质。

1. 地球内部的圈层构造包括地壳、地幔和地核。内、外动力地质作用是在漫长地质年代里，促使地壳物质组成、构造和地表形态不断变化的强大动力因素。

2. 矿物和岩石是组成地壳的基本物质，矿物是在各种地质作用下形成的具有一定的化学成分和物理性质的单质体或化合物。矿物的形状、颜色、光泽、透明度、硬度、解理与断口是野外鉴别矿物的主要依据。通过学习,要认识常见的十几种造岩矿物。

3. 岩浆岩是岩浆作用的产物。岩浆岩的主要矿物成分有石英、正长石、斜长石、角闪石、辉石、橄榄石、黑云母等。按其生成环境可分为深成岩、浅成岩和喷出岩。深成岩呈全晶质等粒结构,块状构造,致密坚硬,物理力学性质较好,一般是理想的建筑场地和建筑材料。浅成岩多为斑状结构,块状构造。喷出岩呈隐晶质、斑状结构,流纹、气孔、杏仁状及块状构造,一般原生节理发育,透水性强,抗风化能力差,强度较低。但结构致密的块状构造的喷出岩,强度高,抗风化能力强,也属于良好建筑物地基和建筑材料。

4. 沉积岩是在地表环境下,先成岩石经一系列外动力地质作用形成的岩石。沉积岩的物质组成碎屑物质、黏土矿物 、化学沉积矿物、有机质及生物残骸等。沉积岩的结构包括碎屑结构 、黏土结构、化学结晶结构及生物结构。特有的构造包括层理构造、层面构造和化石。沉积岩在地壳表面分布最为广泛,其主要由碎屑的机械沉积物和溶液的化学沉积物胶结、固结而形成,强度不高,而且一般沉积物的层理构造发育,使得其力学性质各向异性显著。常见的有砾岩、砂岩、页岩、泥岩、石灰岩及白云岩。

5. 变质岩是在变质作用下形成的岩石。变质岩特有的矿物有滑石、蛇纹石、绿泥石、石榴子石等。变质岩的结构包括变晶结构、变余结构、碎裂结构。变质岩特有的构造包括板状构造、千枚状构造、片状构造和片麻状构造。常见的变质岩有板岩、千枚岩、片岩、片麻岩、大理岩和石英岩。

6. 岩石的工程地质性质包括物理性质、水理性质和力学性质,其各种指标是定量评价岩石工程性质的可靠依据。影响岩石工程地质性质的因素主要有矿物成分、结构、构造、风化及水等。

复习思考题

1. 什么是地质作用?试按能源不同,对内、外力地质作用所包括的具体内容作简要说明。
2. 地壳的水平运动和升降运动通常表现出哪些现象?
3. 什么是风化作用?试述风化作用各具体方式之间的关系。
4. 什么是矿物和岩石?
5. 矿物的主要物理性质有哪些?
6. 依次熟记“标准硬度计”的代表矿物,在野外怎样鉴别矿物的硬度?
7. 怎样区分石英和方解石、正长石和斜长石、方解石和白云石?
8. 为什么说岩浆岩的结构特征是其生成环境的综合反映?
9. 简述沉积岩的形成过程。
10. 沉积岩区别于岩浆岩的重要特征有哪些?为什么?
11. 分析变质岩在其矿物成分和结构上有何特性?
12. 试说明三大岩类常见岩石的类型和主要的工程地质性质。
13. 表征岩石物理性质的指标有哪些?
14. 什么叫岩石的软化性?研究它有何意义?

第二章　地质构造

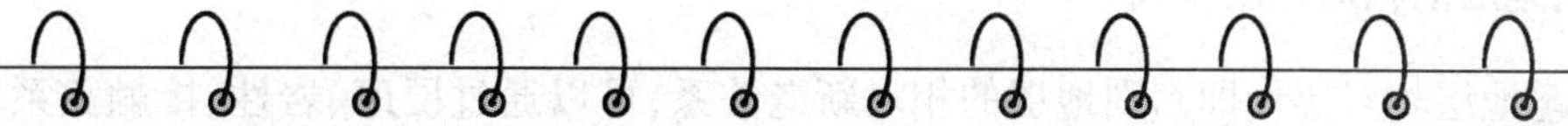

教学要求

1. 熟悉相对地质年代的含义、确定方法。
2. 描述岩层产状三要素的意义、测定方法和表示方法。
3. 描述地质构造的类型、特征、野外识别的方法及工程地质评价。
4. 分析和阅读地质图。

学习建议

学会分析岩层产状及地质构造与公路工程之间的相互关系，地质图是形象化的地质语言，需要反复练习才能达到教学要求。

现代地质学认为，地壳被划分成许多刚性的板块，而这些板块在不停地彼此相对运动。正是这种地壳运动，引起海陆变迁，产生各种地质构造，形成山脉、高原、平原、丘陵、盆地等基本构造形态。

地质构造的规模，有大有小，但都是地壳运动的产物，是地壳运动在地层和岩体中所造成的永久变形。这些地质构造的形成，经历了长期复杂的地质过程，是地质历史的产物。地质构造大大改变了岩层和岩体原来的工程地质性质，褶皱和断裂使岩层或岩体产生弯曲、破裂和错动，破坏了岩层或岩体的完整性，降低了其稳定性，增大了其渗透性，使工程建筑的地质环境复杂化。因此，学习并了解地质构造的基本知识，对各类土木工程建筑的规划、设计、施工及正常使用，都具有重要的实际意义。

第一节　地质年代

地壳发展演变的历史叫做地质历史，简称地史。据科学推算，地球的年龄至少有45.5亿年。在这漫长的地质历史中，地壳经历了许多强烈的构造运动、岩浆活动、海陆变迁、剥蚀和沉积作用等各种地质事件，形成了不同的地质体。因此，查明地质事件发生或地质体形成的时代和先后顺序是十分重要的。要了解一个地区的地质构造、地层的相互关系，以及阅读地质资料和地质图件时，必须具备地质年代的知识。

一、地层的地质年代

由两个平行或近于平行的界面（岩层面）所限制的同一岩性组成的层状岩石，称为岩层。岩层是沉积岩的基本单位而没有时代的含义。地层和岩层不同，在地质学中，把某一地质时期形成的一套岩层及其上覆堆积物统称为那个时代的地层。地层具有时代的新老概念，地层的上下或新老关系称为地层层序。要研究地层的层序，就要确定地层的地质年代。

确定地层的地质年代有两种方法：一种是绝对地质年代，用距今多少年以前来表示，是通过测定岩石样品所含放射性元素确定的；另一种是相对地质年代，指地质事件发生的先后顺序，是由该岩石地层单位与相邻已知岩石地层单位的相对层位的关系来决定的。在地质工作中，一般以相对地质年代为主。

二、地层的相对地质年代

确定地层相对年代即判别地层的相对新老关系，可以通过层序、岩性、接触关系和古生物化石来确定。

1. 生物演化律

按照生物演化的规律，从古到今，生物总是由低级到高级、由简单到复杂而逐步发展的。在地质年代的每一个阶段中，都发育有其生物群。因此，在不同地质年代沉积的岩层中，都会有不同特征的古生物化石。伴随着地壳发展演变的阶段性和周期性，生物物种也发生着相应的变化。

因此可以利用一些演化较快、存在时间短、分布较广泛、特征较明显的标准化石，作为划分地层相对地质年代的依据。

2. 地层层序律

沉积岩在形成过程中，下面的总是先沉积的地层，上覆的总是后沉积的地层，形成自然的层序。若这种自然层序没有被褶皱或断层打乱，那么岩层的相对地质年代可以由其在层序中的位置来确定（图 2-1）；若构造变动复杂的地区，岩层自然层位发生了变化，就难以直接通过层序来确定相对地质年代（图 2-2）。

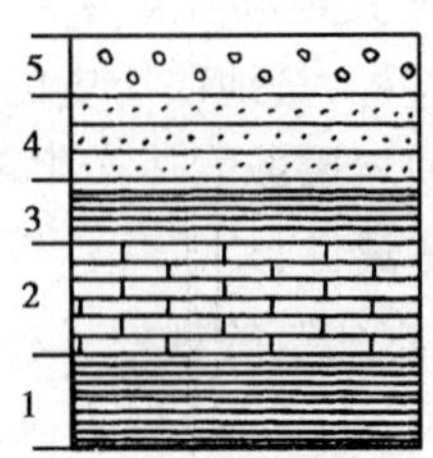

图 2-1　正常层位

1～5 岩层由老到新

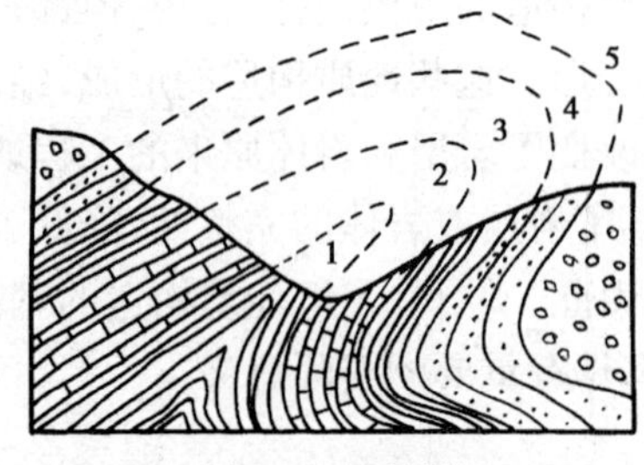

图 2-2　变动层位

1～5 为地层形成的先后顺序

3. 标准地层对比法

通常情况下，一定区域同一时期形成的岩层，其岩性特点应是一致或近似的。可以以岩石的组成、结构、构造等岩性特点，作为岩层对比的基础。但此方法具有一定的局限性和不可靠性。

4. 地质体之间的接触关系

上述生物演化律主要适用确定沉积岩的新老关系，它是建立相对地质年代的基础，但在无化石的岩浆岩和变质岩中，这种方法无能为力。地质历史上，地壳运动和岩浆活动的结果，往往可使不同岩层之间、岩层和侵入体之间、侵入体和侵入体之间互相接触。我们可以利用这种接触关系来确定不同岩系形成的先后顺序。沉积岩之间的接触关系有整合接触、平行不整合接触和角度不整合接触三种接触关系；岩浆岩与沉积岩之间的接触关系有沉积接触和侵入接触。

沉积岩的接触关系如图 2-3 所示。

1)整合接触关系

一个地区在持续稳定的沉积环境下，地层依次沉积，各地层之间相互平行，地层间的这种连续、平行的接触关系称为整合接触。其特点是：沉积时间连续，上、下岩层产状基本一致。

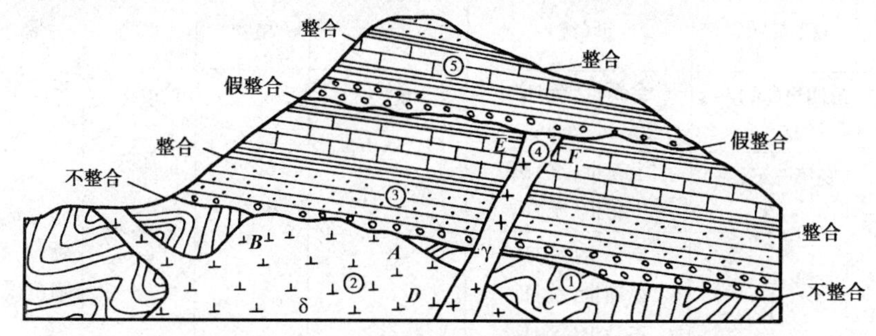

图 2-3　岩层接触关系剖面示意图

BA、*EF*-沉积接触；*AC*、*DE*-侵入接触；δ-闪长岩体；γ-花岗岩脉

2)不整合接触关系

在很多沉积岩序列里，不是所有的原始沉积物都能保存下来。地壳上升可以形成侵蚀面，然后下降又被新的沉积物所覆盖，这种埋藏的侵蚀面称为不整合面。上下岩层之间具有埋藏侵蚀面的这种接触关系，称为不整合接触。不整合接触面以下的岩层先沉积，年代较老，不整合面以上的岩层后沉积，年代较新。由于发生了阶段性的变化，不整合接触面上下的岩层，在岩性及古生物等方面往往都有显著不同。因此，不整合接触就成为划分地层相对地质年代的一个重要依据。不整合接触又可分为平行不整合接触和角度不整合接触。

平行不整合接触　上、下地层虽然平行，但它们之间发生了较长时间的沉积间断，期间缺失了部分时代的地层，所以上下地层中间有一明显的高低不平的侵蚀面。

角度不整合接触　上下地层之间有明显沉积间断，并以一定角度相接触，不整合面上往往保存着底砾岩和古风化痕迹。角度不整合接触是由于较老的地层形成以后，因强烈的构造运动使原来的水平沉积地层倾斜并隆起，遭受剥蚀，发生沉积间断，然后，地壳再下降，在剥蚀面上接受沉积，形成新地层。

3)侵入接触关系

指岩浆侵入到先形成的沉积岩层之中而形成的接触关系。侵入接触的主要标志是侵入体与围岩之间的接触带有接触变质现象。侵入体与围岩的界线常常很不规则，它说明岩浆侵入体的形成年代，晚于发生变质的沉积岩层的地质年代，见图 2-3。

4)沉积接触关系

沉积岩覆盖于侵入体之上，其间存在着剥蚀面，剥蚀面上有侵入体被风化剥蚀形成的碎屑物，见图 2-3。沉积接触的形成过程是当侵入体形成之后，地壳上升并遭受长期风化剥蚀，形成侵蚀面，然后地壳下降，在剥蚀面上接受新的沉积。它说明岩浆岩的形成年代早于沉积岩的地质年代。

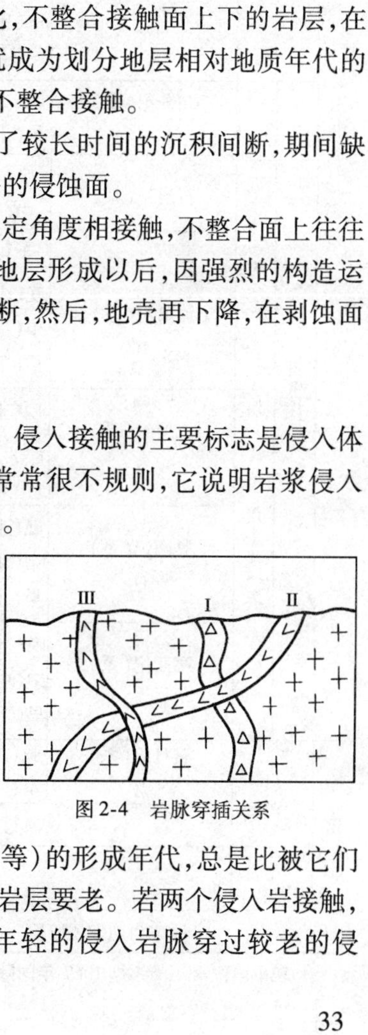

图 2-4　岩脉穿插关系

5)穿插关系

如图 2-4 所示，穿插的岩浆岩侵入体(如岩株、岩脉和岩基等)的形成年代，总是比被它们所侵入的最新岩层还要年轻，而比不整合覆盖在它上面的最老岩层要老。若两个侵入岩接触，岩浆侵入岩的相对地质年代，亦可由穿插关系确定，一般是年轻的侵入岩脉穿过较老的侵入岩。

地 质 年 代 表 表 2-1

宙(宇)	代(界)	纪(系)	世(统)	绝对年龄(百万年)	生物开始出现时间：植物	生物开始出现时间：动物	主要特征
显生宙(宇)	新生代(界)Kz	第四纪(系)Q	全新世(统)Q_4	0.02		←现代人	各种近代堆积物，冰川分布、黄土生成
			更新世(统)Q_{1-3}	1.5±0.5			
		第三纪(系)R 晚第三纪(系)N	上新世(统)N_2				主要成煤期，哺乳动物、鸟类发展；被子植物茂盛
			中新世(统)N_1	37±2		←古猿	
		第三纪(系)R 早第三纪(系)E	渐新世(统)E_3				
			始新世(统)E_2				
			古新世(统)E_1	67±3			
	中生代(界)Mz	白垩纪(系)K	晚(上)白垩世(统)K_2				后期地壳运动强烈，岩浆活动，海水退出大陆；恐龙时代；裸子植物茂盛；华北为陆地，华南为浅海，鱼类、两栖类盈，成煤时代
			早(下)白垩世(统)K_1	137±5	←被子植物		
		侏罗纪(系)J	晚(上)侏罗世(统)J_3				
			中(中)侏罗世(统)J_2				
			早(下)侏罗世(统)J_1	195±5		←哺乳类	
		三叠纪(系)T	晚(上)三叠世(统)T_3				
			中(中)三叠世(统)T_2				
			早(下)三叠世(统)T_1	230±10			
	古生代(界) 晚古生代(界)Pz^2	二叠纪(系)P	晚(上)二叠世(统)P_2				
			早(下)二叠世(统)P_1	285±10			
		石炭纪(系)C	晚(上)炭世(统)C_3				
			中(中)炭世(统)C_2			←爬行类	
			早(下)炭世(统)C_1	350±10			
		泥盆纪(系)D	晚(上)泥盆世(统)D_3		←裸子植物		
			中(中)泥盆世(统)D_2			←两栖类	
			早(下)泥盆世(统)D_1	405±10	←蕨类植物		
	古生代(界) 早古生代(界)Pz^1	志留纪(系)S	晚(上)志留世(统)S_3			←鱼类	后期地壳运动强烈，大部处浅海环境，华北缺 O_3—S 地层；无脊椎动物时代
			中(中)志留世(统)S_2				
			早(下)志留世(统)S_1	440±10			
		奥陶纪(系)O	晚(上)奥陶世(统)O_3				
			中(中)奥陶世(统)O_2			←无颌类	
			早(下)奥陶世(统)O_1	500±10			
		寒武纪(系)∈	晚(上)寒武世(统)$\in_3$				
			中(中)寒武世(统)$\in_2$				
			早(下)寒武世(统)$\in_1$	570±15			
隐生宙(宇)	元古代(界)P_t	震旦纪(系)Z	晚(上)震旦世(统)Z_2			←无脊椎动物	海侵广泛原始单细胞生物时代，晚期构造运动强烈
			早(下)震旦世(统)Z_1				
	太古代(界)Ar			2 500±		←菌藻类	
				4 000			
地球初期发展阶段				4 600			无生物

* 表中同位素年龄系据 1967 年国际地质年代委员会推荐数值。

三、地质年代表

1. 地质年代单位和地层单位

地壳发生大的构造变动之后，自然地理条件将发生显著变化。因此，各种生物也将随之演变，以达到适者生存，这样就形成了地壳发展历史的阶段性。根据地壳运动和生物演变等特征，可以把地质历史划分为许多大小不同的年代单位。地质年代是指一个地层单位的形成时代或年代，在不同地质时代相应地形成不同的地层，故地层是地壳在各地质时代里变化的真实记录。

地质学家们根据几次大的地壳运动和生物界大的演变，把地质历史划分为五个“代”，每个代又分为若干“纪”，纪内因生物发展及地质情况不同，又进一步划分为若干“世”和“期”，以及一些更细的段落，这些统称为地质年代单位。相应于代、纪、世、期这些时期里形成的地层，界、系、统、阶分别为它们的地层单位。例如古生代是代表时间单位，古生界则表示古生代所沉积的地层。

2. 地质年代表

19 世纪以来，人们在实践中逐步进行了地层的划分和对比工作，把地质年代单位和地层单位从老到新按顺序排列，形成了目前国际上大致通用的地质年代表，见表 2-1。地质年代表反映了地壳历史阶段的划分和生物演化的发展阶段。

确定和了解地层的时代，在工程地质工作中是很重要的。同一时代的岩层常有共同的工程地质特性，因此在分析地质构造时，必须首先查明地层的时代关系。如在四川盆地广泛分布的侏罗系和白垩系地层，因含有多层易遇水泥化的黏土岩，致使凡是这个时代地层分布的地区滑坡现象都很常见。但是不同时代形成的相同名称的岩层，往往岩性也有所区别。

第二节　地 质 构 造

正如前面所提到的，地质构造是地壳运动的产物，是岩层或岩体在地壳运动中，由于构造应力长期作用使之发生永久性变形变位的现象，例如褶曲与断层等。地质构造的规模有大有小，大的褶皱带如内蒙大兴安岭褶皱系、喜马拉雅褶皱系、松潘甘孜褶皱系等；小的只有几厘米，甚至要在显微镜下才能看得见。如片理构造、微型褶皱等。在本节将介绍野外地质工作中常见的层状岩石表现的一些地质构造现象，如水平构造、单斜构造、褶皱构造和断裂构造等。

一、岩层产状及其测定方法

各种地质构造无论其形态多么复杂，它们总是由一定数量和一定空间位置的岩层或岩石中的破裂面构成的。因此，研究地质构造的一个基本内容，就是确定这些岩层及破裂面的空间位置以及它们在地面上表现的特点。

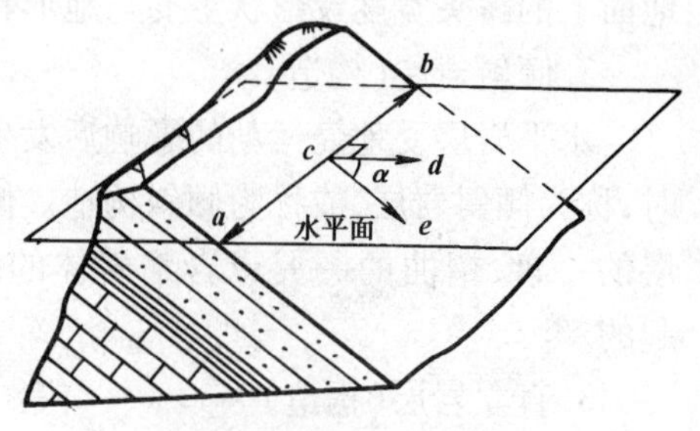

图 2-5　岩层产状示意图

ab-走向线；*cd*-倾向；*ce*-倾斜线；α-倾角

1. 岩层的产状

岩层是指两个平行或近于平行的界面所限制的同一岩性组成的层状岩石。岩层的产状指岩层在空间的展布状态。为了确定倾斜岩层的空间位置，通常要测量岩层的产状要素——走向、倾向和倾角（图 2-5）。

走向　岩层层面与假想水平面交线的水平延伸方向称为岩层的走向。岩层的走向用方位角表示,因此,同一岩层的走向可用两个方位角数值表示,指示该岩层在水平面上的两个延伸方向。

倾向　垂直于走向线且沿岩层倾斜方向所引的直线称为倾斜线,此倾斜线在水平面的投影线所指的方位,称岩层的倾向。它表示岩层在空间的倾斜方向。

倾角　岩层层面与水平面所夹的锐角,即为岩层的倾角。它表示岩层在空间倾斜角度的大小。

由此可见,用岩层产状的三要素,能表达经过构造变动后的构造形态在空间的位置。

2. 岩层产状的野外测定及表示法

在野外通常使用地质罗盘来测量。测量走向时,使罗盘的长边(即南北边)紧贴层面,将罗盘放平,水准泡居中,读指北针所示的方位角,就是岩层的走向。测量倾向时,将罗盘的短边紧贴层面,水准泡居中,读指北针所示的方位角,就是岩层的倾向。由于岩层的倾向只有一个,所以在测岩层的倾向时,要注意将罗盘的北端朝向岩层的倾斜方向。测倾角时,需将罗盘横着竖起来,使长边与岩层的走向垂直,紧贴层面,待倾斜器上的水准泡居中后,读取悬锤所示的角度,即为倾角。

记录和描述岩层产状时,岩层产状要素用规定的文字和符号表示,一般用“倾向∠倾角”的样式来表述。例如某岩层产状为一组走向:北西300°,倾向:南西210°,倾角:37°,该岩层产状记录为:210°∠37°。

在地质图上,岩层的产状用“ㅅα ”表示。长线表示岩层的走向,与长线相垂直的短线表示岩层的倾向,数字α表示岩层的倾角。后面即将讲到的褶曲的轴面、裂隙面和断层面等,其产状意义、测量方法和表达形式与岩层相同,不再重述。

二、水平岩层和倾斜岩层

由于形成岩层的地质作用、形成时的环境和形成后所受的构造运动的影响不同,岩层在地壳中的空间方位也各不一样。但概括地说一般有水平岩层、倾斜岩层和直立岩层这三种情况。

1. 水平岩层(构造)

覆盖大陆表面的3/4面积的沉积岩,绝大多数都是在广阔的海洋和湖泊盆地中形成,其原始产状大部分是水平的。一个地区出露的岩层产状基本是水平的,或近于水平的称为水平岩层。对于水平岩层,一般岩层时代越老,出露位置越低、越新,则分布的位置越高。水平岩层在地面上的露头宽度及形状主要与地形特征和岩层厚度有关。

2. 倾斜岩层(构造)

水平岩层受地壳运动的影响后发生倾斜,使岩层层面和大地水平面之间具有一定的夹角时,称为倾斜岩层,或称为倾斜构造。倾斜构造是层状岩层中最常见的一种产状,它可以是断层的一盘、褶曲的一翼或岩浆岩体的围岩,也可能是因岩层受到不均匀的上升或下降所引起的。

3. 直立岩层(构造)

岩层层面与水平面相垂直时,称直立岩层。其露头宽度与岩层厚度相等,与地形特征无关。

三、褶皱构造

组成地壳的岩层，受构造应力的强烈作用后，形成波状弯曲而未丧失其连续性的构造，称为褶皱构造。褶皱构造是岩层产生的永久性变形，是地壳表层广泛发育的基本构造之一。褶皱揭示了一个地区的地质构造规律，不同程度地影响着水文地质及工程地质条件，因此，研究褶皱的产状、形态、类型、成因及分布特点，对于查明区域地质构造和工程地质及水文地质条件，具有重要意义。

1. 褶曲的形态要素

褶曲是褶皱构造中的一个弯曲，是褶皱构造的组成单位。为了描述和表示褶曲在空间的形态特征，对褶曲各个组成部分给予一定的名称，每一个褶曲都有核部、翼部、轴面、轴及枢纽等几个组成部分，一般称为褶曲要素（图2-6）。

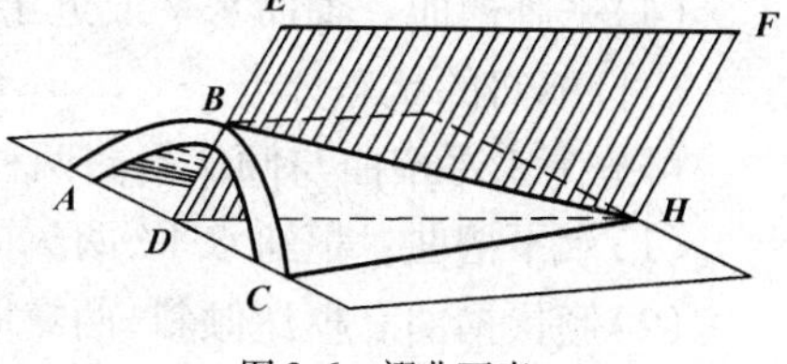

图2-6　褶曲要素

ABH、CBH-翼部；DEFH-轴面；DH-轴；BH-枢纽；ABC所包围的内部岩层-核部

核部　褶曲中心部位的岩层。

翼部　位于核部两侧向不同方向倾斜的部分。

轴面　从褶曲顶平分两翼的假想面。它可以是平面，亦可以是曲面；它可以是直立的、倾斜的或近似于水平的。

轴　轴面与水平面的交线。轴的长度，表示褶曲延伸的规模。

枢纽　轴面与褶曲同一岩层层面的交线，称为褶曲的枢纽。它有水平的，倾伏的，也有波状起伏的。

2. 褶曲的基本形态

褶曲的基本类型有两种：向斜和背斜（图2-7）。

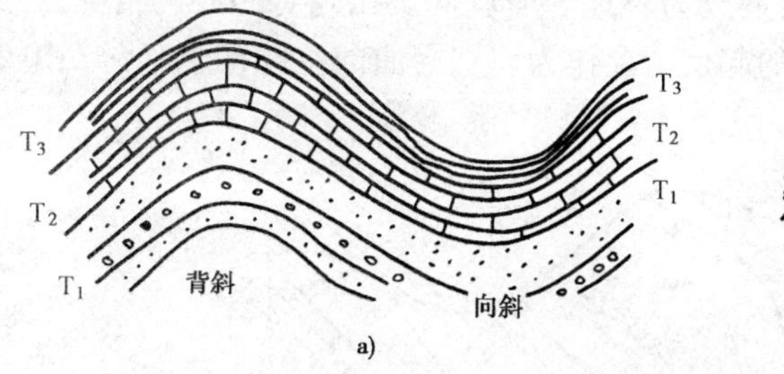

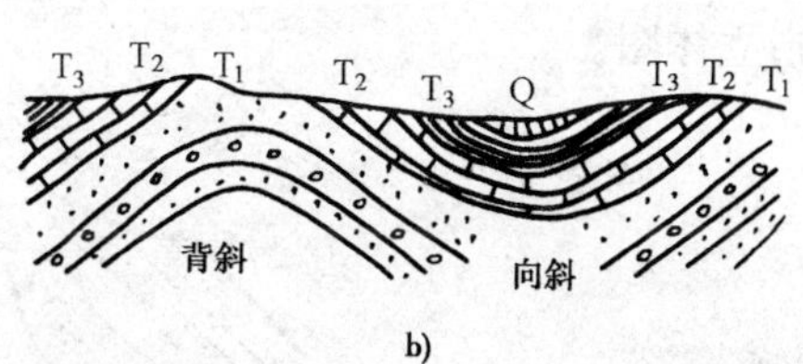

图2-7　褶曲基本形态示意图

a）外力作用破坏前；b）外力作用破坏后

背斜　是岩层向上拱起的弯曲形态，经风化、剥蚀后露出地面的地层，分别向两侧成对称出现，其中心部位（即核部）岩层较老，翼部岩层较新，呈相背倾斜。

向斜　是岩层向下凹的弯曲形态，经风化、剥蚀后露出地面的地层，分别向两侧成对称出现，其核部岩层较新，翼部岩层较老，呈相向倾斜。

3. 褶曲的形态分类

1）按褶曲的轴面特征分类

可分为直立褶曲、倾斜褶曲、平卧褶曲及倒转褶曲四种类型（图2-8）。

（1）直立褶曲。轴面与水平面垂直，两翼岩层向两侧倾斜，倾角近于相等。

（2）倾斜褶曲。轴面与水平面斜交，两翼岩层向两侧倾斜，倾角不等。

（3）倒转褶曲。轴面与水平面斜交，两翼岩层向同一方向倾斜，其中一翼层位倒转。

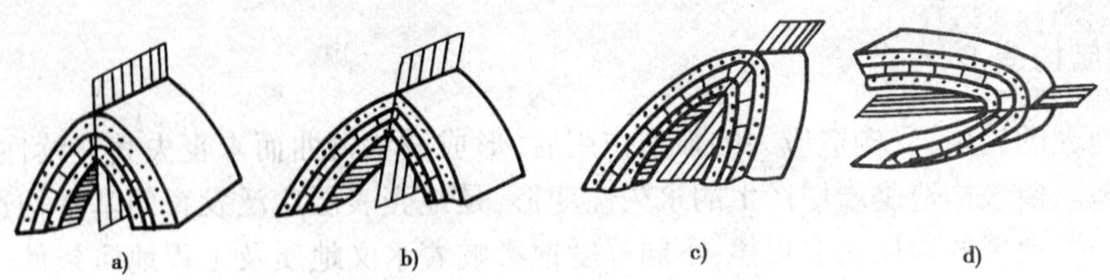

图 2-8 褶曲按轴面产状分类示意图

a)直立褶曲；b)倾斜褶曲；c)倒转褶曲；d)平卧褶曲

(4)平卧褶曲。轴面水平或近于水平，其中一翼层位正常，另一翼层位倒转。

2)按枢纽的状态分类

可分为水平褶曲与倾伏褶曲两种类型(图 2-9)。

(1)水平褶曲。枢纽水平，两翼同一岩层的走向基本平行。

(2)倾伏褶曲。枢纽倾斜，两翼同一岩层的走向不平行。

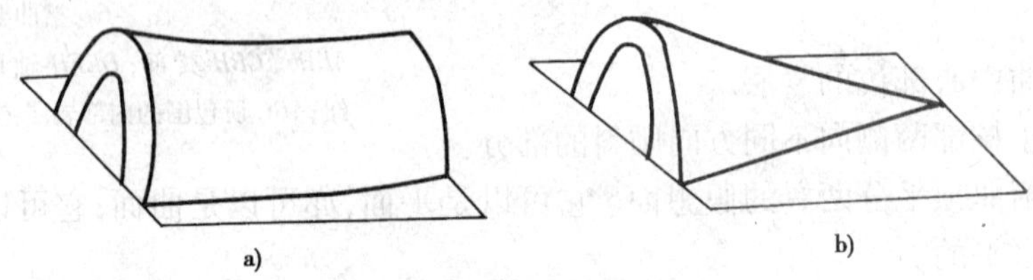

图 2-9 按褶曲枢纽产状分类示意图

a)水平褶曲；b)倾伏褶曲

4. 褶曲的野外识别

在一般情况下，人们容易认为背斜为山，向斜为谷。虽然存在这种地形，但实际情况要比这复杂得多。因为背斜遭受长期剥蚀，不但可以逐渐被夷为平地，而且由于背斜轴部的岩层裂隙发育，在一定的外力条件下，甚至可以发展成为谷地。所以向斜山与背斜谷的情况，在野外也是比较常见的。因此，不能完全以地形的起伏情况作为识别褶曲的主要标志。图 2-10 为褶曲构造立体图。

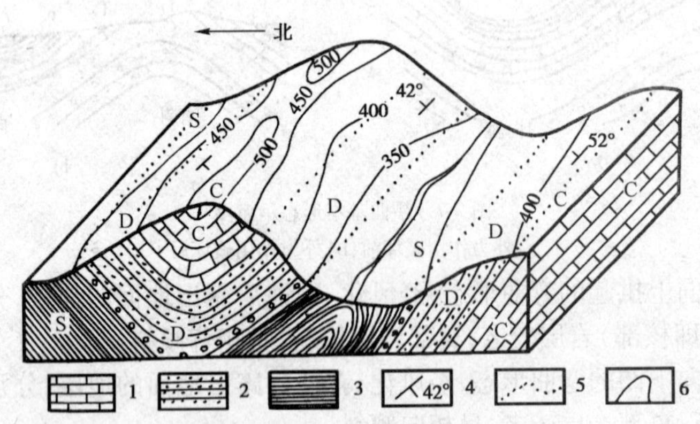

图 2-10 褶曲构造立体图

1-石炭系；2-泥盆系；3-志留系；4-岩层产状；5-岩层界线；6-地形等高线

在野外进行地质调查及地质图分析时，为了识别褶曲，首先可沿垂直于岩层走向的方向进行观察，查明地层的层序，确定地层的时代并测量岩层的产状要素，然后根据以下的分析判断是否有褶曲的存在，并确定其类型。

(1)观察岩层是否对称地重复出露，可以判断是否有褶曲存在。若岩层虽有重复出露现象,但是并不对称分布,则可能是断层,不能误认为是褶曲。

(2)对比褶曲核部和两翼岩层的新老关系,判断褶曲是背斜还是向斜。

(3)根据两翼岩层的产状,判断褶曲的形态类型。

此外,为了对褶曲进行全面认识,除了应用上述横向的分析(穿越法)外,还要沿褶曲轴线延伸方向进行分析,以了解褶曲轴线的起伏及其构造的变化情况。

5. 褶曲的工程地质评价

褶曲构造对工程建筑有以下几方面的影响。

(1)褶曲核部岩层由于受水平挤压作用,产生许多裂隙,直接影响到岩体完整性和强度,在石灰岩地区还往往使岩溶较为发育,所以在核部布置各种建筑工程,如路桥、坝址、隧道等,必须注意防治岩层的坍落、漏水及涌水问题。

(2)在褶曲翼部布置建筑工程时,如果开挖边坡的走向近于平行岩层走向,且边坡倾向与岩层倾向一致,边坡坡角大于岩层倾角,则容易造成顺层滑动现象。

(3)对于隧道等深埋地下工程,一般应布置在褶皱的翼部。因为隧道通过均一岩层有利于稳定,而背斜顶部岩层受张力作用可能塌落,向斜核部岩层则是储水较为丰富的地段。

四、断裂构造

组成地壳的岩体,在构造应力作用下发生变形,当应力超过岩石的强度时,岩体的完整性受到破坏而产生大小不一的断裂,称为断裂构造。断裂构造是地壳中常见的地质构造,断裂构造发育地区,常成群分布,形成断裂带。根据岩体断裂后两侧岩块相对位移的情况,断裂构造可分为节理(裂隙)和断层。

断裂构造在地壳中广泛分布,是主要的地质构造类型,它对建筑地区岩体的稳定性影响很大,且常对建筑物地基的工程地质评价和规划选址、设计和施工方案的选择起控制作用。

(一)节理(图2-11)

节理又称裂隙,存在于岩体中的裂缝,是破裂面两侧的岩石未发生明显相对位移的小型断裂构造。

1. 节理的分类

节理按成因可分为两类:一类是由于构造运动产生的节理,称为构造节理;另一类是由成岩作用、外力、重力等非构造因素形成的节理,称为非构造节理。它们分布的规律性不明显,常常出现在小范围内。

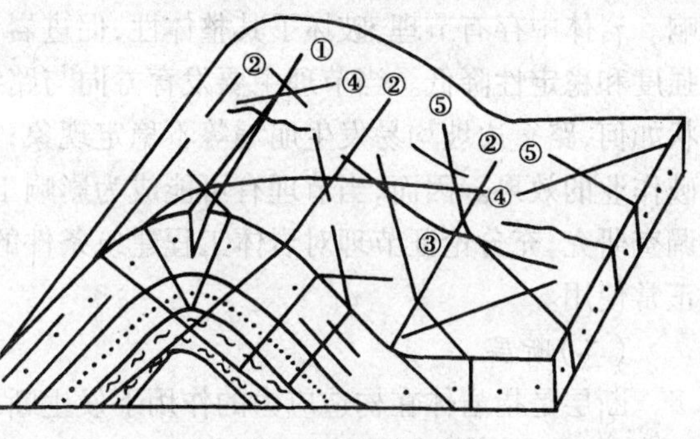

图2-11　节理的形态分类

①②-走向节理或纵向节理;③-倾向节理或横节理;④⑤-斜向节理或斜节理

(1)构造节理。构造节理按形成时的力学性质可分为张节理和剪节理。

张节理　是指岩石所受拉张应力超过其抗拉强度后岩石破裂而产生的裂隙。它的主要特征是裂口是张开的,呈上宽下窄的楔形;多发育于脆性岩石中,尤其在褶曲转折端等拉应力集中的部位;张节理面粗糙不平,沿走向和倾向都延伸不远。当其发育于砾岩中时,常绕过砾石,其裂面明显凹凸不平。

剪节理　当岩石所受剪应力超过岩石的抗剪强度后岩石破裂而产生的裂隙,则产生剪节理。因此,剪节理往往与最大剪应力作用方向一致,且常成对出现,称为共轭“X”节理。剪节理一般是闭合的,节理面平坦,常有滑动擦痕和擦光面;剪节理的产状稳定,沿走向和倾向延伸较远;在砾岩中,剪节理能较平整地切割砾石。

(2)非构造节理(裂隙)。主要包括成岩裂隙和次生裂隙等。成岩裂隙是岩石在成岩过程中形成的裂隙,比如玄武岩的柱状节理等;次生裂隙是由于岩石风化、岩坡变形破坏及人工爆破等外力作用形成裂隙。次生裂隙一般仅局限于地表,规模不大,分布也不规则。

2. 节理调查、统计及表示方法

为了弄清工程场地节理分布规律及其对工程岩体稳定性的影响,在进行工程地质勘察时,都要对节理进行野外调查和室内资料整理工作,并用统计图表形式把岩体裂隙的分布情况表示出来,表2-2为一示例。

节理统计表 表2-2

方位间隔	节 理 数	平均走向(°)	平均倾向(°)	平均倾角(°)
1~10	15	186	96	61
11~20	10	194	104	70
21~30	4	209	119	58
—	—	—	—	—

注:本表引自《构造地质与地质力学》(同济大学编)。

调查节理时,应先在勘察地选一具有代表性的基岩露头,然后对一定面积内的节理,按表2-2所列内容进行测量,同时要考虑裂隙的成因和充填情况。岩体中节理分布的多少,常用节理密度来表示。所谓节理密度,是指岩石中某节理组在单位面积或单位体积中的节理总数。测量节理产状的方法与测量岩层产状的方法是相同的。统计裂隙有不同的图式,节理玫瑰花图就是其中较为常用的一种。

节理玫瑰花图,可以用节理走向编制,也可以用节理倾向或倾角来编制,详见第九章。

3. 节理的工程地质评价

岩体中的节理,在工程上除有利于材料的采集之外,对岩体的强度和稳定性均有不利的影响。岩体中存有节理,破坏了其整体性,促进岩体风化加快,增强岩体的透水性,因而使岩体的强度和稳定性降低。当节理主要发育方向与路线走向平行,倾向与边坡一致时,不论岩体的产状如何,路堑边坡均易发生崩塌等不稳定现象;在路基施工中,如果岩体存在节理,还会影响爆破作业的效果。因而,当节理有可能成为影响工程设计的重要因素时,应该对节理进行深入的调查研究,充分论证节理对岩体工程建筑条件的影响,并采取相应措施以保证建筑物的稳定和正常使用。

(二)断层

断层是指岩体在构造应力的作用下发生断裂,且断裂面两侧岩体有明显相对位移的构造现象。它是节理的扩大和发展,断层的规模有大有小,大的可达上千公里,如金沙江—红河深断裂带长达6 000km,小的只有几米。相对位移也可从几厘米到到几百公里。断层不仅对岩体的稳定性和渗透性、地震活动和区域稳定有重大的影响,而且是地下水运动的良好通道和汇聚的场所。在规模较大的断层附近或断层发育地区,常赋存有丰富的地下水资源。

1. 断层要素

断层的几何要素指断层的基本组成部分,如图2-12所示。

断层面和破碎带　两侧岩块发生相对位移的断裂面,称为断层面。断层面可以是直立的,但大多数是倾斜的。断层的产状就是用断层面的走向、倾向和倾角表示的。大的断层往往不是一个简单的面,而是多个面组成的错动带,因其间岩石破碎,因而称破碎带。其中在大断层的断层面上常有擦痕，断层破碎带中常形成糜棱岩、断层角砾和断层泥等。

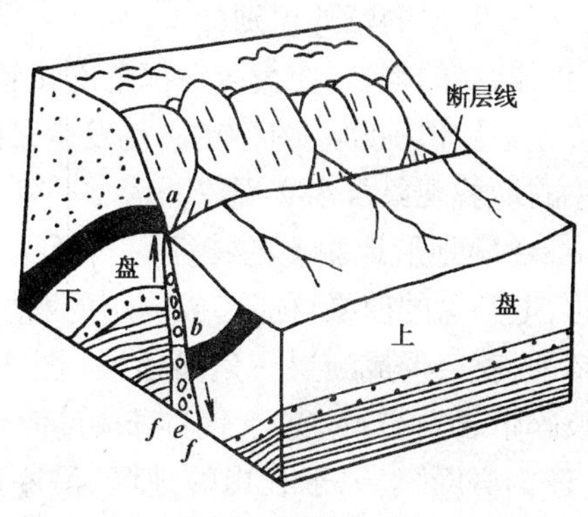

图 2-12　断层要素图

ab-总断距；*e*-断层破碎带；*f*-断层面

断层线　断层面与地面的交线。断层线表示断层的延伸方向，它的长短反映了断层的规模所影响的范围，它的形状决定于断层面的形状和地面起伏情况。

断盘　断层面两侧的岩块。若断层面是倾斜的，位于断层面上侧的岩块，称上盘；位于断层面下侧的岩块，称下盘。若断层面是直立的，可用方位来表示，如东盘、西盘、南盘、北盘。

断距　断层两盘沿断层面相对移动距离。

2. 断层的基本类型

断层的分类方法很多，所以会有各种不同的类型。根据断层两盘相对位移的情况，可以将断层分为如下三种。

（1）正断层。如图 2-13a）所示，上盘沿断层面相对下降，下盘相对上升的断层。正断层一般是由于岩体受到水平张力及重力作用，使上盘沿断层面向下错动而成。其断层线较平直，断层面倾角较大，一般大于 45°。

（2）逆断层。如图 2-13b）所示，上盘沿断层面相对上升，下盘相对下降的断层。逆断层一般是由于岩体受到水平方向强烈挤压力作用，使上盘沿断层面向上错动而成。断层线的方向常与岩层走向或褶皱轴的方向近于一致，和压应力作用的方向垂直。

（3）平推断层。如图 2-13c）所示，又称平移断层。是由于岩体受水平扭应力作用，使两盘沿断层面走向发生相对水平位移的断层。其断层面倾角很陡，常近于直立，断层线平直延伸远，断层面上常有近于水平的擦痕。

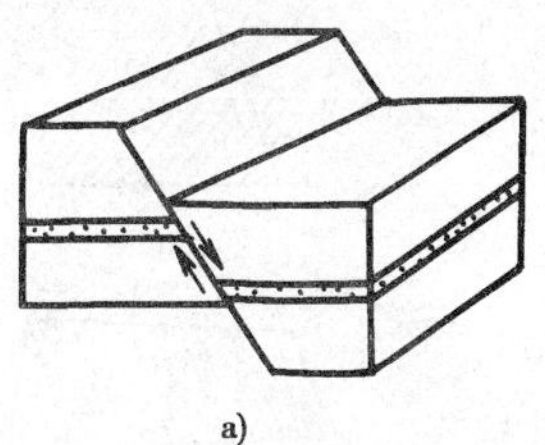
a)

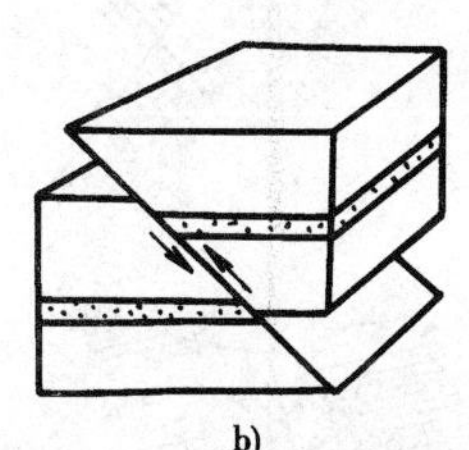
b)

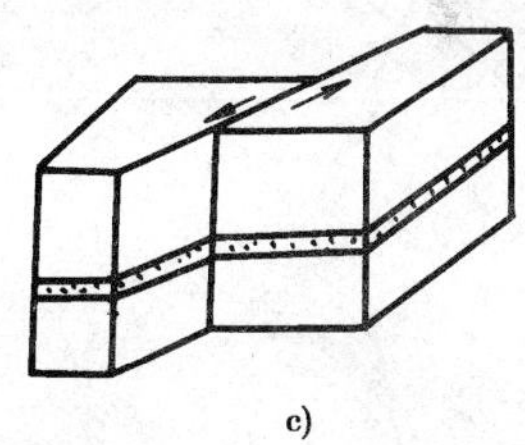
c)

图 2-13　断层按上、下盘相对位移分类

a）正断层；b）逆断层 ；c）平推断层

3. 断层的组合形态

断层很少孤立出现，往往由一些正断层和逆断层有规律地组合成一定形式，形成不同形式的断层带。断层带也叫断裂带，是一定区域内一系列方向大致平行的断层组合，如阶梯状断层、地堑、地垒（图 2-14）和叠瓦式构造（图 2-15）等，这是分布较广泛的几种断层的组合形态。

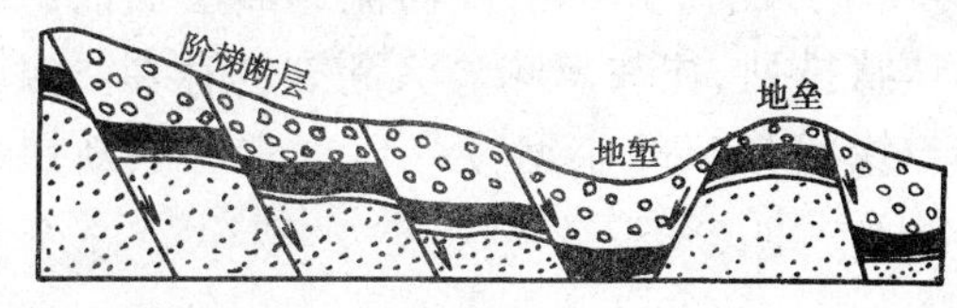

图 2-14　地堑、地垒及阶梯状断层

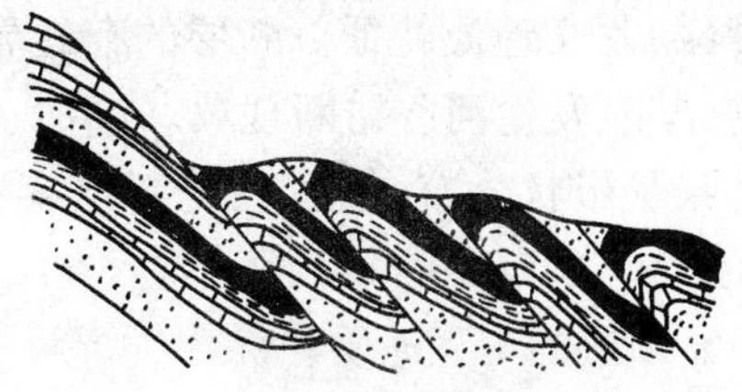
图 2-15　叠瓦式构造

4. 断层的野外识别

断层的存在，在大多情况下对工程建筑均是不利的。为了采取措施防止断层的不良影响，首先必须识别断层的存在。凡发生过断层的地带，往往其周围会形成各种伴生构造，并形成有关的地貌现象及水文现象。

(1)地形地貌上的特征。当断层的断距较大时，上升盘的前缘可能形成陡峭的断层崖，如果经剥蚀，就会形成断层三角面地形(图2-16)。断层破碎带岩石破碎，易于侵蚀下切，但也不能认为“逢沟必断”。一般在山岭地区，沿断层破碎带侵蚀下切而形成沟谷或峡谷地貌。另外，山脊错断、断开，河谷跌水瀑布，河谷方向发生突然转折等，很可能均是断裂错动在地貌上的反映。

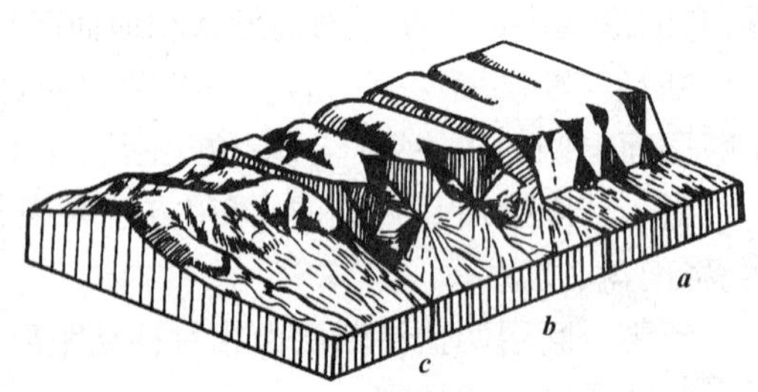

图2-16　断层三角面形成示意图

a-断层崖剥蚀成冲沟；*b*-冲沟扩大形成三角面；*c*-继续侵蚀，三角面消失

(2)岩层的特征 。若岩层发生不对称的重复[图2-17a)]或缺失[图2-17b)]，岩脉被错断[图2-17c)]，或者岩层沿走向突然中断，与不同性质的岩层突然接触等，这些岩层方面的特征，则进一步说明断层存在的可能。

(3)断层的伴生构造。断层的伴生构造是断层在发生、发展过程中遗留下来的痕迹。常见的有牵引弯曲[图2-17d)]、断层角砾[图2-17e)]、糜棱岩、断层泥和断层擦痕[图2-17f)]。这些伴生构造现象，是野外识别断层存在的可靠标志。

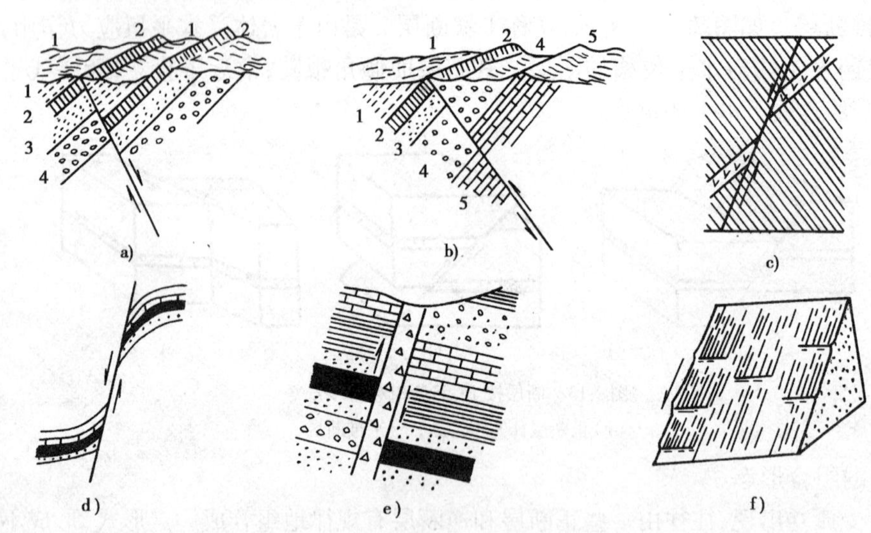

图2-17　断层现象

a)岩层重复；b)岩层缺失；c)岩脉错断；d)岩层牵引弯曲；e)断层角砾；f)断层擦痕

(4)水文地质特征。断层的存在常常控制水系的发育，并可引起河流遇断层面而急剧改向，甚至发生河谷错断现象。湖泊、洼地呈串珠状排列，往往意味着大断裂的存在。温泉和冷泉呈带状分布，往往也是断层存在的标志。线状分布的小型侵入体也常反映断层的存在。

5. 断层的工程地质评价

由于断层的存在，破坏了岩体的完整性，加速风化作用、地下水的活动及岩溶发育，在以下几个方面对工程建筑产生影响。

(1)降低了地基的强度和稳定性,断层破碎带力学强度低、压缩性大,建于其上的建筑物由于地基的较大沉陷,易造成开裂或倾斜。断裂面对岩质边坡、桥基稳定常有重要影响。

(2)跨越断裂构造带的建筑物,由于断裂带及其两侧上、下盘的岩性均可能不同,易产生不均匀沉降。

(3)隧洞工程通过断裂破碎带时易发生坍塌。

(4)断裂带在新的地壳运动的影响下,可能发生新的移动,从而影响建筑物的稳定。

因此,在选择工程建筑物地址时,应查明断层的类型、分布、断层面产状、破碎带宽度、充填物的物理力学性质、透水性和溶解性等。为了防止断层对工程的不利影响,要尽量避开大的断层破碎带,若确实无法避开,则必须采取有效的处理措施。

第三节 活 断 层

活断层或称活动断裂,是现今仍在活动或者近期有过活动,不久的将来还可能活动的断层。活断层可使岩层产生错动位移或发生地震,对工程造成很大的甚至无法抗拒的危害。

定义中的近期有不同的标准,有的行业规范定为晚更新世(约 12 万年)以来。在国家标准《岩土工程勘察规范》(GB 50021—2001)中将在全新世地质时期(一万年)内有过地震活动或近期正在活动,在今后一百年可能继续活动的断裂叫做全新活动断裂。

一、活断层的分类

活断层按两盘错动方向分为走向滑动性断层和倾向滑动性断层。走向滑动性断层最常见,其特点是断层面陡倾或直立,部分规模很大,断层中常蓄积有较高的能量,引发高震级的强烈地震。倾向滑动性断层以逆断层更为常见,多数是受水平挤压形成,断层倾角较缓,错动时由于上盘为主动盘,故上盘地表变形开裂较严重,岩体较下盘破碎,对建筑物危害较大。倾向滑动型的正断层的上盘也为主动盘,故上盘岩体也较破碎。

活断层按其活动性质分为蠕变型活断层和突发型活断层。蠕变型活断层只有长期缓慢的相对位移变形,不发生地震或只有少数微弱地震。突发型活断层错动位移是突然发生的,并同时伴发较强烈的地震。

活断层绝大多数常沿袭着老断层发生新的错动位移,因而具有继承性。尤其是区域性的深大断裂更为多见。

二、活断层的识别标志

1. 地质特征

最新沉积物的地层错开,是活断层最可靠的地质特征,其断层破碎带是由松散的、未胶结的破碎物质所组成的。

2. 地貌标志

活断层往往构成两种截然不同的地貌单元的分界线,并加强各地貌单元之间的差异性。典型的情况是:一侧为断陷区,堆积了很厚的第四系沉积物;而另一侧为隆起区,高耸的山地,叠次出现的断层崖、三角面、断层陡坎等呈线性分布,两者界线截然分明。

走滑型活断层可使穿过它的河流、沟谷方向发生明显变化;当一系列的河谷向同一方向同步移错时,即可作为鉴别活断层位置和性质的有力佐证。

沿断裂带可能有线状分布的泉水出露,且植被发育。若为温泉,则水温和矿化度较高。

此外,在活断裂带上滑坡、崩塌和泥石流等动力地质现象常呈线性密集分布。

3. 地震方面的标志

在断层带附近地区有现代地震、地面位移和地形形变以及微震发生。

三、活断层对工程建筑的影响

活断层对工程的危害主要是活断层的地面错动和活断层快速滑动引起地震两个方面。在活断层区修建建筑物时,必须在场址选择与建筑物形式和结构等方面慎重地加以研究,以保障建筑物的安全可靠。

蠕变型的活断层,相对位移速率很小时,一般对工程建筑影响不大。当变形速率较大时,可能导致建筑地基不均匀沉陷,使建筑物拉裂破坏。

突发型的活断层伴随地震产生的错动距离通常较长,多在几十厘米至几百厘米之间,这种危害是无法抗拒的。因此在工程建筑地区有突发型的活断层存在时,任何建筑原则上都应避免跨越活断层以及与其有构造活动联系的分支断层,应将工程建筑物选择在无断层穿过的位置。

第四节　阅读地质图

地质图,是反映一个地区各种地质条件的图件,是将一定地区的地质情况,用规定的符号,按一定的比例缩小投影绘制在相应的地形底图上的图件,是工程实践中搜集和研究的一项重要的形象化了的地质语言和地质资料。作为公路工程技术人员,必须会对已有的地质图进行分析和阅读,以便进一步地了解一个地区的地质特征。这对我们研究路线的布局、确定野外工程地质工作的重点,以及找矿等均是十分有利的。

一、地质图的基本知识

地质图的种类很多。主要用来表示地层、岩性和地质构造条件的地质图,称为普通地质图,简称为地质图。还有许多用来表示某一项地质条件,或服务于某项国民经济的专门性地质图,如专门表示第四纪沉积层的第四纪地质图;表示地下水条件的水文地质图等。但普通地质图是地质工作的最基本的图件,各种专门性的地质图一般都是在地质图的基础上绘制出来的。

一幅完整的地质图应包括平面图、剖面图和柱状图(图 2-18)。

1. 平面图

它是全面反映地表地质条件的图件,是地质图的主体。它一般通过野外地质勘测工作,直接填绘到地形图上。平面图中应标记出图名、图例、比例尺、编制单位和编制日期等。

2. 剖面图

它是反映地表以下某一断面地质条件的图。它可以通过野外测绘勘探工作编制,也可以在室内根据地质平面图来编制。编制时应注意水平比例尺与平面图的要素相同,垂直(高程)比例尺可比平面图的适当大些。

3. 柱状图

综合反映一个地区各地质年代的地层特征、厚度和接触关系等,又称综合地层柱状剖面

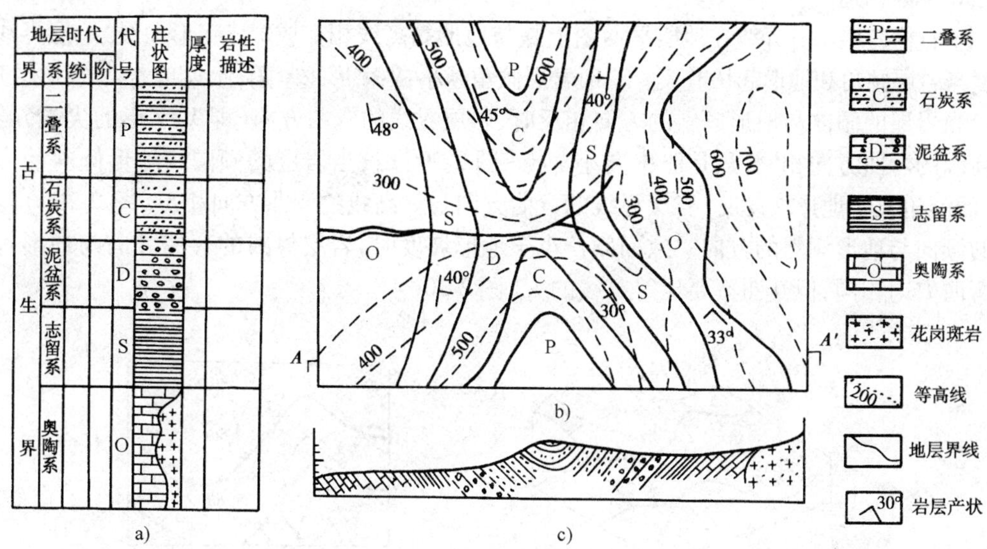

图 2-18　地质图

a)柱状图;b)平面图;c)A—A′剖面图

图。为了较准确地表示出各时代不同岩层的厚度,柱状图的比例尺通常要比剖面图的还要大一些。

地质平面图全面地反映了一个地区的地质条件,是最基本的图件。地质剖面图是配合平面图,反映一些重要部位的地质条件,它对地层层序和地质构造现象的反映比平面图更直观更清晰。所以一般平面图都附有剖面图。

4. 图例和比例尺

地质图应有图名、图例、比例尺、编制单位和编制日期、校核人员等。在地质图的图例中,要求自上而下或自左而右顺序排列地层(从新地层到老地层)、岩石、构造等,所有的岩性图例、地质符号、地层代号及颜色都有统一规定,见附录Ⅱ。

比例尺的大小反映了图的精细程度,比例尺越大,图的精度越高,对地质条件的反映也越详细、越准确。比例尺的大小取决于地质条件的复杂程度和建筑工程的类型、规模及设计阶段的实际需要。工程建设地区的地质图,一般是大比例尺地质图。

二、地质构造在地质图上的表现

在地质图上,是通过地层分界线(同一岩层层面和地面的交线)、地层年代符号、岩性符号和地质构造符号,把不同地质构造的形态特征和分布情况反映出来的。下面简介不同情况下的构造形态在地质平面图上的主要表现。

1. 水平构造

在地质平面图上,水平构造的地层分界线与地形等高线一致或平行,并随地形等高线的弯曲而弯曲。通常较新的岩层分布在地势较高处,较老的岩层出露于地势较低处(图 2-19)。

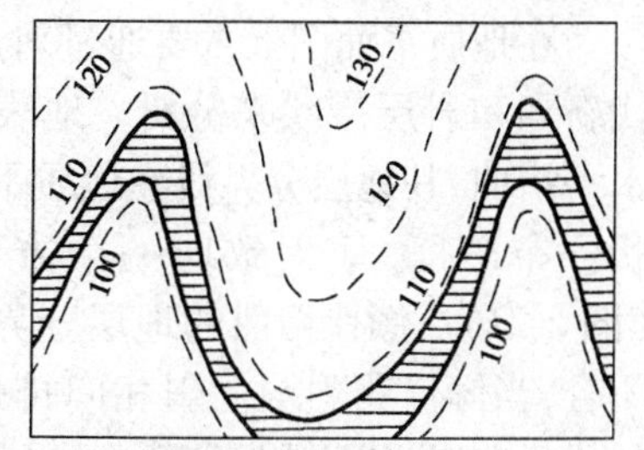

图 2-19　水平岩层在地质图上的表现

2. 单斜构造

单斜构造地层分界线在地质平面图上是与地形等高线相交成“V”字形曲线，地层界线弯曲程度与岩层倾角和地形起伏有关。一般岩层倾角越小，V字形越紧闭；倾角越大，V字形越开阔。

当岩层的倾向与地形倾斜的方向相反时，岩层界线的弯曲方向（即V字形的尖端）与地形等高线的弯曲方向相同，只是曲率要小一点[图2-20a)]；当岩层的倾向与地形倾斜的方向一致，而倾角大于地形坡度时，岩层界线的弯曲方向与等高线的弯曲方向相反[图2-20b)]；当岩层的倾向与地形倾斜的方向一致而倾角小于地形坡度时，岩层界线的弯曲方向与地形等高线的弯曲方向相同，但其曲率要比等高线的大[图2-20c)]。

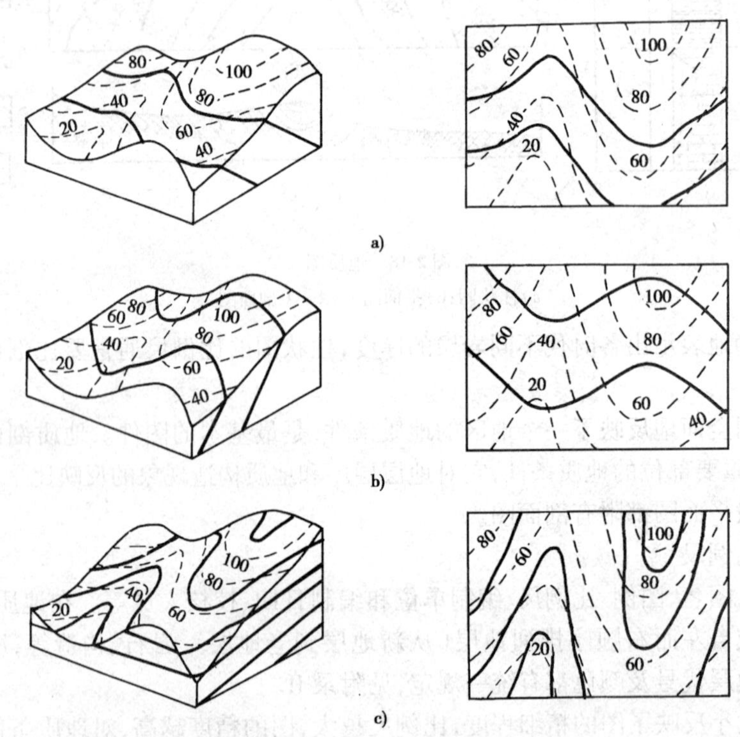

图2-20 单斜岩层在地质平面图上的表现

3. 直立岩层

除岩层走向有变化外，直立岩层的界线在地质图上为一条与地形等高线相交的直线，不受地形的影响。

4. 褶曲

在地质平面图上主要通过对地层分布、年代新老和岩层产状来分析。地表遭受剥蚀的水平褶曲，其地层分界线在地质平面图上呈带状分布，对称地大致向一个方向平行延伸（图2-21）。倾伏褶曲的地层分界线在转折端闭合，当倾伏背斜与向斜相间排列时，地层分界线呈“之”字形或“S”形曲线（图2-21）。如前可述，可根据岩层的新老关系和产状特征，

图2-21 褶曲在地质图上的表现

进一步判别是向斜还是背斜。

5. 断层

通常情况下，在地质图上用断层线来表示断层。由于断层倾角一般较大，所以断层线在地质平面图上通常是一段直线或近于直线的曲线。在断层线的两侧存在着岩层中断、缺失、重复、宽窄变化及前后错动等现象。

在断层走向与岩层走向大致平行时，断层线两侧出现同一岩层的不对称重复或缺失，地面被剥蚀后，出露老岩层的一侧为上升盘，出露新岩层的一侧为下降盘；而当断层走向与岩层走向垂直或斜交时，无论正、逆还是平推断层，在断层线两侧都出现中断和前后错动现象，正、逆断层向前错动的一侧为上升盘，相对向后错动的一侧为下降盘。

当断层与褶曲轴线垂直或斜交时，不仅表现为翼部岩层顺走向不连续，而且还表现为褶曲轴部岩层的宽度在断层线两侧有变化。如果褶曲是背斜，上升盘轴部岩层出露的范围变宽，下降盘轴部岩层出露的范围变窄[图 2-22a)]。而向斜的情况与背斜相反，上升盘轴部岩层变窄而下降盘轴部岩层变宽[图 2-22b)]。平推断层两盘轴部岩层的宽度不发生变化，在断层线两侧仅表现为褶曲轴线及岩层错断开[图 2-22c)]。发生断层的一套地层，被未发生断层的地层所覆盖，其断层时代应在上一套岩层中最老一层时代之前，下一套被切断岩层中最新一层时代之后。在多数断层相交割的地段，断层发生的先后次序，称为断层时序。被切割的断层比未切割的断层时代要老；被切割次数多的断层要比切割次数少的时代要老。

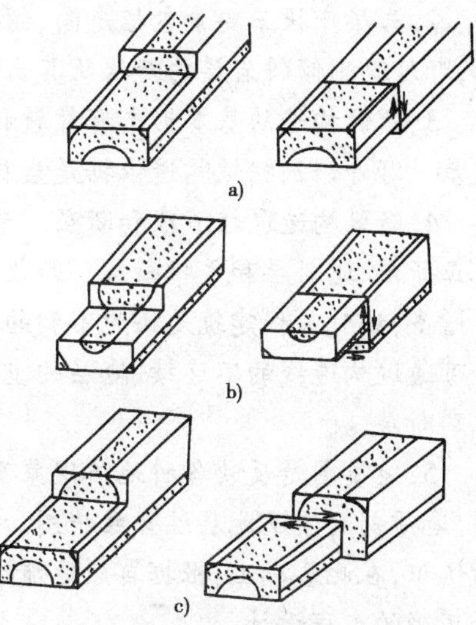

图 2-22　断层垂直褶曲轴造成的岩层宽窄变化和错动

6. 地层接触关系

地层接触关系主要分析图幅中地层从老到新的层序。若地层界线大致平行，没有缺层现象，则属整合关系；若上下两套岩层的产状一致，岩层分界线彼此平行，但地质年代不连续，此关系属于平行不整合；若上下两套岩层之间的地质年代不连续，而且产状也不相同，新岩层的分界线遮断了下部老岩层的分界线，形成了角度不整合关系。

三、阅读地质图的步骤

由于地质图的线条多，符号复杂，初次阅读时有一定的困难。如果能按照一定的读图步骤，由浅入深，循序渐进，对地质图进行仔细观察和全面分析，经过反复练习，读懂地质图并不困难。详细内容请参见第四篇的第四节。

需说明一点，由于长期风化剥蚀，破坏了出露地面的构造形态，会使基岩在地面出露的情况变得更为复杂，使我们在图上一下看不清构造的本来面目。所以，在读图时要注意与地质剖面图的结合，这样会更好地加深对地质图内容的理解。

通过阅读地质图使我们对一个地区的地质条件有一个清晰的认识，综合各方面的情况，也可以说明该区地质历史发展的情况。这样，我们就可以根据自然地质条件的客观情况，结合工程的具体要求，进行合理的工程布局和正确的工程设计。

本章小结

地质构造是地壳运动的产物，是岩层或岩体在地壳运动中，由于构造应力长期作用使之发生永久性变形变位的现象，如水平构造、单斜构造、褶皱构造和断裂构造等。地质构造是最重要的工程地质条件之一，它对地层岩性也有很大影响。

1. 地质年代包括绝对地质年代及相对地质年代。绝对地质年代通过放射性元素确定；相对地质年代通过地层层序律、生物演化律和地层的接触关系等确定。地质年代单位有宙、代、纪、世、期，对应的地层单位分别是宇、界、系、统和阶。

2. 岩层产状三要素包括走向、倾向和倾角。单斜构造往往是褶皱和断裂构造的一部分，因此，野外观测倾斜岩层的产状及其出露分布特征，是研究地质构造的基础。

3. 褶皱构造的基本形态有背斜和向斜。一般来说，褶皱构造的核部裂隙较发育，工程性质较差。野外识别褶皱构造依据是岩层呈有规律地对称重复出现。

4. 断裂构造包括节理和断层。节理按成因分为构造节理和非构造节理。断层的基本类型有正断层、逆断层和平推断层。断裂构造使岩层发生了破坏变形，岩层的力学强度降低且透水性增多，故对工程建筑是极为不利的。选择桥址时应尽量避开节理密集带和断层破碎带。野外可通过构造线的不连续、地层的重复和缺失、断层面的伴生构造以及地貌水文等方面的特征识别断层。

5. 地质图是反映各种地质现象及地质构造条件的图件，一副完整的地质图包括地质平面图、地质剖面图及地层综合柱状图。通过阅读地质图可以对一个地区的地质条件有一个清晰的认识，在此基础上，根据自然地质条件的客观情况，结合工程具体要求，进行合理的工程布局和正确的工程设计。

复习思考题

1. 分析地层与岩层的区别。
2. 如何判断岩层之间的接触关系？并绘图说明之。
3. 熟记地质年代的顺序、名称和代号。
4. 说明岩层产状三要素及其野外测定方法。
5. 怎样认识褶曲的基本形态？对公路建设有何影响？
6. 节理按成因分为几种类型？在野外如何判别节理的发育程度？
7. 试绘图说明断层的基本类型及其组合形式的特征。在野外如何识别断层的存在？
8. 断裂构造对工程有何影响？
9. 地质图有哪些主要类型？
10. 地质平面图、剖面图及柱状图各反映了哪些地质内容？
11. 如何绘制地质剖面图？

第三章　水的地质作用

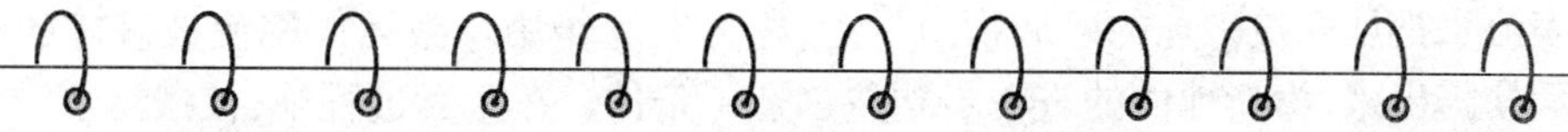

教学要求

1. 识别片流和洪流，描述坡积物、洪积物和冲沟的特征。
2. 描述河流的侵蚀、搬运和沉积特征。
3. 熟悉岩土的空隙性特征及形成条件，认识地下水的各种类型。
4. 描述地表水和地下水与公路工程的关系。

学习建议

对比分析片流、洪流和河流的侵蚀、搬运和沉积作用的不同特征，利于对知识点的理解和掌握。地下水的学习从认识和分析地下水的运动对岩土的各种物理、化学和力学作用着手。

在自然界里，水有气态、固态和液态三种不同的状态，它们存在于大气中，覆盖在地球表面，埋藏在地表下土中孔隙、岩石孔隙和裂隙、岩石空洞中，分别称为大气水、地表水和地下水。

自然界中水的三种存在状态之间有密切的联系。在太阳辐射热的作用下，地表水经过蒸发和生物蒸腾变成水蒸气，上升到大气中，随气流移动。在适当条件下，水蒸气凝结成雨、露、雪、雹降落到地面，称为大气降水；降落地面的水，一部分沿着地面流动，汇入江河湖海，成为地表水；另一部分渗入地下，成为地下水。地下水沿着地下土石的孔隙、裂隙流动，当条件适合时，以泉的形式流出地表或由地下直接流入海洋。大气水、地表水和地下水之间不间断地运动和相互转化着，称为自然界中水的循环。

水是一切有机物的生长要素，海洋是生命的起源地。水既是一种人类生活和生产不可缺少的重要资源，水又通过自然界的循环产生巨大的地质作用动力，不断地促使地表形态和地表物质的物理性质和化学成分发生变化，尤其是流水的侵蚀、搬运和堆积作用是塑造地貌最活跃的因素。我国正在进行大规模的公路建设，必须充分发挥水对工程建设的作用，防治水的有害影响。根据公路建设中经常遇到的问题，本章着重讨论和研究地表流水和地下水的地质作用。

第一节　地表流水的地质作用

地表水是指分布在江河、湖泊、海洋内及陆地上的冰雪融化的液态水。从陆地表面水流的不同动态来看，可将地表流水分为暂时性流水（如片流和洪流）和常年性流水（如河流）。暂时性流水是一种季节性、间歇性流水，它主要以大气降水为水源，所以一年中有时有水，有时干枯，如大气降水后沿山坡坡面或山间沟谷流动的水。常年性流水在一年中流水不断，它的水量虽然也随季节发生变化，但不会干枯无水，这就是通常所说的河流。一条暂时性流水的河谷，若能不间断地获得水源的供给，就会变成一条河流。暂时性流水与河流相互连接，脉络相通，组成统一的地表流水系统。

地表流水的地质作用主要包括侵蚀作用、搬运作用和沉积作用。

地表流水对坡面的洗刷作用及对沟谷及河谷的冲刷作用,均不断地使原有地面遭到破坏,这种破坏称为侵蚀作用。侵蚀作用造成地面大量水土流失、冲沟发展,引起沟谷斜坡滑塌、河岸坍塌等各种不良地质现象和工程地质问题。山区公路多沿河流前进,常修建在河谷斜坡和河流阶地上,因此,地表流水的侵蚀作用对公路工程的影响较大。

地表流水把地面被破坏的碎屑物质带走,称为搬运作用。搬运作用使被破碎的物质覆盖的新地面暴露出来,为新地面的进一步塑造创造了条件。在搬运过程中,被搬运物质对沿途地面加强了侵蚀。同时,搬运作用为沉积作用准备了物质条件。

当地表流水流速降低时,部分物质不能被继续搬运而沉积下来,称为沉积作用。沉积作用是地表流水对地面的一种建设作用,形成一些最常见的第四纪沉积层。第四纪沉积层生成年代最新,处于地壳最表层。工程建筑如果修筑在广阔的大平原上,往往遇到的就是第四纪沉积层。

一、暂时流水的地质作用

地表暂时性流水是指大气降水和冰雪融化后在坡面上和沟谷中运动着的水,因此雨季是它发挥作用的主要时间,特别是在强烈的集中暴雨后,它的作用特别显著,往往造成较大灾害。

(一)坡面流水(片流)地质作用及坡积层(Q^{dl})

1.片流和细流的洗刷作用

片流,也称“漫洪”,是大气降雨或冰雪融化后在斜坡上形成的面状流水。其特性是流程小、时间短、面积大、水层薄。

片流在重力作用下,沿整个坡面将其松散的风化物带至斜坡下部,使坡面上部比较均匀地呈面状降低的过程,称为面状洗刷作用。面状洗刷作用与风化作用交替进行,导致基岩裸露,加速了对坡面的破坏、侵蚀,这种现象尤以植被稀疏的坡面上最为突出。

细流,是指片流向下流动时受到坡面上风化物的影响,逐渐汇集成股状流动的水体。这样,坡面上水流从片流的面状洗刷作用变成细流股状冲刷,便会出现一些细小的侵蚀沟——即地貌学中的“纹沟”。

2.坡积层(物)及其工程地质性质

由坡面流水的洗刷作用形成的坡积层(或坡积物),是山区公路勘测设计中经常遇到的第四纪陆相沉积层中的一个成因类型,它顺着坡面沿山坡的坡脚或凹坡呈缓倾斜裙状分布,地貌学中称为坡积裙。坡积层具有下述特征。

(1)坡积层的厚度变化很大。就其本身来说,一般是中下部较厚,向山坡上部逐渐变薄以至尖灭。

(2)坡积层多由碎石和黏性土组成,其成分与下伏基岩无关,而与山坡上部基岩成分有关。

(3)坡积物未经长途搬运,碎屑棱角明显,分选性差,坡积层层理不明显。

(4)坡积层松散、富水,作为建筑物地基强度很差。坡积层很容易滑动,坡积层下原有地面愈陡,坡积层中含水愈多,坡积层物质粒度愈小、黏土含量愈高,则愈容易发生坡积层滑坡。

除了下伏的基岩顶面的坡度平缓以外,坡积层多处于不稳定状态。实践证明,山区傍坡路线挖方边坡稳定性的破坏,大部分是在坡积层中发生的。影响坡积层稳定性的因素,概括起来主要有以下三个方面。

(1)下伏基岩顶面的倾斜程度。

(2)下伏基岩与坡积层接触带的含水情况。

(3)坡积层本身的性质。

当坡积层的厚度较小时,其稳定程度首先取决于下伏岩层顶面的倾斜程度;而当坡积层与下伏基岩接触带有水渗入而变得软弱湿润时,将明显减低坡积层与基岩顶面的摩阻力,更易引起坡积层发生滑动。坡积层内的挖方边坡在久雨之后易产生坍方,水的作用是一个带有普遍性的原因。

除上述情况以外,在低山地区和丘陵地区还带有一种坡积—残积物的混合堆积层存在,它兼有上述两者的工程地质特性,在实践中应给予高度重视。

(二)山洪急流的地质作用及洪积层(Q^{pl})

山洪急流是暴雨或大量积雪消融时所形成的一种水量大、流速快并夹带大量泥沙于沟槽中运动的水流。山洪急流又称洪流或山洪,山洪大多沿着凹形汇水斜坡向下倾泄,具有巨大的流量和流速,对它所流经的沟底和沟壁发生显著的破坏过程,称为洪流冲刷作用。由冲刷作用形成的沟谷,叫冲沟。洪流把冲刷下来的碎屑物质夹带到山麓平原或沟谷口堆积下来,形成洪积层。

1.冲沟

冲沟是陆地表面(山区或平原)流水切割的普遍形式。冲沟的形成要具有较陡的斜坡,且斜坡是有疏松的物质构成,当降水量较多时,尤其是多暴雨的地区容易形成冲沟。此外,当斜坡上无植被覆盖,人为的不合理开发等也能促进冲沟的发生和发展(图3-1)。在冲沟发育的地区,地形变得支离破碎,路线布局往往受到冲沟的控制,由于冲沟的不断发展,截断路基,中断交通,或者由于洪积物掩埋道路,淤塞涵洞,影响正常运输。

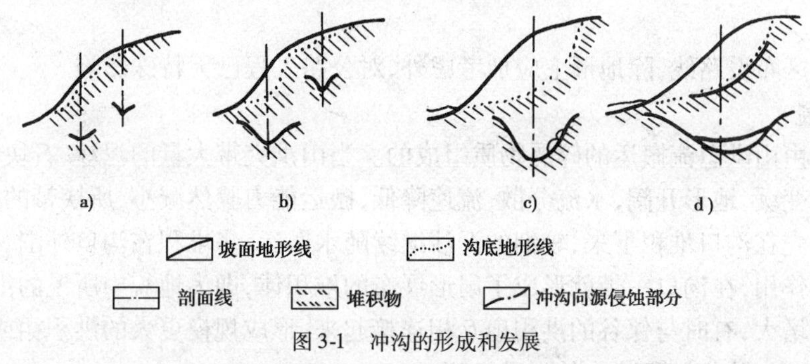

图3-1　冲沟的形成和发展

a)细沟;b)切沟;c)冲沟;d)坳谷

冲沟的发展,是以溯源侵蚀(或向源侵蚀,详见本节"二、河流的地质作用")的方式由沟头向上逐渐延伸扩展的。在厚度较大的均质土分布地区,冲沟的发展大致可分为冲槽阶段、下切阶段、平衡阶段、休止阶段四个阶段。

1)冲槽阶段(或细沟阶段)

地表流水顺斜坡由片流逐渐汇集成细流后,使纹沟扩大而形成沟槽[图3-1a)],细沟的规模不大,宽小于0.5m,深0.1~0.4m,长数米或十余米。沟底的纵剖面与斜坡坡形基本一致,沟形不太固定,易造成水土流失。

细沟是冲沟的开始,若遍布于公路两侧任其发展,则会淤塞边沟,毁损路面,进而破坏路基。在此阶段,只要填平沟槽,不使坡面水流汇集,种植草皮保护坡面,即可制止细沟的发育。

2)下切阶段(或切沟阶段)

细沟进一步发展,下切加深形成切沟[图3-1b)]。切沟的宽、深均可以达到1~2m,沟长稍短于斜坡长。沟底纵剖面已有一部分与斜坡面不一致,沟头出现陡坎,下部蚀空,上部坍落,沟缘明显。在横剖面上,上段窄,呈“V”字形,下段宽,呈“U”字形;在沟口平缓地带开始有洪积物堆积。

在切沟发育地带进行公路勘测时,路线应避免从沟顶附近的沟壁通过,若从切沟的中下部通过,也应在沟顶修截水沟,以防向源侵蚀的延伸;或在沟头设置多级跌水石坎以减缓水的速度,降低冲刷下切力;在沟底可以采用铺石加固。

3)平衡(冲沟)阶段

切沟进一步下切加深、加宽,向源头方向伸长,逐渐发展而形成冲沟[图3-1c)]。这一阶段,向源侵蚀已大为减缓或接近停止,沟床下切的纵剖面已达到平衡,但侧向侵蚀仍在进行,沟壁常有崩塌发生,沟槽不断加宽;在平缓的坡地上常形成密集的冲沟网。

平衡阶段的冲沟,其长度可达数公里或数十公里,深度和宽度达数米或数十米,有的可达数百米;沟底的平衡剖面呈凹形,上陡下缓,悬沟陡坎已经消失,沟底开始有洪积物堆积,沟壁常有坠积和坡积物。

同时应该指出的是,在冲沟中展线设路,应特别注重考察沟谷洪流的水文地质状况。路基、桥涵设置的高度应在洪水位以上,桥涵孔径应大于沟谷的排洪量;对进、出沟的路线布设,应加固沟壁,防止侧蚀水毁路基及切坡后内边坡壁的失稳,以防止崩塌和滑坡的发生。

4)休止(坳谷)阶段

冲沟进一步发展,沟坡由于崩塌及面状流水洗刷,逐渐变得平缓,沟底有较厚的洪积物堆积,并生长有植物或已垦为田园耕地[图3-1d)]。坳谷底部宽阔平缓,横剖面呈浅而宽的“U”形,沟缘呈浑圆形。坳谷是冲沟的衰老期,或称为死冲沟。在坳谷的谷坡上可能有新的冲沟在发生和发展。

在坳谷地区布设路线,除地形上应加考虑外,对公路工程已无特殊影响。

2. 洪积层

洪积层是由山洪急流搬运的碎屑物质组成的。当山洪夹带大量的泥沙、石块流出沟口后,由于沟床纵坡变缓,地形开阔,水流分散,流速降低,搬运能力骤然减小,所挟带的石块岩屑、砂砾等粗大碎屑先在沟口堆积下来,较细的泥沙继续随水搬运,多堆积在沟口外围一带。由于山洪急流的长期作用,在沟口一带就形成了扇形展布的堆积体,即为地貌中所说的洪积扇。洪积扇的规模逐年增大,有时与邻谷的洪积扇互相连接起来,形成规模更大的洪积裙或洪积冲积平原。它也是第四纪陆相沉积物中的一种类型。

洪积层具有以下主要特征:组成物质分选不良,粗细混杂,碎屑物质多带棱角,磨圆度不佳;有不规则的交错层理、透镜体、尖灭及夹层等;山前洪积层由于周期性的干燥,常含有可溶性盐类物质,在土粒和细碎屑间,往往形成局部的软弱结晶联结,但遇水后,联结就会破坏。

在空间分布上,靠近山坡沟口的粗碎屑沉积物,空隙大,其透水性强,地下水埋藏深,压缩性小,有较高的承载力,是良好的天然地基;洪积层外围地段细碎屑沉积物,以粉砂和黏性土为主,如果在沉积过程中受到周期性的干燥,黏土颗粒产生凝聚并析出可溶盐时,则其结构较密实,承载力也较高;在沟口至外围的过渡带,多为砂砾黏土交错,由于受前沿地带细颗粒土(其渗透性极小)的影响,在此地带常有地下水溢出,水文地质条件差,对工程建筑不利,见图3-2。

从地形上看,洪积层是有利于工程建筑的。洪积层(物)的工程地质性质,是影响公路构造物建筑条件的重要因素之一。在洪积层上修筑公路,首先要注意洪积层的活动性。正在活动的洪积层，每当暴雨季节，山洪急流会对路基产生直接冲刷，同时将发生新的洪积物沉积等种种病害问题。对于已停止活动的洪积层，应充分查清其物质成分及分布情况、地表水及地下水情况，以便对公路通过洪积物不同部位的工程地质条件作出评价。野外识别洪积层的活动性的方法之一是观察植物生长情况，通常正在发展的洪积层上很少生长植物，已固定的洪积层上则长有草或其他植被。

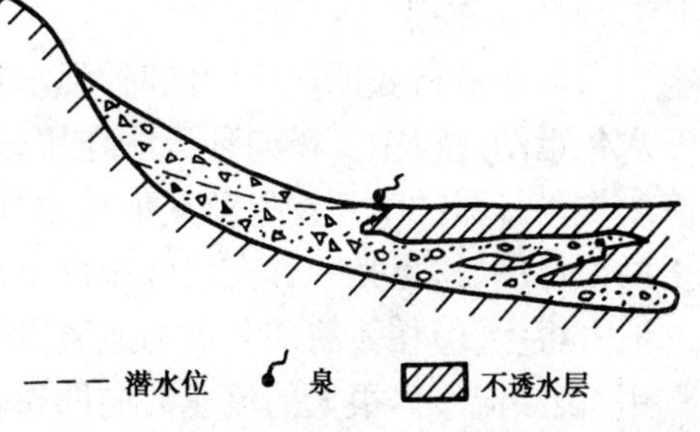

图3-2 洪积层剖面图

二、河流的地质作用

河流是指具有明显河槽的常年性的水流，它是自然界水循环的主要形式。由于河流流经距离长，流域范围大，加之常年川流不息，因此，河水在运动过程中所产生的地质作用在一切地表流水中就显得最为突出，最为典型。由河流作用所形成的谷地称为河谷。

一条河流从河源到河口一般可分为三段：上游、中游和下游。上游多位于高山峡谷，急流险滩多，河道较直，流量不大但流速很快，河谷横断面多呈“V”字形。中游河谷较宽广，河漫滩和河流阶地发育，横断面多呈“U”字形。下游多位于平原地区，流量大而流速较低，河谷宽阔，河曲发育，在河口处易形成三角洲堆积。

在山区，由于地形复杂，为了提高路线的技术指标，减少工程量，公路多利用河谷布设。不论路线位置的确定或路基设计的某些原则，都必须考虑河流冲积层的工程地质性质和河流地质作用对路基稳定性的影响。

（一）河流的侵蚀、搬运和沉积作用

根据水文动态，河流可分为常流河和间歇河。在一个水文年度内，河水过程可划分为枯水期、平水期和洪水期。洪水期一般持续时间较短，但其流量和含沙量都远远超过平水期，是河流侵蚀、搬运和堆积作用进行得最活跃的时期。河谷形态的塑造及冲积物的形成，主要发生在洪水期，特大洪水给人类带来了巨大的灾难。

1. 侵蚀作用

河流以河水及其所携带的碎屑物质，在流动过程中冲刷破坏河谷，不断加深和拓宽河床的作用称河流的侵蚀作用。按其作用方式的不同，包括机械侵蚀和化学溶蚀两种。机械侵蚀是河流侵蚀作用的主要方式，后者只在可溶岩类分布地区的河流才表现得比较明显。按照河流侵蚀作用的方向，分为底蚀作用和侧蚀作用。

1）底蚀作用

河水在流动过程中使河床逐渐下切加深的作用，称为河流的底蚀作用，又称下蚀作用。河水挟带固体物质对河床的机械破坏，是河流下蚀的主要因素。其作用强度取决于河水的流速和流量，同时也与河床的岩性和地质构造有密切的关系。

底蚀作用使河床不断加深，切割成槽形凹地，形成河谷。在山区，河流底蚀作用强烈，可形成深而窄的峡谷。例如金沙江虎跳峡，谷深达3 000m；长江三峡，谷深达1 500m。

河流的下蚀作用并非无止境的，下蚀作用的极限平面称为侵蚀基准面，如海平面、湖面等。下蚀作用可使桥梁地基遭受破坏，所以应将这些建筑物基础砌置深度大于下蚀的深度，并对基础采取保护措施。

由于河流下蚀作用而引起的河流源头向河间分水岭不断扩展伸长的现象，称为溯源侵蚀，又称向源侵蚀。向源侵蚀的结果使河流加长，同时扩大了河流的流域面积、改造河间分水岭的

地形并发生河流袭夺现象。

2）侧蚀作用

河流在进行底蚀作用的同时，河水在水平方向上冲刷两岸、拓宽河谷的作用即侧蚀作用。河水在运动过程中受横向环流的作用，是促使河流产生侧蚀的经常性因素。此外，如河水受支流或支沟排泄的洪积物以及其他重力堆积物的障碍顶托，致使主流流向发生改变，引起对岸产生局部冲刷，这也是一种在特殊条件下产生的河流侧蚀现象。在天然河道上能形成横向环流的地方很多，但在河湾部分最为显著［图3-3a)］。当运动的河水进入河湾后，由于受离心力的作用，表层流束以很大的流速冲向凹岸，使之冲刷变陡、后退；又由于凹岸水面相对压强增高，产生凹岸压向凸岸的底流，同时将在凹岸冲刷所获得的物质带到凸岸堆积下来［图3-3b)］。由于横向环流的作用，使凹岸不断受到强烈冲刷，凸岸不断发生堆积，结果使河湾的曲率增大，并受纵向流的影响，使河湾逐渐向下游移动，因而导致河床发生平面摆动。这样天长日久，整个河床就被河水的侧蚀作用逐渐地拓宽。通常侧蚀和下蚀作用是同时进行的，但是在下蚀作用十分强烈的情况下，侧蚀作用不是十分明显。随着下蚀作用的减弱，扩展河床的侧向侵蚀加强，甚至在下蚀作用完全停止的时候侧蚀还仍然在继续。

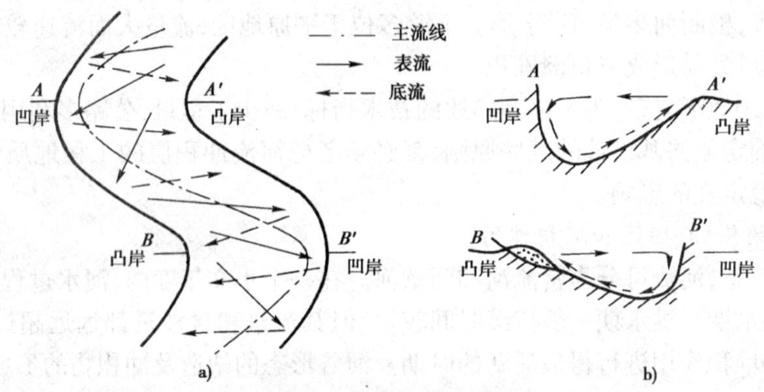

图3-3 河道横向环流示意图

a)河曲流水平面图；b)河曲横向环流剖面图

沿河布设的公路，往往由于河流的侧蚀及水位变化，常使路基发生水毁现象，特别是在河湾凹岸地段，最为显著。所以，在确定路线具体位置时，必须加以注意。由于河湾部分横向环流作用明显加强，易发生坍岸，并产生局部剧烈冲刷和堆积作用，河床易发生平面摆动，因此，对桥梁建筑也是很不利的。

山区河谷中，河道弯曲产生的"横向环流"，对沿凹岸所布设的公路边坡所产生"水毁"，而导致"局部断路"的现象常有发生。

平原地区的曲流对河流凹岸的破坏更大。由于河流侧蚀的不断发展，致使河流一个河湾接着一个河湾，并使河湾的曲率越来越大，河流的长度越来越长，使河床的比降逐渐减小，流速不断降低，侵蚀能量逐渐削弱，直至常水位时已无能量继续发生侧蚀为止。这时河流所特有的平面形态，称为蛇曲。有些处于蛇曲形态的河湾，彼此之间十分靠近，一旦流量增大，会截弯取直，流入新开拓的局部河道，而残留的原河湾的两端因逐渐淤塞而与原河道隔离，形成状似牛轭的静水湖泊，称牛轭湖。最后，由于主要承受淤积，致使牛轭湖逐渐成为沼泽，以至消失。

2. 搬运作用

河流在流动过程中夹带沿途冲刷侵蚀下来的物质（泥沙、石块等）离开原地的移动作用，称为搬运作用。河流的侵蚀和堆积作用,在一定意义上都是通过搬运过程来实现的。河水搬运能量的大小,决定于河水的流量和流速,在一定流量条件下,流水搬运物质的颗粒大小和重量随流速的变化而急剧变化,因此,所搬运物质的颗粒一般是上游颗粒较粗,越向下游颗粒越细,这就是河流的分选作用,即在一定河段内流水搬运物质的大小具有一定的范围。在搬运的过程中,被搬运的物质与河床摩擦或相互之间碰撞,带棱角的颗粒就变成了圆形或亚圆形的颗粒,例如石块变成了卵石、圆砾。

河流搬运的物质,主要来自谷坡洗刷、崩落、滑塌下来的产物和冲沟内洪流冲刷出来的产物,其次是河流侵蚀河床的产物。河流的搬运作用有浮运、推移和溶运三种形式。一些颗粒细和密度小的物质悬浮于水中随水搬运。比较粗大的沙子、砾石等,主要受河水冲击,沿河底推移前进。在含可溶性物质的河流里,河水搬运以溶运为主。

3. 沉积作用

河流在运动过程中,能量不断受到损失,当河水夹带的泥沙、砾石等搬运物质超过了河水的搬运能力时,被搬运的物质便在重力作用下逐渐沉积下来,形成河流冲积层。河流沉积物几乎全部是泥沙、砾石等机械物,而化学溶解的物质多在进入湖盆或海洋等特定的环境后才开始发生沉积。

河流的沉积,主要受河水的流量和搬运物质量的影响,一般均具有明显的分选性,从总的情况看,河流上游沉积物颗粒比较粗大,河流下游的沉积物的粒径逐渐变小,流速较大的河床部分沉积物的粒径比较粗大,在河床外围沉积物的粒径逐渐变小。

(二)冲积层(Q^{al})

在河谷内由河流的沉积作用所形成的堆积物,称为冲积物(层)。它是第四纪陆相沉积物中的一个主要成因类型,河流的冲积层特征:分选性好,磨圆度高,层理清晰。河流冲积物按其分布特征主要类型有四种。

1. 平原河谷冲积物

平原河谷冲积物　包括河床冲积物、河漫滩冲积物和古河道冲积物等。

河床冲积物　一般上游颗粒粗,下游颗粒细,具有良好的分选性和磨圆性。其中较粗的砂和砾石层是良好的天然地基。

河漫滩冲积物　常具有二元结构,即下层为粗颗粒土,上层为泛滥形成的细粒土,局部有腐殖土。

古河道冲积物　由河流截弯取直改道以后的牛轭湖逐渐淤塞而成。这种冲积物存在较厚的淤泥、泥炭土,由于压缩性高、强度低,为不良地基。

2. 山区河谷冲积物

山区河谷冲积物多为漂石、卵石和砾石等,山区河谷一般流速大而河床的深度小,故冲积物的厚度一般不超过15m。在山间盆地和宽谷中的河漫滩冲积物,主要是含泥的砾石,具有透镜体和倾斜层理。

3. 山前平原洪积冲积物

山前平原堆积物一般常有分带性,即近山一带为冲积和部分洪积的粗粒物质组成,而向平原低地逐渐变为砾砂、砂土和黏性土。

4. 三角洲冲积物

三角洲冲积物是河流所搬运的大量物质在河口沉积而成的。三角洲沉积物的厚度很大,能达几百米,面积也很大。其冲积物大致可分为三层:顶积层沉积颗粒较粗;前积层颗粒变细;

底积层颗粒更细,并平铺于海底。三角洲冲积物颗粒细,含水率大,呈饱和状态,承载力较低。

由于冲积层分布广,表面坡度比较平缓,多数大、中城市都坐落在冲积层上;公路也多选择在冲积层上通过。作为工程建筑物的地基,砂、卵石的承载力较高,黏性土较低。特别应当注意冲积层中两种不良沉积物,一种是软弱土层,比如牛轭湖、泥炭等;另一种是容易发生流沙的细、粉砂层等。当修筑公路时遇到不良沉积物应当采取专门的设计和施工措施。

冲积层中的卵石、砾石和砂常被选作建筑材料。厚度稳定、延续性好的卵石、砾石和砂层是丰富的含水层,可以作为良好的供水水源。

(三)河谷地貌

河谷是在流域地质构造的基础上,经河流的长期侵蚀、搬运和堆积作用逐渐形成和发展起来的一种地貌。由于路线沿河谷布设,可使路线具有线形舒顺、纵坡平缓、工程量小等优点,所以河谷通常是山区公路争取利用的一种有利的地貌类型。

1. 典型的河谷地貌

河谷一般都具有如图 3-4 所示的几个形态要素。

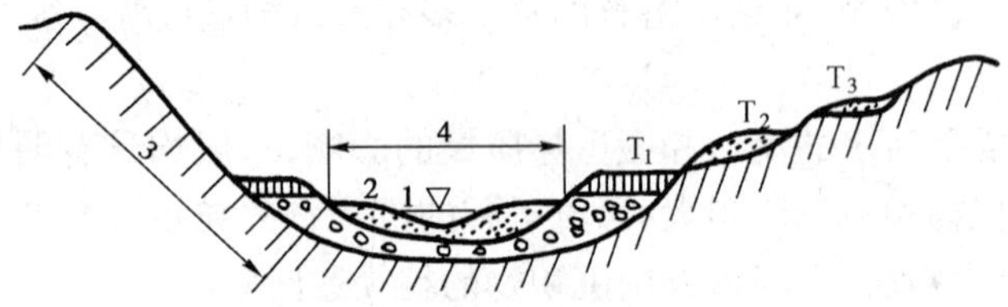

图 3-4 河谷横断面形态要素

1-河床;2-河漫滩;3-谷坡;4-谷底;T_1、T_2、T_3-阶地

(1)谷底。是河谷地貌的最低部分,地势一般较平坦,其宽度为两侧谷坡坡麓之间的距离。谷底上分布有河床及河漫滩。河床是在平水期间为河水所占据的部分,河漫滩是在洪水期间才为河水淹没的河床以外的平坦地带。其中每年都能为洪水淹没的部分称低河漫滩;仅为周期性多年一遇的最高洪水所淹没的部分称高河漫滩。

(2)谷坡。是高出谷底的河谷两侧的坡地。谷坡上部的转折处称为谷缘,下部的转折处称为坡脚或坡麓。

(3)阶地。是沿着谷坡走向呈条带状分布或断断续续分布的阶梯状平台。阶地有多级时,从河漫滩向上依次称为一级阶地、二级阶地、三级阶地等。每级阶地都有阶地面、阶地前缘、阶地后缘、阶地斜坡和阶地坡麓等要素(图 3-5)。在通常情况下,阶地面有利于布设线路,但有时为了少占农田或受地形等限制,也常在阶地坡麓或阶地斜坡上设线。还应指出,并不是所有的河流或河段都有阶地,由于河流的发展阶段以及河谷所处的具体条件不同,有的河流或河段并不存在阶地。

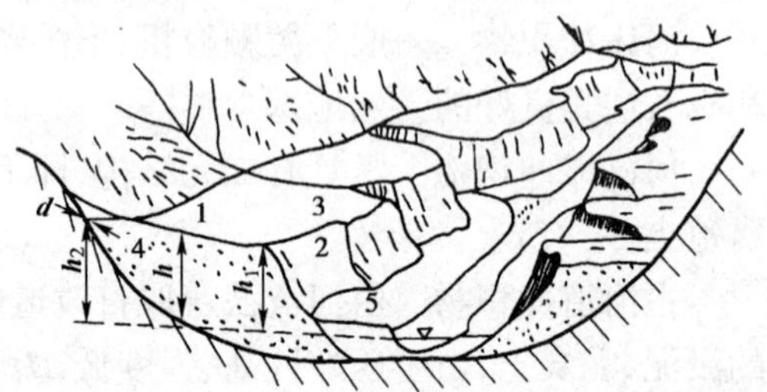

图 3-5 河流阶地的形态要素

1-阶地面;2-阶坡(陡坎);3-前缘;4-后缘;5-坡脚;h-阶地平均高度;h_1-前缘高度;h_2-后缘高度

2. 河谷的分类

(1)按河谷的发展阶段。分为未成形河谷、河漫滩河谷和成形河谷。

(2)按河谷走向与地质构造的关系分类。分为背斜谷、向斜谷、单斜谷、断层谷、横谷与斜谷等。

背斜谷　是沿背斜轴伸展的河谷，是一种逆地形。背斜谷多是沿长裂隙发育而成，尽管两岸谷坡岩层反倾，但因纵向构造裂隙发育，谷坡陡峻，所以岩体稳定性差，易产生崩塌。

向斜谷　是沿向斜轴伸展的河谷，是一种顺地形。向斜谷的两岸谷坡岩层均属顺倾，在不良的岩性和倾角较大的条件下，易产生顺层滑坡等病害。但向斜谷一般都比较开阔，使线路位置的选择有较大的回旋余地。

单斜谷　是沿单斜岩层走向伸展的河谷。单斜谷在形态上通常有明显的不对称性，岩层反倾的一侧谷坡较陡，顺倾的一侧谷坡较缓。

断层谷　是沿断层走向延伸的河谷，河谷两岸常有构造破碎带存在，岸坡岩体的稳定取决于构造破碎带岩体的破碎程度。

以上四种河谷，共同点是河谷的走向与构造线的走向一致，也可以称之为纵谷，而横谷和斜谷就是河谷的走向与构造线垂直或斜交。就岩层的产状条件来说，它们对谷坡的稳定性是有利的，但谷坡一般比较陡峻，在坚硬岩石分布地段，多呈峭壁悬崖地形。

3. 河流阶地

1）阶地的成因

河流阶地是在地壳的构造运动与河流的侵蚀、堆积的综合作用下形成的。过去不同时期的河床及河漫滩，由于地壳上升运动，河流下切使河床拓宽，被抬升高出现今洪水位之上，呈阶梯状分布于河谷谷坡之上的地貌形态，称为河流阶地。当地壳上升或侵蚀基准面相对下降时，河漫滩位置将不断相对抬高，并有新的阶地和河漫滩形成。由于第四纪（Q）构造运动的特点为“震荡式间歇性上升运动”，从而在河谷中形成多级阶地。河流阶地的存在就成为地壳新构造运动的强有力证据。由此可知，在河谷中阶地为依次向上，阶地愈高的形成时代愈老。

河流阶地是一种分布较普遍的地貌类型。阶地上保留着大量的第四纪冲积物，主要由泥沙、砾石等碎屑物组成，颗粒较粗，磨圆度好，并具有良好的分选性，是房屋、道路等建筑的良好地基。

2）阶地的类型

由于构造运动和河流地质过程的复杂性，河流阶地的类型是多种多样的，一般根据阶地的成因、结构和形态特征，可将其划分为侵蚀阶地、堆积阶地和基座阶地三种类型。

侵蚀阶地（图3-6）　侵蚀阶地发育在地壳上升的山区河谷中，是由河流的侵蚀作用，使河床底部基岩裸露，并拓宽河谷，侵蚀阶地是由于地壳上升很快、流水下切极强造成的。阶地面上没有或很少有冲积物覆盖，即使保留有薄层冲积物，在阶地形成后也会被地表流水冲刷殆尽。

堆积阶地（图3-7）　堆积阶地是由河流的冲积物组成的，所以又称冲积阶地。这种阶地多见于河流的中、下游地段。当河流侧向侵蚀时，河谷拓宽，同时，谷底发生大量堆积，形成宽阔的河漫滩，然后由于地壳上升，河水下切而形成了堆积阶地。第四纪以来形成的堆积阶地，

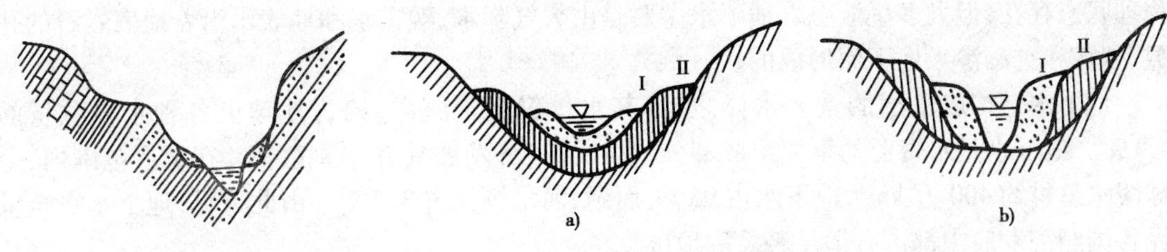

图3-6　侵蚀阶地

图3-7　堆积阶地

除下更新统的冲积物具有较低的胶结成岩作用外，一般的冲积物均呈松散状态，易遭受河水冲刷，因而影响阶地的稳定。

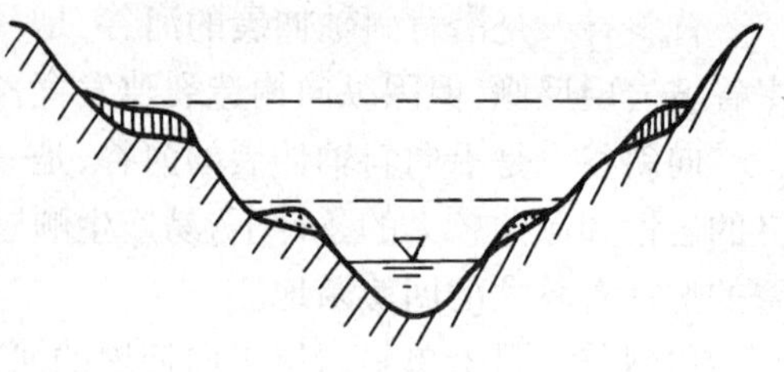

图 3-8　基座阶地

基座阶地(图 3-8)　基座阶地是河流的沉积作用和下切作用交替进行下形成的。在侵蚀阶地面上覆盖了一层冲积物，再经地壳上升河水下切，切入了下部基岩以内一定深度而形成的。也就是侵蚀阶地与堆积阶地的复合式，也称侵蚀—堆积阶地。阶地是由基岩和冲积层两部分组成的，基岩上部冲积物覆盖厚度一般比较小，整个阶地主要由基岩组成，所以称作基座阶地。

由上述情况可以看出，河谷地貌是山岭地区向分水岭两侧的平原呈缓慢倾斜的带状谷地，由于河流的长期侵蚀和堆积，成形的河谷一般都有不同规模的阶地存在。它一方面缓和了山谷坡脚地形的平面曲折和纵向起伏，有利于路线平纵面设计和减少工程量；另一方面又不易遭受山坡变形和洪水淹没的威胁，容易保证路基稳定。所以在通常情况下，阶地是河谷地貌中敷设路线的理想地貌部位。当有几级阶地时，除考虑过岭高程外，一般以利用一、二级阶地布设路线为好。

(四)河流地质作用与公路工程的关系

公路工程与河流关系非常密切。公路一般沿河前进，线路在河谷横断面上所处位置的选择，河谷斜坡和河流阶地上路基的稳定，也都与河流地质作用密切相关。公路跨过河流必须架设桥梁，桥梁墩台基础、桥渡位置选择都应充分考虑河流的地质作用。

对于沿河路线来说，一段线路位置的选择和路基在河谷横断面上位置的选择，从工程地质观点要求，主要包括边坡和基底稳定两方面。路线沿峡谷行进，路基多置于高陡的河谷斜坡上，经常会遇到崩塌、滑坡等边坡不良地质现象。路线沿宽谷或山间盆地行进，路基多置于河流阶地或较缓的河谷斜坡上，经常会遇到各种第四纪沉积层；路线在平原上行进，也常把路基置于冲积层上，常见的病害是受河流冲刷或路基基底含有软弱土层等。

对于桥渡，首先应该选择在河流顺直地段过河，以避免在河曲处过河遭受侧蚀影响而危及一侧桥台安全；应尽量使桥梁中线与河流垂直，以免桥梁长度增大。其次墩台基础位置应该选择在强度足够、安全稳定的岩层上。对于岩性软弱的土层、地质构造不良地带不宜设置墩台。墩台位置确定后，还必须准确决定墩台基础的埋置深度，埋置深度太浅会由于河流冲刷河底使基础暴露甚至破坏；埋置过深将大大增加工程费用和工期等。

第二节　地下水的地质作用

埋藏在地表下土中孔隙、岩石孔隙和裂隙、岩石空洞中的水，称为地下水。它可以呈各种物理状态存在，但大多呈液态。地下水主要是由大气降水、融雪水和地表水沿着地表岩石的孔隙、裂隙和空洞渗入地下而形成的。

地下水是构成水圈的重要水体之一，其水量仅次于海洋，约为地球上各种水体总量的4.1%。地下水是水资源的重要组成部分，对社会经济发展具有重要意义。在世界范围内，全球淡水总量约 400 万 km^3，地下水占 95%，而湖、河水等仅占 3.5%。由此可见，地下水在全世界各国经济发展中都占有举足轻重的地位。

从工程建设的角度来看，地下水是自然界水体存在的一种重要形式，随着社会经济活动的增强,人类需要经常与地下水打交道。地下水的活动不仅对岩石和土产生机械破坏,而且作为一种溶剂还会使岩石产生化学侵蚀,尤其是对可溶性岩石的溶蚀作用更强烈。由于地下水的活动,能使土体和岩体的强度和稳定性削弱,以致产生滑坡、地基沉陷、道路冻胀和翻浆等不良现象,给公路工程建筑和正常使用造成危害;同时,地下水含有的侵蚀性物质 CO_3^{2-}、Cl^-、SO_4^{2-} 等对混凝土产生化学侵蚀作用,使其结构破坏。

在公路工程的设计和施工中,当考虑路基和隧道围岩的强度与稳定性、桥梁基础的砌置深度和基坑开挖深度及隧道的涌水等问题时,都必须研究有关地下水的问题,如地下水的埋藏条件、地下水的类型、地下水的理化性质、地下水的活动规律等,以保证建筑物的稳定和正常使用。工程上把与地下水有关的问题称为水文地质问题,把与地下水有关的地质条件称为水文地质条件。

一、地下水的基本知识

(一)地下水的来源

1. 渗透水

大气降水、冰雪消融水、各种地表水都要通过土、岩石的孔隙和裂隙向下渗透而形成地下水。大气降水是地下水的主要补给源,年降水量是影响降水补给地下水的决定因素之一。年降水量越大,则入渗补给含水层的比值越大,降雨强度、降雨时间、地形、植被发育情况等亦影响大气降水对含水层的补给量。地表水也是地下水的主要来源,河水补给量的大小与河床透水性、河水位与地下水位的高差等有关。

2. 凝结水

大气中的水蒸气在土或岩石空隙中遇冷凝结而成水滴渗入地下而成地下水,它是干旱或半干旱地区地下水的主要来源。

3. 其他补给源

岩石形成过程中储存的水,比如原生水、封存水等。

(二)地下水的存在形式

岩土空隙中存在着各种形式的水,按其物理性质的不同,可以分为气态水、液态水和固态水。

1. 气态水

以水蒸气状态和空气一起存在于岩石和土层的孔隙、裂隙中,常由水汽压力大的地方向水汽压力小的地方移动。气态水对岩土体的强度和性质无太大的影响。

2. 固态水

指埋藏在常年温度0℃以下的冻土中的冰。因为水冻结时体积膨胀,所以冬季在许多地方会有冻胀现象。土中水的冻结与融化影响着土的工程性质。

3. 液态水

1)结合水

由于岩石、土的颗粒以分子吸引力和静电引力将液态水牢固吸附在颗粒表面,这种水称为吸着水;在吸着水外围,水分子仍受静电引力的作用,被吸附在颗粒表面构成水膜,称为薄膜水。吸着水和薄膜水统称结合水,它们具有一定的抗剪强度,必须施加一定的外力才能使其发生变形,结合水的抗剪强度由内层向外层逐渐减弱。

2)毛细水

在岩石、土体细小孔隙、裂隙中,由于受表面张力和附着力的支持而充填的水,称毛细水,当两者的力量超过重力时,毛细水能上升到地下水面以上的一定高度。通常,土中直径小于1mm 的孔隙为毛细孔隙;岩石中宽度小于 0.25mm 的裂隙为毛细裂隙。毛细水对土体的性质影响较大。

3)重力水

岩石、土体中孔隙、裂隙完全被水充满时,在重力作用下能够自由流动的水,称重力水,重力水是构成地下水的主要部分。

(三)地下水的形成条件

地下水是在一定自然条件下形成的,它的形成与岩石、地质构造、地貌、气候、人为因素等有关。

1. 地质条件

岩石的空隙性是形成地下水的先决条件,它主要指岩土中的孔隙和裂隙大小、数量及连通情况等。按照岩土层透水性不同分为透水层和隔水层。孔隙和裂隙大而多,能使地下水流通过的岩土层,称为透水层。当透水层被水充满时称为含水层,含水层可以储存和供给并透过相当数量的水,比如砂岩层、砾岩层、石灰岩层等。孔隙和裂隙少而小,透水很少或不透水的致密岩土层,称为不透水层或称隔水层,如页岩层、泥岩层等,如图 3-9 所示。

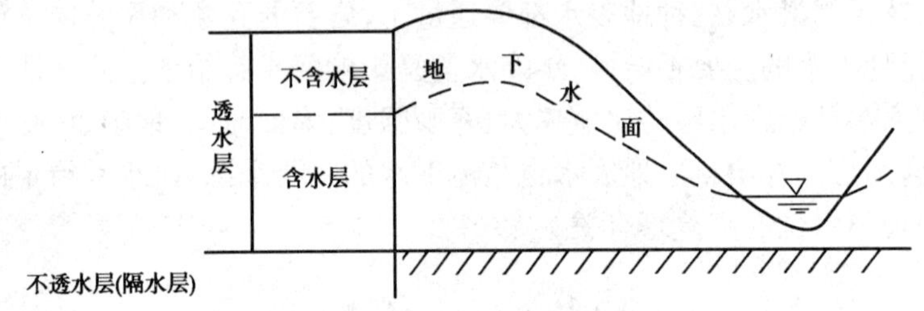

图 3-9 地下水储水构造示意图

地质构造对岩层的裂隙发育起着控制作用,因而影响着岩石的透水性。地质构造发育地带,岩层透水性增强,常形成良好的蓄水空间,如致密的不透水层,当其位于褶曲轴附近时可因裂隙发育而强烈透水,断层破碎带是地下水流动的通道。

2. 气候条件

气候条件对地下水的形成有着重要的影响,如大气降水、地表径流、蒸发等方面的变化将影响到地下水的水量。

3. 地貌条件

不同的地貌条件对地下水的形成关系密切。一般在平原、山前区易于储存地下水,形成良好的含水层;在山区一般很难储存大量的地下水。

4. 人为因素

比如大量抽取地下水,会引起地下水位大幅下降;修建水库,可促使地下水位上升等。

二、地下水的基本类型

为了有效地利用地下水和对地下水某些特征进行深入研究,必须进行地下水分类。地下水按埋藏条件可划分为包气带水、潜水和承压水三类。根据含水层空隙的性质可将地下水划分为孔隙水、裂隙水和岩溶水三类。

(一)地下水按埋藏条件分类

1. 包气带水

在地表往下不深的地带,土、岩石的空隙未被水充满,而含有相当数量的气体,故称为包气带。包气带水指位于潜水面以上包气带中的地下水，按其存在形式可分上层滞水和毛细水。

1）上层滞水

当包气带存在局部隔水层时，在局部隔水层上积聚具有自由水面的重力水，称为上层滞水。其隔水层主要是弱透水或不透水的透镜体黏土或亚黏土，它们能阻止水的下渗而成季节性的地下水（图3-10）。上层滞水分布接近地表，补给区与分布区一致，接受大气降水或地表水的补给，以蒸发形式排泄或向隔水底板边缘排泄。其分布范围很小，水量一般不大且随季节变化显著，雨季出现，旱季消失，极不稳定。水质变化较大，一般易受污染。

在雨季由于上层滞水水位的上升，能使土、岩石强度降低，造成道路翻浆和导致路基稳定性的破坏。在基坑开挖工程中也经常遇到上层滞水突然涌入基坑的情况，妨碍施工，应注意排除。

2）毛细水

指埋藏在包气带土层中的水，主要以结合水和结合水和毛细水形式存在。它们靠大气降水的渗入、大气的凝结及潜水由下而上的毛细作用的补给。其中的毛细水由于地下潜水位上升，毛细水上升高度增大，常导致冻胀、翻浆现象发生，在路基设计中应充分重视。

2. 潜水

饱和带中第一个稳定隔水层之上、具有自由水面的含水层中的重力水，称为潜水。一般多储存在第四纪松散沉积物中，也可形成于裂隙性或可溶性基岩中。潜水没有隔水顶板，潜水的自由表面，称为潜水面。潜水面上任一点的高程称为该点的潜水位。从潜水面到地表的铅直距离为潜水埋藏深度，潜水面到隔水层顶板的铅直距离称为潜水含水层的厚度（图3-11）。潜水含水层的分布范围称为潜水的分布区，大气降水或地表水渗入补给潜水的地区称为潜水的补给区，潜水出流的地方称潜水排泄区。

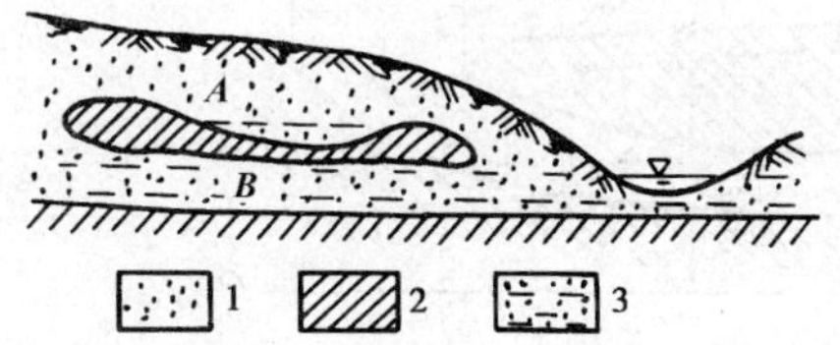

图3-10　上层滞水图示

A-上层滞水；*B*-潜水

1-透水砂层；2-隔水层；3-含水层

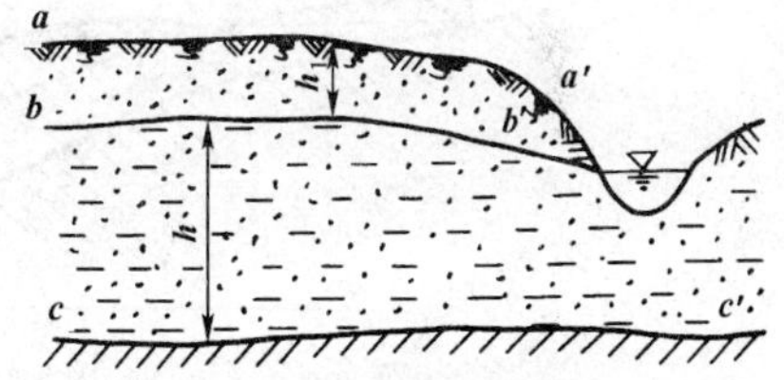

图3-11　潜水示意图

aa'-地表面；*bb'*-潜水面；*cc'*-隔水层；

h_1-潜水埋藏深度；*h*-含水层厚度

1）潜水的主要特征

潜水含水层自外界获得水量的过程称补给。潜水通过包气带接受大气降水、地表水等补给，一般情况下潜水分布区与补给区一致。潜水的水位、水量和水质随季节不同而有明显的变化。在雨季，潜水补给充沛，潜水位上升，含水层厚度增大，埋藏深度变小；而枯水季节正好相反，所以潜水的动态具有明显的季节变化特征。

潜水由补给区流向排泄区的过程称为径流，潜水在重力作用下，由水位高的地方向水位低的地方径流。影响潜水径流的因素，主要是地形坡度、切割程度及含水层透水性。如果地面坡度大，地形切割较强烈、含水层透水性好，则径流条件较好，反之则差。

潜水含水层失去水量的过程称排泄。潜水的排泄通常有两种方式：一种是水平排泄，以泉的方式排泄或流入地表水等；另一种是垂直排泄，通过包气带蒸发进入大气，在干旱、半干旱地区，由于地下水的蒸发使地表土易于盐渍化。

潜水从补给到排泄是通过径流来完成的。因此，潜水的补给、径流和排泄组成了潜水运动的全过程。

2）潜水等水位线图

在公路的设计和施工中，为了弄清楚潜水的分布状态，需要绘制潜水等水位线图，即潜水面等高线图，它是潜水面上高程相同的点联结而成的（图3-12）。具体内容参见第四篇第十一章。

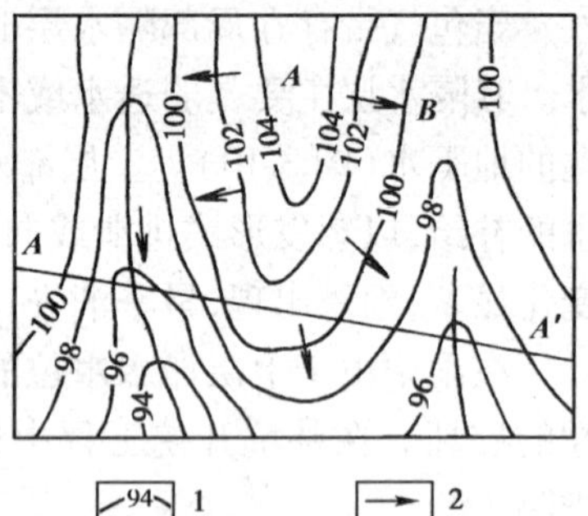

图3-12　潜水等水位线图

1-潜水等水位线；2-潜水流向

3. 承压水

充满于两个稳定隔水层之间、含水层中具有承压性质的地下水，称为承压水。承压水有上下两个稳定的隔水层，上面的称隔水层顶板，下面的称隔水层底板，隔水层顶、底板之间的距离为含水层厚度。由于承压含水层上下都有稳定的隔水顶板存在，所以它可以明显地划分出补给区、承压区和排泄区三部分。

承压性是承压水的一个重要特征，承压水如果受地质构造影响或钻孔穿透隔水层时，地下水就会受到水头压力而自动上升，甚至喷出地表形成自流水。

最适宜形成承压水的地质构造有向斜构造和单斜构造两类。地下水处于向斜构造或适宜于承压水形成的盆地构造称为承压盆地（图3-13），如四川盆地是典型的承压盆地；埋藏有承压水的单斜构造称为承压斜地或自流斜地，承压斜地的形成可能是由于含水层岩性发生相变或尖灭，也可能是由于含水层被断层所切（图3-14）。

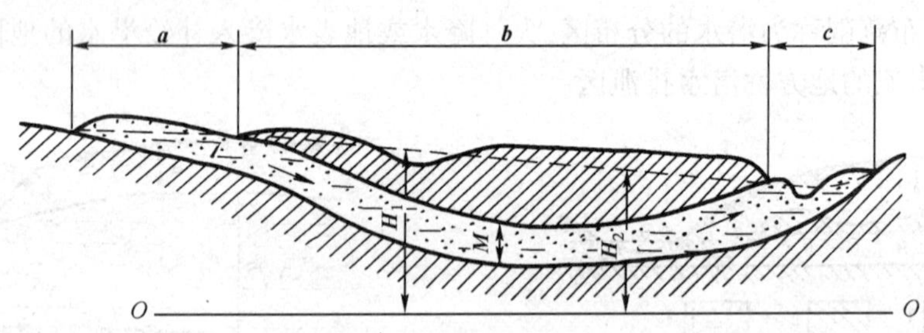

图3-13　承压水盆地剖面图

a-承压水补给区；*b*-承压水承压区；*c*-承压水排泄区

M-承压水含水层厚度；H_1-正水头；H_2-负水头

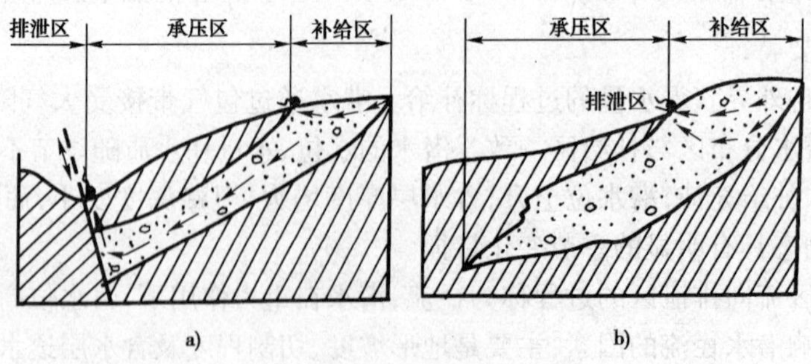

图3-14　承压斜地

a）断层斜地；b）含水层尖灭构造斜地

承压水与潜水相比具有如下特征。

（1）承压水的上部由于有连续隔水层的覆盖，大气降水和地表水不能直接补给整个含水层，只有在含水层直接出露的补给区，才能接受大气降水或地表水的补给，所以承压水的分布区和补给区是不一致的，一般补给区远小于分布区。

(2)承压水由于具有水头压力，所以它的排泄可以由补给区流向地势较低处，或者由地势较低处向上流至排泄区，以泉的形式出露地表，或者通过补给该区的潜水或地表水而排泄。

(3)承压水的径流条件决定于地形、含水层透水性、地质构造及补给区与分布区的承压水位差。一般情况下，若承压水分布广、埋藏浅、厚度大、空隙率高，水量就比较丰富且稳定。

(4)承压水的动态比较稳定，水量变化不大，主要原因是承压水受隔水层的覆盖，所以它受气候及其他水文因素的影响较小，故其水质也较好。而潜水的水质变化较大，且易受到污染，对潜水的水源更应注意卫生保护。

在承压水地区开挖隧道、桥基时，应注意如果隔水层顶板的预留厚度不足时，会被承压水将隔水层顶板冲破成为“涌水”。在实际设计和施工时，应注意承压水的存在，预先做好防水工作和排水施工。

(二)地下水根据含水层空隙的性质分类

1. 孔隙水

孔隙水主要分布于第四系各种不同成因类型的松散沉积物中。其主要特点是水量在空间分布上相对均匀，连续性好。它一般呈层状分布，同一含水层的孔隙水具有密切的水力联系，具有统一的地下水面。

1)冲积物中的地下水

冲积物是河流沉积作用形成的。冲积物中地下水在埋藏、分布和水质、水量上的变化取决于冲积层的岩性、结构、厚度和构造上的变化。因此，它在河谷上、中、下游有很大差异。

河流上游冲积物中的地下水，河流上游峡谷内常形成砂砾、卵石层分布的河漫滩，厚度不大，由河水补给，水量丰富，水质好，是良好的含水层，可作供水水源。

河流中游河谷变宽，形成宽阔的河漫滩和阶地。河漫滩常沉积有上细(粉细砂、黏性土)下粗(砂砾)的二元结构，有时上层构成隔水层，下层为承压含水层。河漫滩和低阶地的含水层常由河水补给，水量丰富，水质好，也是很好的供水水源。我国的许多沿江城市多处于阶地、河漫滩之上，地下水埋藏浅，则不利于工程建设。

河流下游常形成滨海平原，松散沉积物很厚，常在100m以上。滨海平原上部为潜水，埋深很浅，不利于工程建设。滨海平原下部常为砂砾石与黏性土互层，存在多层承压水。浅层承压水容易获得补给，水量丰富，水质好，是很好的开采层，但过量开采会引起地面沉降，同时，浅层承压水的水头压力威胁深基坑开挖和地下工程的施工。

2)洪积物中的地下水

洪积物是山区集中洪流携带的碎屑物在山口处堆积而形成的。洪积物广泛分布于山间盆地的周缘和山前的平原地带，常呈以山口为顶点的扇状地形，称为洪积扇。

从洪积扇顶部到边缘地形由陡逐渐变缓，洪水的搬运能力逐渐降低，因而沉积物颗粒由粗逐渐变细。根据地下水埋深、径流条件、化学特征等，可将洪积扇中的地下水大致分为三带：潜水深埋带、溢出带和潜水下沉带。上述洪积层中的地下水分带规律，在我国北方具有典型性。

潜水深埋带　位于洪积扇的顶部，地形较陡，沉积物颗粒粗，多为卵砾石、粗砂，径流条件好，是良好的供水水源。

潜水溢出带　位于洪积扇中部，地形变缓，沉积物颗粒逐渐变细，由砂土变为粉砂、粉土，径流条件逐渐变差。上部为潜水，且埋深浅，常以泉或沼泽的形式溢出地表，下部为承压水。

潜水下沉带　处于洪积扇边缘与平原的交接处，地形平缓，沉积物为粉土、粉质黏土与黏土。潜水埋藏变深，因径流条件较差，矿化度高，水质也变差。

2. 裂隙水

裂隙水是埋藏于基岩裂隙中的地下水，岩石裂隙的发育情况决定地下水的分布情况和能否富集等。

在裂隙发育的地方，含水丰富；裂隙不发育的地方，含水甚少。所以在同一构造单元或同一地段内，含水性和富水性有很大变化，形成裂隙水聚集的不均一性。

裂隙，特别是构造裂隙的发育具有方向性，在某些方向上裂隙的张开程度连通性比较好，在这些方向上导水性强、水力联系好，常成为地下水径流的主要通道。在另一些方向上裂隙闭合，导水性差，水力联系也差，径流不通畅。所以裂隙岩石的导水性呈现出明显的各向异性。

根据埋藏条件裂隙水可分为面状裂隙水、层状裂隙水和脉状裂隙水三种。

面状裂隙水　埋藏在各种基岩表层的风化裂隙中，又称为风化裂隙水。它储存在山区或丘陵区的基岩风化带中，一般在浅部发育。

层状裂隙水　是指埋藏在成层的脆性岩层（如砂岩）中，或在成岩裂隙和构造裂隙构成的层状裂隙中的地下水。其分布一般与岩层的分布一致，因而具有一定的成层性。层状裂隙水在不同的部位和不同的方向上，因裂隙的密度、张开程度和连通性有差异，其透水性和涌水量有较大的差别，具有不均一的特点。层状裂隙水的分布受岩层产状的控制，在岩层出露的浅部可形成潜水，在地下水深处埋藏在隔水层之间可形成承压水。层状裂隙水的水质受埋深控制，总矿化度也随深度增加而增高。

脉状裂隙水　埋藏于构造裂隙中，其沿断裂带呈脉状分布，长度和深度远比宽度为大，具有一定的方向性；可切穿不同时代、不同岩性的地层，并可通过不同的构造部位，因而导致含水带内地下水分布的不均一性；地下水的补给源较远，循环深度较大，水量、水位较稳定，有些地段具有承压性；脉状裂隙水水量一般比较丰富，常常是良好的供水水源，但对隧道工程往往造成危害，可能会发生突然涌水事故等。

3. 岩溶水

储存和运动于可溶性岩石中的地下水称为岩溶水。岩溶水不仅是一种具有独特性质的地下水，同时也是一种地质营力。它在运动过程中，不断地与可溶性岩石发生作用，从而不断改变着自己的赋存和运动条件。

岩溶水与裂隙水的特征差别很大，其主要原因是由于它们的含水空间不同所造成的。岩溶水的特点，主要表现在以下三个方面。

（1）富水性在水平和垂直方向的变化显著。在岩溶体内存在着含水和不含水体、强含水体和弱含水体、均匀含水体和集中渗流通道共存的特点。之所以形成这些特点，是与岩溶发育程度、各种形态岩溶通道的方向性以及连通情况在不同方向上的差异有关。因此，在生产实践中，常常可以见到不同的地段，岩溶的富水差别很大，即使是同一地段，相距很近的两个钻孔，或者是同一钻孔不同的深度，富水性差别也很显著。

（2）水力联系的各向异性。当岩溶化岩层的某一个方向岩溶发育比较强烈，通道系统发育比较完善，水力联系好时，这个方向就成为岩溶水运动的主要方向；在另一些方向上，由于岩溶裂隙微小，或因通道系统被其他物质所堵塞，致使水流不畅，水力联系差，因此，在岩溶含水层不同的方向上，透水性能差别很大，出现水力联系各向异性的特点。

（3）动态变化显著。岩溶水的动态变化非常显著，尤其是岩溶潜水。其动态最显著的特点之一是变化幅度大,例如水位的年变化幅度,一般可达数十米,流量的年变化幅度可达数十倍,甚至数百倍。动态的特点之二是对大气的反应灵敏,有的在雨后一昼夜甚至几小时就出现峰值等。

三、地下水的物理性质和化学成分

地下水在运动过程中与各种岩土相互作用,岩土中的可溶物质随水迁移、聚集,使地下水成为一种复杂的溶液。

研究地下水的物理性质和化学成分,对于了解地下水的成因与动态,确定地下水对混凝土等的侵蚀性,进行各种用水的水质评价等,都有着实际意义。

(一)地下水的物理性质

地下水的物理性质包括温度、颜色、透明度、气味、味道和导电性等。

地下水的温度变化范围很大,通常随埋藏深度不同而异,埋藏愈深,水温越高。根据温度值可将地下水分为:过冷水 <0℃;冷水 0 ~ 20℃;温水 20 ~ 42℃;热水 42 ~ 100℃。其中热水可作能源及医疗用。

地下水一般无色、透明的,但是当水中含有某些元素或含有较多的悬浮物质时,便会带有各种颜色而显得浑浊。例如,含有三价氧化铁的水,多呈褐红色;含氧化亚铁的水呈浅蓝色;含腐殖质的水呈暗黄褐色;含悬浮物的水其颜色决定于悬浮物的颜色。

地下水多是透明的,但当其中含有矿物质、有机质及胶体悬浮物时,则地下水的透明度有所改变。一般将地下水的透明程度分为四级:①透明的;②微浑浊的;③浑浊的;④极浑浊的。

地下水一般无臭无味的,但当其中含有某种气体和有机质时,便产生一定的气味。如含有硫化氢气体时,水便有臭鸡蛋味;含有机质时,便有鱼腥气味。

地下水的味道主要取决于水中的化学成分和气体。含氯化钠较多,则具咸味;含钠、镁的硫酸盐较多,则具苦味;含较多的二氧化碳,则味美可口;含有机质多,则具甜味。

地下水具有导电性,它的导电性强弱主要取决于所含电解质的数量和性质。

(二)地下水的化学成分

地下水中常见气体有 O_2、N_2、H_2S 和 CO_2 等。一般情况下,地下水中气体含量不高,但是,气体分子能够很好地反映地球化学环境。

地下水中分布最广、含量较多的离子共七种,即 Cl^-、SO_4^{2-}、HCO_3^-、Na^+、K^+、Ca^{2+}、Mg^{2+}。地下水矿化类型不同,地下水中占主要地位的离子或分子也随之发生变化。

地下水中的化合物有 Fe_2O_3、Al_2O_3、H_2SiO_3 等。

在工程建设中进行地下水的水质评价时,以下成分具有最重要的意义。

1. 地下水的矿化度

水中所含离子、分子及化合物的总量称为水的总矿化度,以 g/L 表示。低矿化度的水常以 HCO_3^- 为主;中等矿化度水常以 SO_4^{2-} 为主;高矿化度的水以 Cl^- 为主。根据矿化度的高低将水分为五类,见表 3-1。高矿化度的水能降低水泥混凝土的强度,腐蚀钢筋,故拌和混凝土时不允许用高矿化度的水。

水按矿化度的分类 表 3-1

水的类别	淡水	微咸水(低矿化水)	咸水(中等矿化水)	盐水(高矿化水)	卤水
矿化度(g/L)	<1	1 ~ 3	3 ~ 10	10 ~ 50	>50

2. 地下水的pH值

pH值表示水的酸碱度,pH值<5为强酸性水;pH值=5~7为弱酸性水;pH值=7为中性水;pH值=7~9为弱碱性水;pH值>9为强碱性水。自然界中大多数地下水的pH值在6.5~8.5之间。

3. 水的硬度

水的硬度按水中Ca^{2+}、Mg^{2+}离子的含量多少可分以下为三种情况。

总硬度　指未煮沸时Ca^{2+}、Mg^{2+}的总含量。

暂时硬度　指煮沸时水中一部分Ca^{2+}、Mg^{2+}因失去CO_2生成沉淀碳酸盐而使水失去的Ca^{2+}、Mg^{2+}数量。

永久硬度　指经煮沸后仍留在水中的Ca^{2+}、Mg^{2+}含量,也即总硬度与暂时硬度之差。

根据硬度的大小,将地下水分为五类,见表3-2。

水按硬度分类　　表3-2

水的类别		极软水	软水	微硬水	硬水	极硬水
硬度	Ca^{2+}、Mg^{2+}物质的量	$<1.5\times10^{-3}$	1.5×10^{-3}~3.0×10^{-3}	3.0×10^{-3}~6.0×10^{-3}	6.0×10^{-3}~9.0×10^{-3}	$>9.0\times10^{-3}$
	德国度	<4.2	4.2~8.4	8.4~16.8	16.8~25.2	>25.2

注:①德国度,每度相当于1L水中含有10mg的CaO或7.2mg的MgO;

②1mg当量的硬度=2.8德国度。

水的矿化度、pH值、硬度对水泥混凝土的强度有影响,还有水中侵蚀性CO_2、SO_4^{2-}、Mg^{2+}的含量也影响着地下水对混凝土等的侵蚀性。

四、地下水对公路建设的影响

地下水的存在,对建筑工程有着不可忽视的影响。尤其是地下水位的变化,水的侵蚀性和流沙、潜蚀(管涌)等不良地质作用,都将对建筑工程的稳定性、施工及正常使用带来很大的影响。

1. 地基沉降

地下水位下降,往往会引起地表塌陷、地面沉降等。对建筑物本身而言,在基础底面以下压缩层内,随着地下水位下降,岩土的自重压力增加,可能引起地基基础的附加沉降。如果土质不均匀或地下水位突然下降,也可能使建筑物产生变形破坏。

通常地下水位的变化是由于施工中抽水和排水引起的,若在松散第四纪沉积层中进行深基础施工时,往往需要采用抽水的办法人工降低地下水位。若降水不当,会使周围地基土层产生固结沉降,轻者造成邻近建筑物或地下管线的不均匀沉降;重者使建筑物基础下的土体颗粒流失或掏空,导致建筑物开裂和危及安全等。因此,施工场地应注意抽水和排水对工程的影响。

2. 地下水的侵蚀性

地下水侵蚀性的影响主要体现为水对混凝土、可溶性石材、管道以及金属材料的侵蚀危害。土木工程建筑物,如桥梁基础、地下洞室衬砌和边坡支挡建筑物等,都要长期与地下水相接触,地下水中各种化学成分与建筑物中的混凝土、钢筋等产生化学反应,使其中某些物质被溶蚀,强度降低,影响着建筑物的稳定性。

3. 流沙和潜蚀(管涌)

在饱和的砂性土层中施工,由于地下水水力状态的改变,使土颗粒之间的有效应力等于零,土颗粒悬浮于水中,随水一起流出的现象称为流沙。

流沙是一种不良地质现象,在建筑物深基础工程和地下建筑工程的施工中,轻微流沙增加了施工区域的泥泞程度;严重流沙有时会像开水初沸时的翻泡,此时施工基坑底部成为流动状态,给施工带来很大困难,致使地表塌陷或建筑物的地基破坏,甚至影响邻近建筑物的安全。

如果地下水渗流水力坡度小于临界水力坡度,那么虽然不会产生流沙现象,但是土中细小颗粒仍有可能穿过粗颗粒之间的空隙被渗流带走。其后果是使地基土的强度受到破坏,形成空洞,致使地表塌陷,破坏建筑场地的稳定。我们将这种现象称为机械潜蚀(管涌)。

4. 地下水的浮托作用

当建筑物基础底面位于地下水位以下时,地下水对其将产生浮力作用。如果基础位于透水性强的岩土层,比如粉性土、砂性土、碎石土和节理发育的岩石地基,则按地下水100%计算浮托力;如果基础位于节理不发育的岩石地基上,则按地下水50%计算浮托力;如果基础位于黏性土地基上,其浮托力较难准确地确定,应结合地区的实际经验考虑。

5. 基坑涌水现象

地下水的不良地质作用中还有一个应尤其引起注意的是基坑涌水现象。这种现象发生在建筑物基坑下有承压水时,开挖基坑会减小基坑底下承压水上部的隔水层厚度,减小过多会使承压水的水头压力冲破基坑底板形成涌水现象。涌水会冲毁基坑,破坏地基,给工程带来损失。

五、公路水毁原因分析

在危害公路的众多因素之中,水是主要的自然因素之一。影响路基路面稳定的水体可分为地面水和地下水两类。地面水主要有两种来源,一是雨雪直接落至路面的大气降水;二是贯穿路基的沟、溪、河流水。地下水主要来源于上层滞水、潜水、承压水。

来自不同水源的水对路基路面造成的破坏是不同的:暴雨径流直接冲毁路肩、边坡和路基;积水的渗透和毛细水的上升可导致路基湿软,强度降低,重者会引起路基冻胀、翻浆或边坡塌方,甚至整个路基沿倾斜基底滑动;进入结构层内的水分可以浸湿无机结合料处治的粒料层,导致基层强度下降,使沥青面层出现剥落和松散;水泥混凝土路面由于接缝多,从接缝中渗入的水分聚集在路面结构中,在重载的反复作用下,产生很大的动水压力,导致接缝附近的细颗粒集料软化,形成唧泥,产生错台、断裂等病害。总之,水的作用加剧了路基路面结构的损坏,降低了路面使用性能,缩短了路面的使用寿命。

(一)沿河路基水毁

1. 沿河路基水毁成因

沿河(溪)公路受洪水顶冲和淘刷,路基发生坍塌或缺断,影响行车安全,乃至中断交通,沿河路基水毁,它常发生在弯曲河岸和半填半挖路段。主要成因有下列几种。

(1)路线与河道并行,一面傍山,一面临河,许多路基是半挖半填或全部为填方筑成。路基边坡多数未做防冲刷加固措施,路基因洪水顶冲与淘刷发生坍塌破坏,出现许多缺口和坍塌半个以上路基。

(2)路基防护构造物因基础处理不当或埋置深度不足而破坏,引起路基水毁。

(3)半填半挖路基地面排水不良,路面、边沟严重渗水,路基下边坡坡面渗流、普遍出露、局部管涌引起路基坍垮。

(4)洪水位骤降,在路基半坡内形成自路基向河道的反向渗流,产生渗透压力和孔隙压力,造成边坡失稳。

(5)不良地质、地形路段,山体滑坡或路基滑移。

(6)道路防洪标准低,路面设计洪水位高程不够,或涵洞孔径偏小,道路排水系统不完善,造成洪水漫溢路面,水洗路面甚至冲毁路基。

(7)原有道路施工质量不佳,挡墙砌筑砂浆强度达不到设计要求,砂浆砌筑不饱满,石料偏小,砌体整体强度不够。

(8)原有路基边坡坡度太陡,没有达到设计要求。

(9)较陡的山坡填筑路基,原地面未清除杂草或挖人工台阶,坡脚未进行必要支撑,填方在自重或荷载作用下,路基整体或局部下滑。

(10)填方填料不佳,压实不够,在水渗入后,重度增大,抗剪强度降低,造成路基失稳。

(11)植被破坏,水土流失,在强降雨形成的地面径流冲击下,造成边坡坍方。

(12)道路养护工作跟不上,涵洞淤塞,导致排水不畅,造成水洗路面甚至冲毁路基。

2. 防治沿河路基水毁的措施

防治沿河路基水毁的常用方法有:铺草皮、植树、抛石、石笼及浸水挡土墙等。

(1)种草防护适用于土质路堤、路堑有利于草类生长的边坡,它可以防止雨水冲刷坡面。但经常浸水或长期浸水的路堤边坡,种草不易生长,故不宜采用此法防护。

(2)草皮的作用与种草相同,当河床比较宽阔,铺设处只容许季节性浸水,流速小于1.8m/s,水流方向与路线近于平行条件下可以使用。

(3)植树一般是在路基斜坡上和沿河路堤之外漫水河滩上种植,直接加固了路基和河岸,并使水流速度降低,防止和减少水流对路基或河岸的冲刷。

(4)砌石防护分为干砌和浆砌两种。干砌片石用以防护边坡免受大气降水和地面径流的侵蚀,以及保护浸水路堤边坡免受水流冲刷作用,一般有单层铺砌、双层铺砌。在片石下面应设置垫层,它主要起整平的作用,并可防止水流将干砌片石下面边坡上的细颗粒土壤携带出来冲走,还能使防护的坡面具有一定弹性,从而增加对波浪、流冰及漂浮物冲击的抵抗力,使之不易破坏。

干砌片石所用的石料,应是坚硬的、耐冻的和未风化的石块,为防水浸水及提高整体强度,可用水泥砂浆勾缝。

当水流流速较大(如4~5m/s),波浪作用较强,以及可能有流冰、流木等冲击作用时,宜采用浆砌片石护坡;必要时,可与浸水挡土墙或护面墙同时设置。

(5)抛石防护主要用于防护水下部分的边坡和坡脚,免受水流冲刷及掏刷,也可用于防止河床冲刷,最适用于砾石河床。它不受水位高低变动的影响,亦不受施工季节的限制,新筑堤岸尚未沉实之前亦可施工。在附近盛产石料,沿线废石方较多的情况,应优先考虑此种防护措施。

(6)石笼防护的使用范围比较广泛,可用于防护河岸或路基边坡、加固河床,防止淘刷。

(7)浸水挡土墙,是用来支撑天然边坡或人工边坡,以保证土体稳定的建筑物。

(8)丁坝,是指坝根与岸滩相接,坝头伸向河槽,坝身与水流方向成某一角度,能将水流挑离河岸的结构物。丁坝是用来束水归槽、改善水流状态、保护河岸等。

图3-15是我国西北地区某公路路基排水综合设计的一个实例,该路段长约2.8km,路堑地段出现地下渗水,严重影响路基稳定。设计中采用纵横填石渗沟(盲沟),形成地下排水网,利用边沟将地面水汇集在一起,引到涵洞,排出路基范围以外,20年来该段路基一直

完好。

(二)桥梁水毁

桥梁受洪水冲击，墩台基础冲空危及安全或产生桥头引道缺、断，乃至桥梁倒坍，称为桥梁水毁。其主要原因有下列两种：桥梁压缩河床，水流不顺，桥孔偏置时，缺少必要的水流调治构造物；基础埋置深度浅又无防护措施。

为防治桥梁水毁，可分情况增建各种水流调治构造物和墩台基础防护构造物。

1. 增建水流调治构造物防治桥梁水毁

1)稳定、次稳定河段上桥梁水毁防治

稳定、次稳定河段上桥梁水毁防治措施，可根据调整桥下滩流、河床冲淤分布的实际需要以及水流流向等分情况加以选择。

(1)正交桥位，两侧有滩地对称分布时，两侧桥头布置对称的曲线形导流堤。

(2)两侧有滩地但不对称分布时，两侧导流堤一般布置成口朝上游的喇叭形。大滩侧为曲线形导流堤，小滩侧为两端带曲线的直线形导流堤。

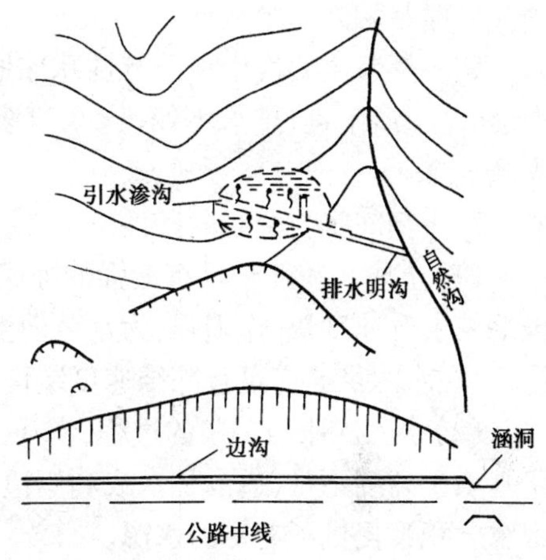

图 3-15　路基排水综合设计示例

(3)桥位在河流弯道上，凹岸布置直线形导流堤，凸岸布置曲线形导流堤。

(4)桥位与河槽正交，一侧引道向上游与滩地斜交，另一侧引道与滩地正交时，斜交侧桥头布置梨形堤，引道上游侧设置短丁坝群。

(5)桥位与河槽正交，一侧引道伸向下游与滩地斜交形成"水袋"，另一侧引道与滩地正交时，斜交侧桥头设置曲线形导流堤，引道上游进行边坡加固，并在适当位置设置小型排水构造物，以排除"水袋"积水；正交侧桥头设置直线形导流堤。若斜交侧滩地不宽，可设封闭导流堤消除"水袋"。

(6)斜交桥位，两侧有滩地对称分布时，根据河槽流向，锐角侧设梨形堤，另一侧设两端带曲线的直线形导流堤。

2)不稳定河段上桥梁水毁防治

不稳定河段上桥梁的水毁防治，可根据河岸条件、河床地貌以及桥孔位置等分情况采取下列措施。

(1)桥梁位于出山口附近的喇叭形河段上，封闭地形良好，宜对称布置封闭式导流堤。

(2)引道阻断支岔，上游可能形成"水袋"。为控制洪水摆动，防止支岔水流冲毁桥头引道，视单侧或双侧有岔及地形情况，可对称或不对称设置封闭式导流堤。

(3)一河多桥时，为防止水流直冲两桥间引道路基，可结合水流和地形条件，在各桥间设置分水堤。

(4)桥梁位于冲积漫流河段的扩散淤积区，一河多桥而流水沟槽又不明显时，宜设置漫水隔坝，并加强桥间路堤防护。

2. 增设冲刷防护构造物防治桥梁墩台水毁

桥梁墩台明挖(浅埋)基础，应根据跨径大小、桥位河段稳定类型，分别增建基础防护构造物。当河床较稳定，冲刷范围小时，宜采用立面防护措施；当河床稳定，冲刷范围较大时，用平面防护措施。

第三节　路基翻浆

一、路基翻浆产生的原因及条件

1. 路基翻浆的定义

路基翻浆主要发生在季节性冰冻地区的春融时节，以及盐渍、沼泽等地区。因为地下水位高、路基土质不良、排水不畅、含水过多，经行车反复作用，路基会出现弹簧、裂缝、冒泥浆等现象。

2. 土基冻胀与翻浆的条件

(1)土质。粉性土具有最强的冻胀性，最容易形成翻浆，构成了冻胀与翻浆的内因。粉性土毛细上升速度快，作用强，为水分向上积聚创造了条件。黏性土的毛细水上升虽高，但速度慢，只在水源供给充足且冻结速度缓慢的情况下，才能形成比较严重的冻胀与翻浆。

(2)水。冻胀与翻浆的过程，实质上就是水在路基中迁移、相变的过程。地面排水困难，路基填土高度不足，边沟积水或利用边沟作农田灌溉，路基靠近坑塘或地下水位较高的路段，为水分积聚提供了充足的水源。

(3)气候。多雨的秋天，暖和的冬天，骤热的晚春，春融期降雨等都是加剧湿度积聚和翻浆现象的不利气候。

(4)行车荷载。公路翻浆是通过荷载的作用最后形成和暴露出来的。通过过大的交通量或过重的汽车，能加速翻浆发生。

(5)养护。不及时排除积水，弥补裂缝，会促成或加剧翻浆的出现。

3. 路基翻浆形成与发生的过程

秋季，是路基水的聚积时期。由于降水或灌溉的影响，地面水下渗，地下水位升高，使路基水分增多。

冬季，气温下降，路基上层的土开始冻结，路基下部土温仍较高。水分在土体内，由温度较高处向温度较低处移动，使路基上层水分增多，并冻结成冰，使路面冻裂或隆起，发生冻胀。

春季(有的地区延至夏季)，气温逐渐回升，路基上层的土首先融化，土基强度很快降低，以至失去承载能力，在行车作用下形成翻浆。

天气渐暖，蒸发量增大，冻层化透，路基上层水分下渗，土变干，土基强度又能逐渐恢复。

以上就是路基翻浆发展的全过程。

二、路基翻浆的分类和分级

根据导致路基翻浆的水类来源不同，翻浆可分为五类，如表3-3所示。根据翻浆高峰期路基、路面的变形破坏程度，翻浆又可分为三个等级，见表3-4。

翻浆分类　　表3-3

翻浆类型	导致翻浆的水类来源
地下水类	受地下水的影响，土基经常潮湿，导致翻浆。地下水包括上层滞水、潜水、承压水、裂隙水、泉水、管道漏水等。潜水多见于平原区，承压水、裂隙水、泉水多见于山区
地表水类	受地表水的影响，使土基潮湿，地表水主要指季节性积水，也包括路基、路面排水不良而造成的路旁积水和路面渗水

续上表

翻浆类型	导致翻浆的水类来源
土体水类	因施工遇雨或用过湿的土填筑路堤，造成土基原始含水率过大，在负温度作用下使上部含水率显著增加导致翻浆
气态水类	在冬季强烈的温差作用下，土中水主要以气态形式向上运动，聚积于土基顶部和路面结构层内，导致翻浆
混合水类	受地下水、地表水、土体水或气态水等两种以上水类综合作用产生的翻浆。此类翻浆需要根据水源主次定名

翻浆分级 表3-4

翻浆等级	路面变形破坏程度
轻型	路面龟裂、湿润，车辆行驶时有轻微弹簧现象
中型	大片裂纹、路面松散、局部鼓包、车辙较浅
重型	严重变形、翻浆冒泥，车辙很深

三、防治路基翻浆的工程措施

1. 做好路基排水

良好的路基排水条件可防止地面水或地下水浸入路基，使路基保持干燥，减少冻结过程中水分聚留的来源。

路基范围内的地面水、地下水都应通过顺畅的途径迅速引离路基，以防水分停滞浸湿路基。为此应重视排水沟渠的设计，注意沟渠排水纵坡和出水口的设计；在一个路段内重视排水系统的设计，使排水沟渠与桥涵组成一个通畅的排水系统。

为降低路基附近的地下水位，设置盲沟以降低地下水位，截断地下水潜流，使路基保持干燥。

2. 提高路基填土高度

提高路基填土高度是一种简便易行、效果显著且比较经济的常用措施，同时也是保证路基路面强度和稳定性，减薄路面，降低造价的重要途径。

提高路基填土高度，增大了路基边缘至地下水或地面水位间的距离，从而减小了冻结过程中水分向路基上部迁移的数量，使冻胀减弱，使翻浆的程度和可能性变小。

路线通过农田地区，为了少占农田，应与路面设计综合考虑，以确定合理的填土高度。在潮湿的重冻区粉性土地段，不能单靠提高路基填土高度来保证路基路面的稳定性，要和其他措施，如砂垫层、石灰土基层等配合使用。

3. 设置透水性隔离层

隔离层的位置应在地下水位以上，一般在土基 50 ~ 80cm 深度处（在盐土地区的翻浆路段，其深度应同时考虑防止盐胀和次生盐渍化等要求），用粗集料（碎石或粗砂）铺筑，厚度约 10 ~ 20cm，分别自路基中心向两侧做成 3% 的横坡。为避免泥土堵塞，隔离层的上下两面各铺 1 ~ 2cm 厚的苔藓、泥炭、草皮或土工布等其他透水性材料作防淤层。连接路基边坡部位，应铺大块片石防止碎落。隔离层上部与路基边缘之高差不小于 50cm，底部高出边沟底 20 ~ 30cm，见图 3-16。

4. 设置不透水隔离层

在路面不透水的路基中，可设置不透水隔离层，设置深度与透水隔离层相同。当路基宽度较窄，隔离层可横跨全部路基，称为贯通式；当路基较宽时，隔离层可铺至延出路面边缘外50～80cm，称为不贯通式，见图3-17。

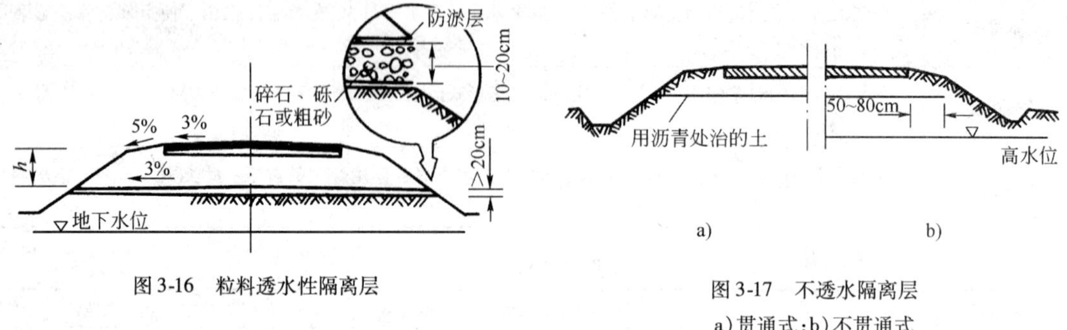

图3-16　粒料透水性隔离层

图3-17　不透水隔离层
a）贯通式；b）不贯通式

1）不透水隔离层所用材料和厚度

（1）8%～10%的沥青土或者6%～8%的沥青砂，厚度2.5～3.0cm。

（2）沥青或柏油，直接喷洒，厚度2～5cm。

（3）油毡纸、不透水土工布（一般为2～3层）或不易老化的特制塑料薄膜摊铺（盐渍土地区不可用塑料薄膜）。

2）隔离层的适用条件

隔离层对新旧路线翻浆均可采用，特别适用于新线；不透水隔离层适用于不透水路面的路基中；在透水路面下只能设透水隔离层；在盐渍土地区的翻浆路段，隔离层深度应同时考虑防止盐胀和次生盐渍化等要求。

5. 设置隔温层

为防止水的冻结和土的膨胀，可在路基中设置隔温层（一般为北方严重冰冻地区），以减少冰冻深度。厚度一般不小于15cm。隔温材料可用泥炭、炉渣、碎砖等，直接铺在路面下。宽度每边宽出路面边缘30～50cm，见图3-18。

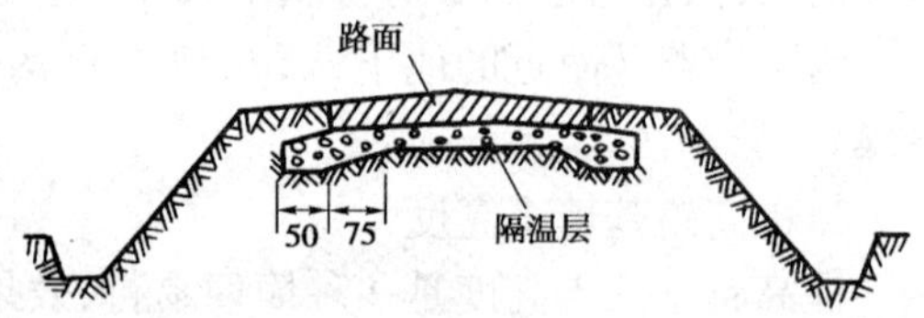

图3-18　隔温层的式样（尺寸单位：cm）

6. 换土

采用水稳性好、冰冻稳定性好、强度高的粗颗粒土换填路基上部，可以提高土基的强度和稳定性。换土的厚度一般可根据地区情况、公路等级、行车要求以及换填材料等因素确定换土厚度。一些地区的经验认为，在路基上部换填60～80cm厚的粗粒土，路基可以基本稳定。换土厚度也可以根据强度要求，按路面结构层厚度的计算方法计算确定。适用条件是：因路基高程限制，不允许提高路基，且附近有粗粒土可用时；原有路基土质不良，需铺设高级路面时。

7. 加强路面结构

铺设砂（砾）垫层以隔断毛细水上升，增进融冰期蓄水、排水作用，减小冻结或融化时水的体积变化，减轻路面冻胀和融沉作用。砂垫层的铺设厚度见表3-5。砂垫层的材料可选用砂砾、粗砂或中砂，要求砂中不含杂质、泥土等。铺设水泥稳定类、石灰稳定类、石灰工业废渣类等路面基层结构层以增强路面的板体性、水稳定性和冻稳定性，提高路面的力学强度。

砂（砾）垫层的经验厚度　　表3-5

土基潮湿类型	砂垫层厚度（cm）	土基潮湿类型	砂垫层厚度（cm）
中湿	15～20	潮湿	20～30

本章小结

水既是一种人类生活和生产不可缺少的重要资源，水又通过自然界的循环产生巨大的地质作用动力，不断地促使地表形态和地表物质的物理性质和化学成分发生变化。本章主要介绍了地表流水和地下水的地质作用。

1. 在陆地上有两种地表流水：暂时流水和常年流水。地表流水不仅是影响地表形态不断发展变化的一个带有普遍性的重要因素，而且经常影响着公路的建筑条件。

2. 岩石风化产物在雨水、融雪水的地质作用下被缓慢地洗刷剥蚀后，顺着斜坡向下逐渐移动，沉积在较平缓的山坡上而形成坡积物。山洪、暴雨或骤然大量的融雪水形成搬运力很大的急流，它能冲刷岩石，形成冲沟，并能把大量的碎屑物质搬运到沟口或山麓平原堆积而形成洪积物。河流的地质作用按其进行的方式可以分为：侵蚀作用、搬运作用和沉积作用。河流的地质作用塑造了河谷形态，并形成分选性和磨圆度良好的冲积物，一般密实的、颗粒较粗且大小均一的沉积物，可作为良好的工程建筑物地基和天然建筑材料。

3. 地下水按照埋藏条件可分为包气带水、潜水和承压水。按含水介质类型分为孔隙水、裂隙水和岩溶水。

潜水具有无压、埋藏浅、补给容易、循环快、季节变化明显、易受污染等特点；承压水具有静水压力，补给区小于承压区，水位、水量、水质和水温等受气象水文因素的影响较小，水质不易受污染等特点。

4. 工程建设中，地下水常带来不良影响，如地下水流动造成的流沙和管涌渗透破坏、水对地下结构的浮力、基坑承压水突涌、建筑材料腐蚀等，因此必须查明建筑地区的水文地质条件。

复习思考题

1. 试比较坡积层和洪积层的主要特点，当公路通过这两种堆积区时，应分别注意哪些工程地质条件的影响？
2. 阶地按成因有几种类型？公路利用阶地布线有何意义？
3. 蛇曲发育阶段公路布线应注意哪些问题？
4. 试述冲沟的发育阶段及公路工程在冲沟发育的不同阶段布线应注意的问题。
5. 地下水的形成必须具备哪些条件？
6. 什么叫含水层和隔水层？
7. 什么叫潜水？潜水主要埋藏在哪些岩土层中？
8. 简述潜水的主要特征。
9. 根据潜水等水位线可解决一些什么问题？
10. 什么叫承压水？承压水有哪些主要特征？
11. 按矿化度将地下水分为哪几类？研究它们有什么意义？
12. 地下水的硬度是根据什么判定的？水按硬度可分为哪些类型？研究它们有何意义？
13. 地下水对公路工程有哪些影响？

第四章　地貌及第四纪地质

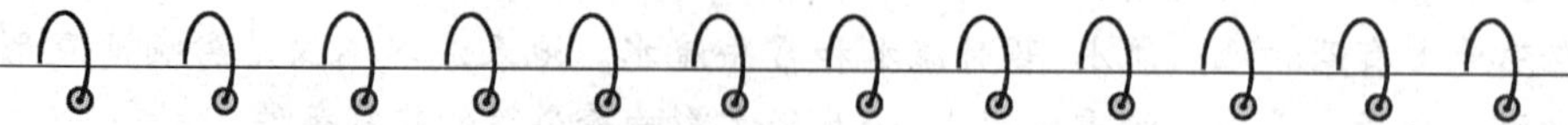

教学要求

1. 熟悉地貌的形成、发展、分类、分级。

2. 识别山地地貌的形态要素和不同成因的山地地貌形态。

3. 描述各种类型垭口和山坡的成因、工程地质条件及其对公路布线的影响。

4. 描述平原地貌的成因和堆积平原的特征。

5. 识别不同成因的第四纪沉积物的类型和主要工程地质特征。

学习建议

在不同的地貌单元布设路线时，需要重点调查其形成原因和地貌形态特点，才能对其工程地质条件作出正确的评价。第四纪沉积层的认识要通过抓住各类土形成的原因，理解其特性。

由于内、外力地质作用的长期进行，在地壳表面形成的各种不同成因、不同类型、不同规模的起伏形态，称为地貌。地貌不同于地形，地形是指地球表面起伏形态的外部特征。地貌学是专门研究地壳表面各种起伏形态的形成、发展和空间分布规律的科学。

第四纪是地质年代中新近的一个纪。第四纪沉积物是由地壳的岩石风化后，在风、地表流水、湖泊、海洋等地质作用下形成的。其形成历史不长，是一种松散的堆积物。由于沉积环境比较复杂，沉积物的性质、结构、厚度在水平方向或垂直方向都具有很大的差异性。

地貌及第四纪地质条件与公路工程建设有着密切的关系，公路是建筑在地壳表面的线形建筑物，它常常穿越不同的地貌单元及第四纪地质单元，在公路勘测设计、桥隧位置选择等方面，经常会遇到各种不同的地貌和第四纪地质问题。因此，地貌及第四纪地质条件便成为评价公路工程地质条件的重要内容之一。为了处理好公路工程与地貌及第四纪地质条件之间的关系，提高公路的勘测设计质量，就必须学习和掌握一定的地貌及第四纪地质知识。

第一节　地 貌 概 述

一、地貌的形成和发展

多种多样的地貌形态主要是内、外力地质作用造成的。内力地质作用形成了地壳表面的基本起伏，对地貌的形成和发展起着决定性的作用。内力地质作用指的是地壳的构造运动和岩浆活动，特别是构造运动，它不仅使地壳岩层受到强烈的挤压、拉伸或扭动，形成一系列褶皱带和断裂带,而且还在地壳表面造成大规模的隆起区和沉降区,使地表变得高低不平,隆起区将形成大陆、高原、山岭,沉降区就形成了海洋、平原、盆地。此外,地下岩浆的喷发活动,对地貌的形成和发展也有一定的影响。裂隙喷发形成的熔岩盖,覆盖面积可达数百以至数十万平方公里,厚度可达数百、数千米。内力地质作用不仅形成了地壳表面的起伏形态,而且还对外力地质作用的条件、方式和过程产生深刻的影响。如地壳上升,侵蚀、搬运等作用增强,堆积作用变弱;地壳下降,则堆积作用增强,侵蚀、搬运等作用变弱。不仅河流的侵蚀、搬运和堆积作用如此,其他外力地质作用如暂时性流水、地下水、湖、海、冰川等的地质作用亦是如此。

外力地质作用则对内力地质作用所形成的基本地貌形态,不断地雕塑、加工,使之复杂化。外力地质作用总的结果,总是不断地进行着剥蚀破坏,同时把破坏了的碎屑物质搬运堆积到由内力地质作用所造成的低地和海洋中去。因此外力地质作用的总趋势是:削高补低,力图将地表夷平。但内力地质作用不断造成地表的上升或下降会不断地改变地壳已有的平衡,从而引起各种外力地质作用的加剧;当外力地质作用把地表夷平后,也会改变地壳已有的平衡,从而又为内力地质作用产生新的地面起伏提供条件。

可见,地貌的形成和发展是内外力地质作用不断斗争的结果。由于内、外力地质作用始终处于对立统一的发展过程之中,因而在地壳表面便形成了各种各样的地貌形态。

二、地貌的分级与分类

(一) 地貌基本要素

地貌基本要素包括地形面、地形线和地形点,它们是地貌形态的最简单的几何组分,决定了地貌的形态特征。

1. 地形面

如山坡面、山顶面和平原面等,它们可以是平面,也可以是曲面或波状面。

2. 地形线

两个地形面相交构成地形线。地形线可以是直线,可以是曲线或折线。比如分水线等。

3. 地形点

两条地形线的交点,或由孤立的微地形体构成地形点。例如山脊线相交构成山峰点等。

(二)地貌形态测量特征

反映地貌形态的数量特征,即地貌形态测量特征。主要的形态测量特征有高度、坡度和地面切割程度等,这些数值必须在野外实际测定。

(三)地貌的分级

不同等级的地貌其成因不同,形成的主导因素也不同,地貌等级一般划分为下列五级。

(1)星体地貌。是把地球作为一个整体来研究,反映地球形体的总特征。

(2)巨型地貌。如大陆与海洋,大的内海及大的山系。巨型地貌几乎完全是由内力作用形成的,所以又称为大地构造地貌。

(3)大型地貌。如山脉、高原、山间盆地等,基本上也是由内力作用形成的。

(4)中型地貌。大型地貌内的次一级地貌,如河谷以及河谷之间的分水岭等。主要由外力作用造成的。内力作用产生的基本构造形态是中型地貌形成和发展的基础,而地貌的外部形态则决定于外力作用的特点。

(5)小型地貌。是中型地貌的各个组成部分,如残丘、阶地、沙丘、小的侵蚀沟等。小型地貌的形态特征,主要取决于外力地质作用,并受岩性的影响。

（四）地貌的分类

1. 地貌的形态分类

是按地貌的绝对高度、相对高度以及地面的平均坡度等形态特征进行分类。表 4-1 是山地和平原的一种常见的分类方案。

地貌的形态分类 表 4-1

形态类别		绝对高度（m）	相对高度（m）	平均坡度（°）	举例
山地	高山	>3 500	>1 000	>25	喜马拉雅山
	中山	3 500 ~ 1 000	1 000 ~ 500	10 ~ 25	庐山、大别山
	低山	1 000 ~ 500	500 ~ 200	5 ~ 10	川东平行岭谷
	丘陵	<500	<200		闽东沿海丘陵
平原	高原	>600	>200		青藏、内蒙、黄土、云贵高原
	高平原	>200			成都平原
	低平原	0 ~ 200			东北、华北、长江中下游
	洼地	低于海平面高度			吐鲁番盆地

2. 地貌的成因分类

目前还没有公认的地貌成因分类方案，根据公路工程的特点，在此只介绍以地貌形成的主导因素作为分类基础的方案，可分为内生地貌和外生地貌两大类。再根据内、外力地质作用中的不同性质，可将两大类地貌分为若干类型，如表 4-2 所示。

地貌的成因分类 表 4-2

地貌类型		成因类型	地貌形态举例
内生地貌	构造地貌	由构造运动所形成的地貌	单面山、断块山、构造平原等
	火山地貌	由火山喷发作用所形成的地貌	火山锥、熔岩盖等
外生地貌	流水地貌	由地表流水所塑造的地貌	冲沟、河谷阶地、洪积扇等
	岩溶地貌	由地下水、地表水溶蚀作用所形成的地貌	石林、溶洞等
	冰川地貌	冰川的地质作用所形成的地貌	冰斗、角峰等
	风沙地貌	风的地质作用所形成的地貌	风蚀谷、沙丘等
	重力地貌	不稳定的岩土体在重力作用下形成的地貌	崩塌、滑坡等

各种地貌类型众多，其他章节已有所涉及，这里主要介绍与公路工程关系密切的山地地貌，并简要介绍平原地貌。

第二节 山地地貌

一、山地地貌的形态要素

山地地貌的特点是它具有山顶、山坡、山脚等明显的形态要素。

山顶是山岭地貌的最高部分。山顶呈长条状延伸时叫山脊，山脊高程较低的鞍部称为垭口。山顶的形状与岩性和地质构造等条件有着密切关系。一般来说，山体岩性坚硬，岩层倾斜或因受冰川的刨蚀,多呈尖顶[图4-1a)];在气候湿热、风化作用强烈的花岗岩及其他松软岩石分布地区,多呈圆顶[图4-1b)];在水平岩层或古夷平面分布地区,则多呈平顶[图4-1c)]。

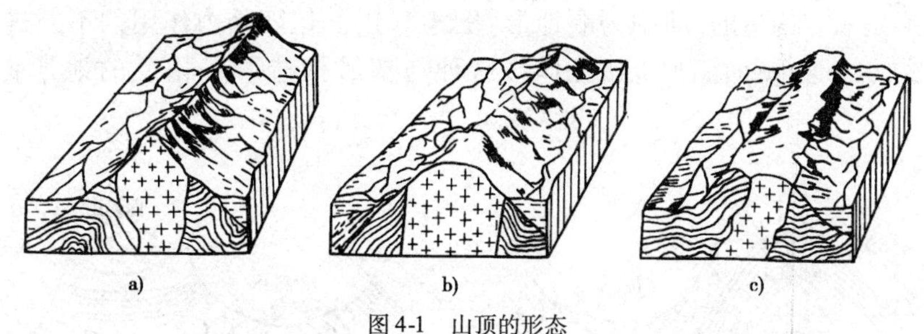

图4-1 山顶的形态

a)尖顶;b)圆顶;c)平顶

山坡是山地地貌的重要组成部分。山坡有直线形、凹形、凸形以及复合形等各种类型,这取决于新构造运动、岩性、岩体结构以及坡面剥蚀和堆积的演化过程等因素。

山脚是山坡与周围平地的交接处。山脚地貌带通常有一个起着缓坡作用的过渡地带(图4-2),它主要由一些坡积裙、冲积扇、洪积扇以及岩堆、滑坡堆积体等流水堆积地貌和重力堆积地貌组成。

图4-2 山前缓坡过渡地带

二、山地地貌的类型

(一)形态分类

山地地貌最突出的特点,是具有一定的海拔高度、相对高度和坡度,故其形态分类一般多是根据这些特点进行划分的(表4-1)。

(二)成因分类

根据前面所讲的地貌成因分类方案,山地地貌的成因类型可划分如下。

1. 构造变动形成的山地

1)单面山

由单斜岩层构成的沿岩层走向延伸的一种山地。单面山的两坡一般不对称,与岩层倾向相反的一坡短而陡,称为前坡。它多是由外力的剥蚀作用所形成;与岩层倾向一致的一坡长而缓,称后坡。若岩层倾角超过40°,则两坡的坡度和长度均相差不大,其所形成的山岭外形很像猪背,所以又称猪背岭。

单面山的前坡,由于地形陡峻,若岩层裂隙发育,风化强烈,则易发生崩塌,且其坡脚常分布有较厚的坡积物和倒石堆,稳定性差,故对布设线路不利。后坡由于山坡平缓,坡积物较薄,所以常是布设线路的理想部位。但在岩层倾角大的后坡上深挖路堑时,应注意边坡的稳定问题。因为开挖路堑后与岩层倾向一致的一侧,会因坡脚开挖而失去支撑,尤其是当地下水沿着其中的软弱岩层渗透时,易产生顺层滑坡。

2）褶皱山

是由褶皱岩层所构成的一种山地。在褶皱形成的初期，往往是背斜形成高地，向斜形成凹地，这样的地形是顺应构造的，即称为顺地形［图4-3a）］。但随外力作用的不断进行，背斜因长期剥蚀而形成谷地，而向斜则形成山岭，这种与褶皱构造形态相反的地形称为逆地形［图4-3b）］。

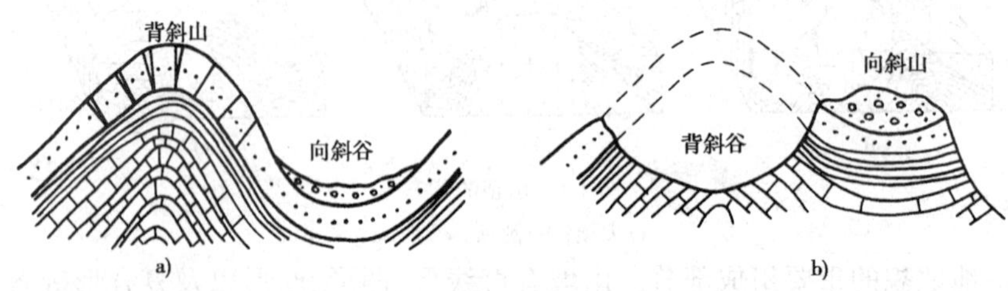

图4-3　顺地形和逆地形

a）顺地形；b）逆地形

3）断块山

是由断裂变动所形成的山地。它可能只在一侧有断裂，也可能两侧均由断裂所控制（图4-4）。

4）褶皱断块山

上述山地都是由单一的构造形态所形成，但在更多情况下，山地常常是由它们的组合形态所构成，由褶皱和断裂构造的组合形态构成的山地，称为褶皱断块山。

2. 火山作用形成的山地

火山作用形成的山地，常见有锥状火山和盾状火山。锥状火山是多次火山活动造成的，其熔岩黏性较大，流动性小，冷却后便在火山口附近形成坡度较大的锥状外形。盾状火山则是由黏性较小、流动性大的熔岩冷凝形成，所以其外形呈基部较大、坡度较小的盾状。如日本的富士山就是锥状火山，高达3 758m；大同的马蹄山为盾状火山等。

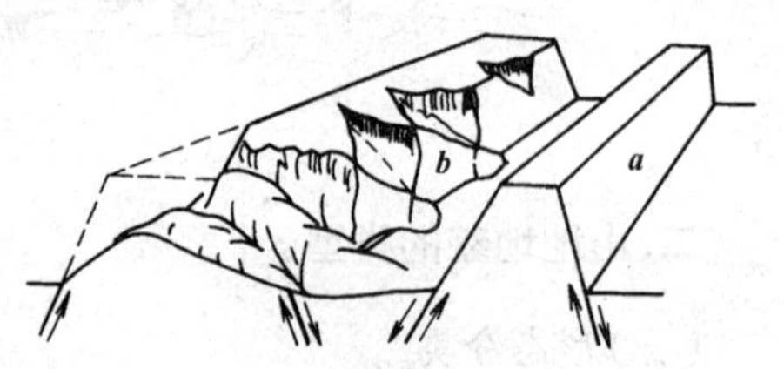

图4-4　断块山

a-断层面；*b*-断层三角面

3. 剥蚀作用形成的山地

是指在山体地质构造的基础上，经长期外力（流水、冰川、岩溶等）剥蚀作用所形成的山地。这类山地的形态特征主要决定于山体的岩性、外力的性质以及剥蚀作用的强度和规模。如地表流水侵蚀作用所形成的河间分水岭；冰川刨蚀作用所形成的刃脊、角峰；地下水溶蚀作用所形成的峰丛、石林等。

三、垭口与山坡

在山区公路勘测中，常遇到选择过岭垭口和展线山坡的问题，在此专门对它们进行一些讨论。

（一）垭口

山岭垭口是在山地地质构造的基础上经外力剥蚀作用而形成的。山地的岩性、地质构造和外力作用的性质、强度决定了垭口特点及其工程地质条件。根据垭口形成的主导因素，可以将垭口归纳为以下三种基本类型。

1. 构造型垭口

是由构造破碎带或软弱岩层经外力剥蚀作用而形成的；常见的有下列三种。

（1）断层破碎带型垭口（图 4-5）。该垭口的工程地质条件较差，由于岩体破碎严重，不宜采用隧道方案，如采用路堑，也需控制开挖深度或考虑边坡防护，以防止边坡发生崩塌。

（2）背斜张裂带型垭口（图 4-6）。这种垭口虽然构造裂隙发育，岩层破碎，但工程地质条件较断层破碎带型为好，这是因为两侧岩层外倾，有利于排除地下水，有利于边坡稳定，一般可采用较陡的边坡坡度。

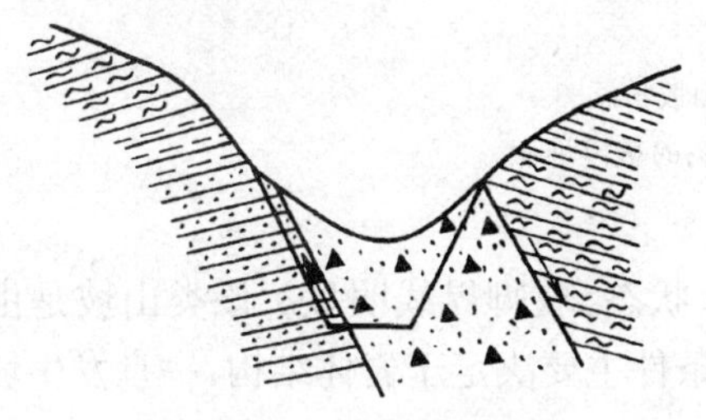

图 4-5　断层破碎带型垭口

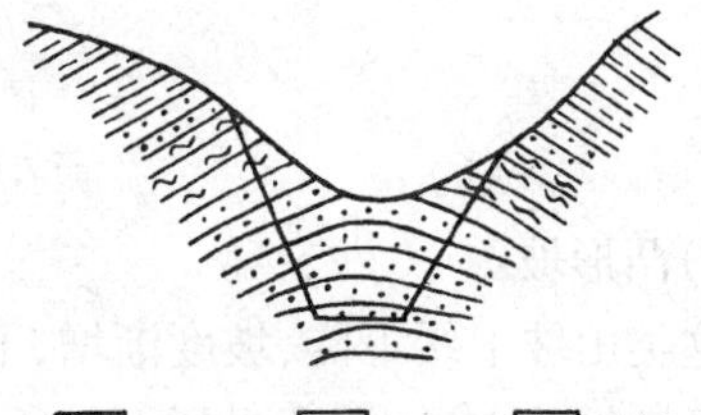

图 4-6　背斜张裂带型垭口

（3）单斜软弱层型垭口（图 4-7）。该垭口主要由页岩、千枚岩等易于风化的软弱岩层构成。两侧边坡多不对称，一坡岩层外倾可略陡一些。由于岩性松软，风化严重，稳定性差，所以不宜深挖，否则须放缓边坡并采取防护措施。

2. 剥蚀型垭口

是指以外力强烈剥蚀为主导因素所形成的垭口，其形态特征与山体地质结构无明显联系。其特点是松散覆盖层很薄，基岩多半裸露。垭口的肥瘦和形态特点主要取决于岩性、气候以及外力的切割程度等因素。由灰岩等构成的溶蚀性垭口也属此类，在开挖路堑或隧道时需注意溶洞等的不利影响。

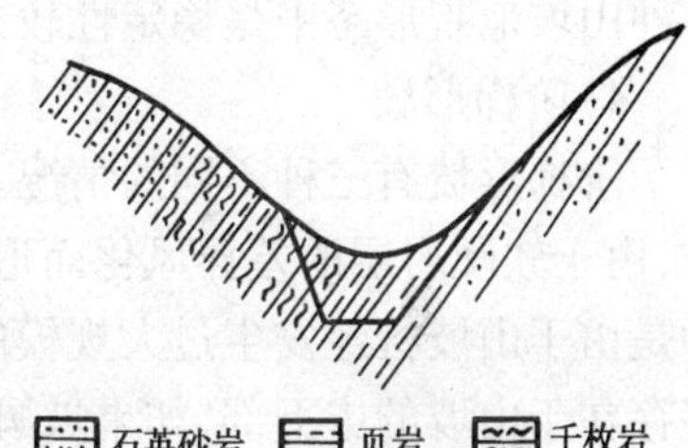

图 4-7　单斜软弱型垭口

3. 剥蚀—堆积型垭口

是指在山体地质结构的基础上，以剥蚀和堆积作用为主导因素所形成的垭口。其开挖后的稳定条件主要决定于堆积层的地质特征和水文地质条件。这类垭口外形浑缓，垭口宽厚，松散堆积层的厚度较大，有时还发育有湿地或高地沼泽，水文地质条件较差，故不宜降低过岭高程，通常多以低填或浅挖的断面形式通过。

（二）山坡

山坡是组成山地的三要素之一，不论越岭线还是山坡线，路线的绝大部分都设在山坡或靠近岭顶的斜坡上的。所以在路线勘测中总是把越岭垭口和展线山坡作为一个整体来考虑的。

山坡的外形包括山坡的高度、坡度及纵向轮廓等。山坡的外部形态是各种各样的，根据山坡的纵向轮廓和山坡的坡度，将山坡简略地概括为下面几种类型。

1. 按山坡的形状轮廓分类

1）直线形坡

野外见到的直线形山坡，概括起来有三种情况，如图 4-8 所示。一种是山坡岩性单一，经长期地强烈冲刷剥蚀，形成纵向轮廓比较均匀的直线形山坡，此山坡的稳定性一般较高。另一种是由单斜岩层构成的直线形山坡，这种山坡在讲单面山时曾指出过，有利于布设线路，但开挖路基后遇到的都是顺倾向边坡，在不利的岩性和水文地质条件下，很容易发生大规模的顺层滑坡。第三种情况是由于山体岩性松软或岩体相当破碎,在气候干燥寒冷、物理风化强烈的条件下,经长期剥蚀碎落和坡面堆积而形成的直线形山坡,这种山坡稳定性最差。

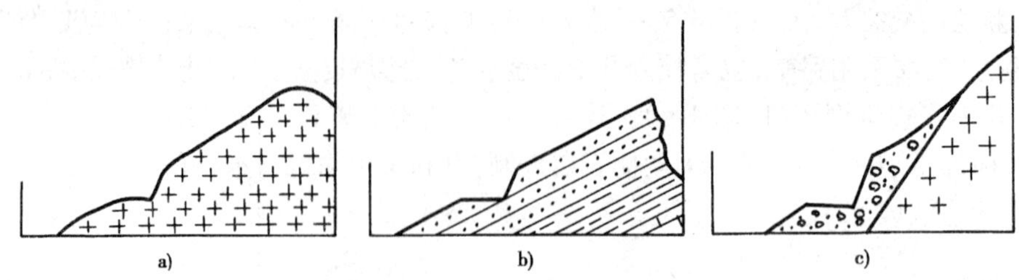

图 4-8 几种直线形山坡示意图

a)岩性均一;b)单斜构造;c)破碎堆积

2)凸形坡

这类山坡上缓下陡,坡度渐增,下部甚至呈直立状态,坡脚界线明显。该类山坡是由于新构造运动加速上升,河流强烈下切所造成。其稳定条件主要决定于岩体结构,一旦发生坡体变形破坏,则会形成大规模的崩塌或滑坡。

3)凹形坡

这类山坡上陡下缓,下部急剧变缓,坡脚界线很不明显,山坡的凹形曲线可能是新构造运动的减速上升所造成,也可能是山坡上部的破坏作用与山麓风化产物的堆积作用相结合的结果。而凹形坡面往往就是古滑坡的滑动面或崩塌体的依附面。经有关资料统计,凹形山坡在各种山坡地貌形态中是稳定性较差的一种。

4)阶梯形坡

阶梯形坡有三种不同的情况。一种是由软硬不同的水平岩层或微倾斜岩层组成的基岩山坡,由于软硬岩层的差异风化而形成阶梯状的山坡外形,这种山坡的稳定性一般比较高。另一种是由于山坡曾经发生过大规模的滑坡变形,由滑坡台阶组成的次生阶梯状斜坡。这种斜坡多存在于山坡的中下部,如果坡脚受到强烈冲刷或不合理的切坡,或者受到地震的影响,可能引起古滑坡复活,威胁建筑物的稳定。第三种是有河流阶地组成的,其工程地质性质在河流地质作用中已经介绍过,这里不再重述。

2. 按山坡的纵向坡度分类

按山坡的纵向坡度,坡度小于15°的为微坡;介于16°~30°之间的为缓坡;介于31°~70°的为陡坡;山坡坡度大于70°的为垂直坡。

从路线角度来讲,山坡稳定性高,坡度平缓,对布设路线是有利的。特别对越岭线的展线山坡,坡度平缓不仅便于展线回头,而且可以拉大上下线间的水平距离,既有利于路基稳定,又可减少施工时的干扰。但平缓山坡特别是在山坡的一些坳洼部分,一则通常有厚度较大的坡积物和其他重力堆积物分布,再则坡面径流易在这里汇聚,当这些堆积物与下伏基岩的接触面因开挖而被揭露后,遇到不良水文情况,很易引起堆积物沿基岩顶面发生滑动。

第三节 平 原 地 貌

平原也是大型地貌的基本形态之一,与大地构造单元紧密相关。它是在地壳升降运动微弱或长期稳定的条件下,经长期外力作用的夷平或补偿沉积而形成的。其特点是:地势开阔平缓,地面起伏不大。

按高程，平原可分为高原、高平原、低平原和洼地(表4-1)。

按成因，平原可分为构造平原、剥蚀平原和堆积平原，详细介绍如下。

一、构造平原

此类平原主要是由地壳构造运动所形成，其特点是地形面与岩层面一致，堆积物厚度不大。构造平原又分为海成平原和大陆拗曲平原，前者是由地壳缓慢上升海水不断后退所形成，其地形面与岩层面一致，上覆堆积物多为泥沙和淤泥，并与下伏基岩一起微向海洋倾斜；后者是由地壳沉降使岩层发生拗曲所形成，岩层倾角较大，平原面呈凹状或凸状，其上覆堆积物多与下伏基岩有关。由于基岩埋藏不深，所以构造平原的地下水一般埋藏较浅。在干旱或半干旱地区若排水不畅，易形成盐渍化，在多雨的冰冻地区则易造成道路的冻胀和翻浆。

二、剥蚀平原

这类平原是在地壳上升微弱的条件下，经外力的长期剥蚀夷平所形成，其特点是地形面与岩层面不一致，上覆堆积物常常很薄，基岩常裸露地表，只是在低洼地段有时才覆盖有厚度稍大的残积物、坡积物、洪积物等。按外力剥蚀作用的动力性质不同，剥蚀平原又可分为河成剥蚀平原、海成剥蚀平原、风力剥蚀平原和冰川剥蚀平原等，其中前两种最常见。河成剥蚀平原是由河流长期侵蚀作用所造成的侵蚀平原，也称准平原，其地形起伏较大，并向河流上游逐渐升高，有时在一些地方则保留有残丘，如山东泰山外围的平原。海成剥蚀平原是由海洋的海蚀作用所造成，其地形一般极为平缓，微向现代海平面倾斜。

三、堆积平原

这类平原是由于地壳长期缓慢而稳定的下降运动，使地面不断地接受了各种不同成因的堆积物，补偿了下沉而形成的。实质上，堆积平原是局部地壳下降运动和堆积作用的综合产物。由于堆积作用占优势，所以地形开阔平缓，起伏不大，往往分布着厚度很大的松散堆积物。如华北平原和成都平原为洪积、冲积及冰水沉积等作用形成的复合式堆积平原。

堆积平原按堆积物成因不同，可将堆积平原分为：洪积平原、冲积平原、湖积平原、海积平原、风积平原和冰碛平原等。现就流水地质作用的冲积、洪积和淤积等堆积平原作简要描述。

1. 河流冲积平原

是由河流改道及多条河流共同沉积所形成。它大多分布于河流的中、下游地带，因为这些地带河床往往很宽，堆积作用很强，且地面平坦，排水不畅。每当雨季，洪水易于泛滥，其所携带的大量碎屑物质便堆积在河床两岸，形成天然堤。当河水继续向河床以外广大面积淹没时，流速锐减，堆积面积越来越大，堆积物也逐渐变细，久而久之，便形成了广阔的冲积平原。

冲积平原的冲积层厚度大，一般可达几十米，有的可达数百米，如长江中下游冲积层达300m以上。

河流冲积平原地形开阔平坦，为工程建设提供了良好条件，对公路选线十分有利。但其下伏基岩往往埋藏较深，第四纪堆积物很厚；且地下水一般埋藏较浅，地基土的承载力较低，在冰冻潮湿地区道路的冻胀翻浆问题比较突出。还应注意，为避免洪水淹没，路线应设在地形较高处，而在淤泥层分布地段，还应注意其对路基、桥基的强度和稳定性的影响。

2. 山前洪积冲积平原

其成因及洪积冲积特征，在上一章中已经详细介绍，这里不再重复。

3. 湖积平原

是由河流注入湖泊时，将所挟带的泥沙堆积湖底使湖底逐渐淤高，湖水溢出后干涸所形成，地形十分平坦。湖积平原的堆积物，由于是在静水条件下形成的，因此淤泥和泥炭的含量较多，其总厚度一般也较大。其中往往夹有多层呈水平层理的薄层细砂或黏土，很少见到圆砾或卵石，且土颗粒由湖岸向湖心逐渐由粗变细。

湖泊平原地下水一般埋置较浅。其沉积物由于富含淤泥和泥炭，常具可塑性和流动性，孔隙度大，压缩性高，所以承载力很低。

4. 三角洲平原

在河流入海的河口地区，河流所挟带的碎屑、泥沙、淤泥等大量堆积而形成的平原，称为三角洲平原。泥沙在河口堆积，先是一个个的沙滩，然后逐渐露出水面称为沙洲，各个沙洲缓慢连成一片，成为三角形平地，并继续向外扩大。我国的长江三角洲就是这样形成的，至今还在向海洋延伸。此种沉积物含水率高，承载力低。

第四节　第四纪地质

第四纪是地球发展历史最近的一个时期，它包括更新世和全新世。地球发展历史有45亿年以上，而第四纪却非常短促，至今约200万年左右。但在第四纪时期内，地球上进行着各种地质作用，显著的气候波动，人类的发展，哺乳动物的兴盛等等，不仅与人类的过去，而且与人类的现在和将来都有着直接的关系。任何一种外力地质作用，在塑造地貌形态的同时，也形成第四纪沉积物。因此，在研究地貌的同时，必须研究有关的第四纪沉积物。第四纪松散沉积物也是地下水主要赋存场所，人类的工程活动对第四纪自然地理条件的变化起着重要影响。因此，研究第四纪沉积物的类型和特征，对人类合理地开发地质环境，使工程活动和地质环境协调发展，都是极其重要的。

一、第四纪地层的主要特征

一般把第四纪地层称为沉积物或沉积层。例如，河流地质作用形成的“冲积物”或“冲积层”；风化作用形成的“残积物”或“残积层”；洪流作用形成的“洪积物”或“洪积层”等。第四纪沉积物可分为陆相沉积物和海相沉积物，陆相沉积物类型复杂多样，而海相沉积物类型比较简单。

1. 第四纪陆相沉积物的一般特征

(1)第四纪陆相沉积物形成时间短，或正处在形成之中，普遍呈松散或半固结状态，易于发生流动和破坏，对工程建筑产生不良影响。

(2)第四纪陆相沉积分布于地表，直接受到阳光、大气和水的影响，易于受物理风化和化学风化，故可通过研究第四纪沉积物风化程度的方法，来研究第四纪地层划分。

(3)第四纪陆相沉积物分布于起伏不平的地表，处于不同气候带，受到各种地质营力影响，故其成因复杂，岩性、岩相、厚度变化大。

(4)第四纪陆相沉积物，各种粒径的比例变化范围较大，多为砂砾层、砾质砂土、砂质黏土、含泥质碎石和碎石土块等混合碎屑层岩类；第四纪有机物有泥炭、有机质淤泥和有机质碎屑沉积物。

2. 第四纪海相沉积物的一般特征

海洋随深度和地貌条件不同，其动力条件、压力、光照和含氧量均不相同，第四纪海相沉积物亦有很大区别。根据海洋地貌和动力条件，第四纪海洋沉积可分为近岸沉积、大陆架沉积和深海沉积。

(1)近岸沉积。分布于从海岸到海底受波浪作用显著的水下岸坡部分。岩石海岸沉积带宽仅数十米，泥岸可达数十公里。由于近岸动力多样性，形成的沉积物成分复杂，有砾石、砂、淤泥、泥炭和生物贝壳等，碎屑物主要来自于陆地。砂质沉积是近岸沉积中分布最广泛的一种，由于海岸砂受到波浪影响，具有很高的移动性，常分选堆积成有价值的砂质体，如石英砂等。

(2)大陆架沉积。大陆架范围内有粗粒沉积、砂质沉积和淤泥质沉积。粗粒碎屑沉积主要来源于水下岸坡破坏、河流和冰川搬运物质；砂质沉积主要是河流挟入物，在河流入海处最发育；淤泥质沉积分布极广，离岸 200 ~ 300km 内都有陆源碎屑淤泥质分布，在大河口则可分布到 400 ~ 600km 远。淤泥质沉积中常含有机质、硫化铁、氧化锰和绿泥石，呈现不同颜色。

(3)深海沉积。深海由于水深、低温、压力大，大型软体生物很少，河流挟入物达不到，故其沉积以浮游性动植物钙质或硅质沉积为主，其次为火山灰沉积、化学沉积(锰结核等)和局部的浮冰碎屑沉积。深海沉积缓慢，故深海第四纪沉积物厚度不大。

3. 第四纪陆相沉积层的常见成因类型

第四纪陆相沉积物按成因大致可分为残积物、坡积物、冲积物、洪积物、湖积物、风积物、有机质和泥炭沉积物、混合沉积物等几种类型。

1)残积层(Q^{el})

残积层是岩石风化后就地堆积的松散物。其特点是：位于基岩风化壳上部，向下则渐变为半风化的半坚硬的岩石，其成分、颜色等都和下伏基岩没有明显界限，是逐渐过渡变化的。基岩的成分影响着残积层的成分和工程地质性质。岩浆岩多含长石等硅酸盐矿物等，经化学风化后，残积层含多量黏土矿物，而形成砂黏土或黏土；如含多量的石英，则成为黏质砂土或砂土。沉积岩风化后，如细砂岩风化后还是细砂土，黏土页岩风化后仍为黏土，砾岩风化产物为砾石。

在工程实践中，残积层很少用来作为建筑物的地基。但是山区路线往往通过风化严重的岩石山坡，由于开挖路堑，会引起边坡的不稳。一般来说，残积层的工程地质性质较差，勘察中要了解它的厚度及物理力学性质等。

2)坡积层(Q^{dl})

坡积层是由于水和重力的作用将山坡的碎屑物质搬运或崩塌在斜坡下部较低洼地带堆积而形成的。其特点是：稍具分选，一般从坡顶到坡脚颗粒有逐渐变细的规律；颗粒具有棱角，岩体松散。由重力作用所形成的崩塌式的坡积物堆积在陡坡下，称为崩积物(Q^{col})。

坡积层由于所处的自然环境不同，其厚度、物质成分和结构变化很大，因而其工程地质性质变化也大。一般说来，常具有较高的空隙率，较大的压缩性，透水性较小，抗剪强度较低等。同时坡积层易于沿斜坡发生滑动，尤其是在坡积物中开挖路堑和基坑时，常常导致滑坡。当路线通过坡积层时，应查明其厚度及物理力学性质，正确评价建筑物的稳定性。

3)洪积物(Q^{pl})

山区暴雨后洪水携带碎屑物质堆积在山间河谷或山前平原地带，称洪积物。常发育在干旱、半干旱地区，往往在山间河谷形成洪积扇，并与坡积物、冲积物交互沉积在一起，形成山麓的坡积洪积裙和山前洪积冲积平原。洪积物的颗粒组成在近山区地带为粗碎屑土，而远处则为细碎屑土和黏性土，分选性和磨圆性都比较差。洪积物的工程地质性质与所处的部位有关，近山口的粗碎屑土的空隙率和透水性都很大，压缩性小，承载力大；而远离山口的细碎屑土和黏性土，它的透水性小，压缩性大。

4）冲积层（Q^{al}）

冲积物是由河流所挟带的物质沉积下来的。山区河谷中只发育单层砾石结构的河床相沉积，而山间盆地和宽谷中有河漫滩相沉积，有斜层理的出现，厚度不大，一般不超过10～15m，多与崩塌堆积物交错混合。

平原河流具有河床相、河漫滩相和牛轭湖相沉积。正常的河床相沉积的结构是：底部河槽被冲刷后，底部由厚度不大的块石、粗砾组成；其上是由粗砂、卵石土组成的透镜体；上面为分选较好的具斜层理与交错层理、由砂或砾石组成的浅滩沉积。河漫滩沉积的主要特征是上部的细砂和黏性土与下部河床相沉积组成二元结构，具有层理构造。牛轭湖相沉积是由少量黏性土和淤泥组成的，含有有机质，呈暗灰色、黑色等，具有水平层理和斜层理构造。冲积物的性质视具体情况而定，河床相沉积物是粗颗粒，具有很大的透水性，也是良好的建筑材料；当其为细砂时，饱和后在开挖基坑时往往会发生流沙现象，应特别注意。河漫滩相沉积物一般为细碎屑土和黏性土，结构较为紧密，形成阶地，大多分布在冲积平原的表层，成为各种建筑物的地基，我国不少大城市，如武汉、上海、天津等都位于河漫滩沉积物之上。牛轭湖相的沉积物因含多量的有机质，有的甚至成泥炭，故压缩性大，承载力小，不宜作为建筑物的地基。

5）湖积物（Q^{l}）

湖积物是湖水中沉积的物质。湖泊沉积物主要指沼泽沉积层中的残余堆积腐朽植物、分解程度不同的泥炭、淤泥和淤泥质土，以及部分黏性土和细砂。它们具有不规则的层理，泥炭的有机质含量达60%以上。

淤泥是一种工程性质很差的土，天然含水率常高于液限，在自然界中可保持潜液态；孔隙比为1.0～2.0左右，内摩擦角为0°～5°，内聚力为0.000 2～0.015MPa；干燥时体积收缩可达50%～90%，压缩性大，具有触变性。当它的结构受到破坏时，力学强度突然降低，使建筑物毁坏，故不适宜直接作为建筑物的地基。

6）风积层（Q^{eol}）

风积层如风成沙、风成黄土、沙漠等，它们经过风的搬运而沉积下来的堆积物。其成分由沙和粉粒组成。其岩性松散，一般分选性好，空隙度高，活动性强。通常不具层理，其工程性质较差。

7）其他类型

陆相沉积物还有冰碛物（Q^{gl}）、冰水堆积物（Q^{fgl}）、冰湖堆积物（Q^{lgl}）等。

二、中国第四纪地层的特征

我国第四纪沉积分布广泛，沉积类型多样，发育齐全，富含生物化石、人类化石等，是全世界第四纪研究程度最高的地区之一。

1. 岩相—沉积类型的复杂性

如前所述，第四纪地层的岩相基本类型可分为海相和陆相（有时又分出海陆交互相）。我国第四纪海相沉积主要分布在东南部，如台湾、海南岛、沿海一带及距海一定范围的大陆地区。

第四纪陆相沉积除受地质构造及古地理条件影响外，古气候的影响也特别明显。我国第四纪陆相沉积可分为下列几种类型。

(1)湖相沉积。在更新世,我国湖泊面积比现在大,湖相沉积分布范围相当广泛。如山西、河南、河北、内蒙古、云南等地区,均有更新世湖相地层。

(2)洞穴—裂隙堆积。我国华北、华南皆有分布。在华南更新世各时期皆有这种堆积,而在华北主要分布在太行山及北京西山地区,且时代主要是中更新世,也有少数是早、晚更新世。

(3)河流及洪流堆积。我国的南方及西北各省区均有分布。在南方,如长江、珠江流域,早、中更新世的河流相砾石堆积分布很广。在西北的山区,如祁连山、天山等山麓地带,洪积相砾石堆积也很广,且厚度大,一般在数百米甚至达千余米。

(4)土状堆积。土状堆积是指黄土及红色土堆积。如黄土堆积主要分布在黄河流域的广大地区内,其成因十分复杂,有洪积的、坡积的、坡—洪积的、风积的、残积的、残—坡积的等,在山麓地带,土状堆积的底部常有冲积砂砾层。

(5)冰川堆积。更新世的冰川堆积,在长江中下游(如庐山等)及其他高山地区皆有分布;近代的冰川堆积主要分布在西部的高山高原地区。

(6)火山堆积。我国的华北和东北地区,更新世初期及晚期火山喷出的玄武岩,台湾和云南更新世火山喷出的玄武岩和安山岩,都属于这一类型。

2. 沉积物分布的分带性

第四纪沉积物具有明显的带状分布,带状分布主要受气候条件和地貌条件的影响。我国西北部,第四纪堆积物的空间分布表现出很严格的地带性。在山地主要为冰碛物和冰缘沉积;在山麓则长期进行冰水沉积和洪积,并向内陆盆地方向过渡为洪积—冲积物、黄土状沉积物;在内陆盆地中心则以风成堆积为主,并有局部的盐湖、盐沼化学沉积。例如,塔里木盆地及其周围山地,由山地至盆地中心可分为四个带:山地冰碛及冰缘沉积带;山麓坡积及洪积带;洪积冲积带;盆地内风成、湖泊及盐类化学沉积带。

我国南部,第四纪洞穴—裂隙堆积物在时间上分带性十分明显。如广西早更新世的"巨猿"洞穴堆积高出地面约 90m,中—晚更新世的洞穴堆积高出地面 35 ~ 40m,近代洞穴堆积在地面以下。

随着气候带的不同,我国自北向南,沉积物呈纬向的带状分布。寒带的冻土、温带的黑土、暖温带的黄土及红色土、亚热带和热带的红土。随着距海的远近、气候由干变湿,我国自西向东,沉积物呈经向的带状分布。这在我国北部表现明显:干旱区的戈壁和风成砂、半干旱区的黄土、潮湿区的冲积物、沿海的海相堆积。

3. 人类发展的阶段性

第四纪时间虽短,但它是地球上生物进化最伟大的时期。生物的不断演化,终于导致了人类的出现,这是第四纪生物发展历史上的一个重大飞跃。我国发现大量的人类化石,是我国第四纪地层的一大特征。这些各个不同阶段的人类化石体现了人类演化的四个阶段:古猿、猿人、古人和新人。因此,人类化石在确定第四纪地质年代上具有重要意义。

本章小结

本章介绍了地貌的形成、发展、分类、分级,第四纪地质概况,第四纪沉积物成因类型及其工程地质特征。

1. 地貌是由于内、外力地质作用的长期进行,在地壳表面形成的各种不同成因、不同类型、不同规模的起伏形态。在不同的地貌单元布设路线时，需要重点调查其形成原因和地貌形态特点，才能对其工程地质条件作出正确的评价。

2. 山地地貌具有山顶、山坡、山脚等明显的形态要素。在山区公路勘测中，常遇到选择过岭垭口和展线山坡的问题，对于越岭的公路路线若能寻找到合适的垭口，可以降低公路高程和减少展现工程量，一般情况下，剥蚀型垭口的工程地质条件较好。山坡形态对越岭公路线的展布影响也很大，山体稳定性高、坡度平缓的山坡，不仅便于展线回头，而且可以拉大上下线间的水平距离，既有利于路基稳定，又可减少施工时的干扰。

3. 平原地貌按成因可分为构造平原、剥蚀平原和堆积平原。平原地貌一般工程地质条件比较好，对公路建设而言，关注的重点是路基的最小高度和水文地质条件。

4. 第四纪是地质年代中新近的一个纪。第四纪的下限一般定位248 万年。第四纪分为更新世和全新世。

第四纪沉积物是由地壳的岩石风化后，在风、地表流水、湖泊、海洋等地质作用下形成的。其形成历史不长，是一种松散的堆积物。由于沉积环境比较复杂，沉积物的性质、结构、厚度在水平方向或垂直方向都具有很大的差异性。

第四纪沉积物是这一时期古环境信息的主要载体，是研究第四纪古环境的物质基础。第四纪常见沉积物类型有残积物、坡积物、冲积物、洪积物、湖积物、风积物、有机质和泥炭沉积物、混合沉积物等。

复习思考题

1. 简述地貌类型的划分。
2. 分析各种山地地貌与公路布线的关系。
3. 常见的垭口有几种类型，试从工程地质条件方面作出评价。
4. 山坡按纵向轮廓分几种类型？并分析其与公路布线的关系。
5. 堆积平原有几种成因类型？各种堆积平原在公路布线时应注意什么问题？
6. 第四纪堆积物的主要成因类型有哪几种？各有什么特点？
7. 简述坡积土、洪积土和冲积土的形成和主要特征。

第二篇　工程地质分析

第五章　岩体边坡稳定性分析

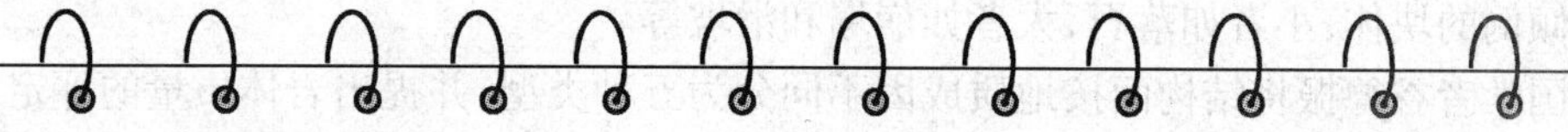

教学要求

1. 描述岩体、结构面、结构体和岩体结构的概念。
2. 说明结构面的主要类型及特征。
3. 描述岩体结构的主要类型及其特征。
4. 熟悉岩体边坡破坏类型及影响因素。
5. 说明岩体边坡稳定性分析方法。

学习建议

结构面要结合成因来理解和掌握,岩体边坡稳定性分析方法的学习结合不良地质现象部分来完成。

岩体是在漫长的地质历史过程中形成的,具有一定的结构特征,并与工程建筑有关的天然地质体。岩体由一种或多种岩石组成,甚至可以是不同成因岩石的组合体,并在其形成过程中经受了构造变动、风化等各种内外力地质作用的破坏与改造。因此,岩体被层面、节理、断层、片理面等各种地质界面所切割,使其成为具有一定结构的多裂隙体。把切割岩体的这些地质界面称为结构面。

岩体的多裂隙性特点决定了岩体与岩石(单一岩块)的工程地质性质有明显不同。两者最根本的区别,就是岩体中的岩石被各种结构面所切割。这些结构面的强度与岩石相比要低得多,并且破坏了岩石的连续性和完整性。岩体的工程性质首先取决于这些结构面的性质,其次才是组成岩体的岩石性质。因此,在工程实践中,研究岩体的特征比研究单一岩块的特征更为重要。

第一节　岩 体 结 构

在岩体的变形和破坏中,起主导作用的是岩体结构。同时,通过对岩体结构的分析,又可以为力学分析和对比分析提供边界条件。岩体结构指岩体中结构面和结构体两个要素的组合特征。岩体中各种地质界面包括物质分界面、断裂面、软弱夹层和溶蚀面，规模大者如断层带，小者如节理统称为结构面。结构体是由不同产状的结构面组合起来，将岩体切割成各种形状的单元块体。结构面和结构体是一个问题的两个侧面，它们的特性决定岩体的不均一和不连续性，因此岩体可看为受结构面切割的结构体的组合。大部分岩体因工程施工、风化作用和环境应力的改变，会发生整体的积累变形和破坏，主要是结构体沿着结构面的剪切滑移、拉裂、倾倒。所以研究岩体的关键在于研究岩体结构，其重点在于分析结构面。

一、结构面

(一)结构面的类型及特征

岩体中的结构面是在各种不同的地质作用下生成和发展的，具有一定方向、力学强度相对(上下岩层)较低、双向延伸(或具一定厚度)的地质界面(或带)。结构面不仅是岩体力学分析的边界，控制着岩体的破坏方式；而且由于其空间的分布和组合，在一定的条件下将形成可滑移或倾倒的块体，小者如落石，大者如崩塌和滑坡等。

我国学者谷德振将结构面按地质成因不同分为五种类型，并提出岩体质量的评定方法，结构面的地质类型和主要特征见表5-1。

岩体结构面类型及其特征 表5-1

成因类型		地质类型	主要特征			工程地质评价
			产状	分布	性质	
原生结构面	沉积结构面	1.层理层面 2.软弱夹层 3.假不整合面 4.不整合面 5.沉积间断面	一般与岩层产状一致，为层间结构面	在海相岩层中此类结构面分布稳定，在陆相岩层中呈交错状，易尖灭	层面、软弱夹层等结构面较为平整；第3、4结构面多由碎屑、泥质物构成，起伏粗糙不平整	含泥质炭质等软弱结构，易受构造及次生影响恶化，造成滑坡等病害
原生结构面	火成结构面	1.侵入岩与围岩接触界面 2.岩脉、岩墙接触面 3.原生冷凝节理 4.岩浆喷溢时形成的软弱面	岩脉受构造结构面控制，而原生节理受岩体接触面控制	接触面延伸较远，比较稳定，而原生节理往往短小密集	接触可具熔合及破坏两种不同的特征；原生节理一般张裂而较粗糙不平	一般不造成大规模的岩体破坏，但与构造断裂配合，也可形成岩体滑移
原生结构面	变质结构面	1.片理 2.片岩软弱夹层	产状与岩层或构造线方向一致	片理短小，分布极密，片岩软夹层延展较远，较固定	结构面光滑、平直，片理在岩体深部往往闭合成隐蔽结构面；片岩软弱夹层含片状矿物，鳞片状；遇水滑润	在变质较浅的沉积变质岩(如千枚岩)的堑坡常见塌方，片岩中软弱夹层，对稳定性影响大
构造结构面		1.构造节理 2.断层 3.层间错动面 4.破碎带	产状与构造线呈一定关系，层间错动与岩层一致	张性断裂较短小剪切断裂延展较远；压性断裂(如断层)规模巨大，但有时横断层切割成不连续	张性断裂不平直，呈锯齿状，常具次生充填。剪切断裂较平直，具羽状裂隙，压性断裂具多种构造岩，呈带分布，往往含断层泥糜棱岩	对岩体稳定性影响很大，在许多岩体破坏过程中大都有构造结构面的配合作用

续上表

成因类型	地质类型	主要特征			工程地质评价
		产状	分布	性质	
次生结构面	1. 卸荷裂隙 2. 风化裂隙 3. 风化夹层 4. 泥化夹层 5. 次生泥层 6. 溶蚀面 7. 爆破松动带	受地形及原结构面控制	分布上远区呈不连状,透镜体,延展性差,主要在地表风化带内发育	一般为泥质物充填,水理性很差	常在山坡及堑坡上造成崩塌、滑坡等病害

1. 原生结构面

原生结构面指在岩体成岩过程中形成的结构面。

1)火成结构面

火成岩的原生结构面是在岩浆侵入、喷溢和冷凝过程中形成的。包括大型岩浆岩边缘的流层流线,与围岩的接触面、软弱的蚀变带、挤压破碎带、岩体冷凝时产生的张节理等。接近地表的这些结构面,经风化后往往形成软弱结构面,或为泥质物所充填。

2)沉积结构面

沉积结构面是在沉积成岩过程中所形成的物质分界面,包括反映沉积间歇性的层面和层理;显示沉积有间断的不整合面和假整合面;由于岩性变化形成的原生软弱夹层,如坚硬石灰岩中夹泥灰岩、炭质页岩,在坚硬的砂、砾岩中夹页岩、泥岩等,后期因风化和地下水的作用以及构造变动等易形成泥化夹层。这些对工程岩体稳定性威胁很大,应予特别注意。

3)变质结构面

它是在区域变质中形成的结构面。如片理和板理,它们是在巨大压力作用下,岩石中鳞片状矿物呈定向排列或薄层平行的特殊构造现象。片理是呈绢丝状的绢云母片聚集体,是千枚岩和片岩的典型特征。片理表面光滑又很密集,云母、绿泥石、滑石等片状矿物之间联结力低,遇水软化易构成软弱结构面。

2. 构造结构面

构造结构面指岩体在地应力作用下所形成的结构面,包括断层、层间错动面、节理等地质类型。按其受力性质又分为以下三类,如图 5-1 所示。

1)剪(扭)裂面

产状稳定,断面平直,表面光滑多呈闭合状,结构比较紧密,常平行成群出现,将岩石切割成板状,少数情况下出现共轭的 X 节理,将岩石切割成菱形块状。

2)张裂面

较为短小粗糙,不平整,呈锯齿状,透水性强,常有次生矿物充填。

3)挤压面

垂直于最大主应力方向,如褶皱轴面、冲断层或逆掩断层等。以断层角砾岩、断层泥、糜棱岩为主,擦痕一般较陡,

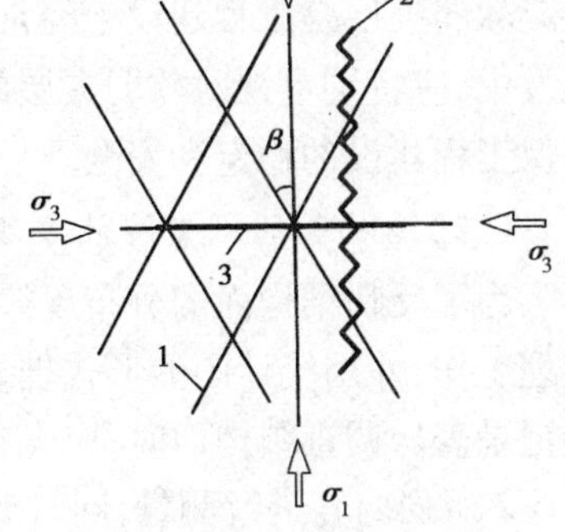

图 5-1 构造结构面按力学性质分类
1-剪裂面;2-张裂面;3-挤压面;β-剪裂角

岩层与岩脉错开位置，显示上盘向上位移。

3. 次生结构面

次生结构面指由外动力地质作用形成的结构面。

1）卸荷裂隙

如开挖路堑、隧道等都要造成岩体中地应力向着临空面释放和调整，如未能适时支护，在重力、地下水和风化作用下，久而久之就有裂隙发生。在脆性岩体中尤为多见，但在蠕变初期不易觉察。

2）风化裂隙

一般沿原生夹层和原有结构面发育，且限于表层风化带内。如原岩含易风化矿物则可延至较深部位。

3）泥化夹层及次生夹泥层

它们在泥岩、炭质页岩、泥质板岩及泥灰岩的顶部较为发育。次生夹泥层主要由地下水带来泥质矿物，在裂隙中重新沉积充填而成。

上述结构面中，物质软弱松散，含黏土矿物多，抗剪强度很低，遇水易软化或泥化，对岩体稳定影响很大的结构面称之为软弱结构面。大量的工程实践表明，边坡岩体的破坏，地基岩体的滑移，以及隧道岩体的坍塌，大多数是沿着岩体中的软弱结构面发生的。岩体结构在岩体的变形与破坏中起到了主导作用。

（二）软弱夹层的特征

软弱夹层是具有一定厚度的特殊的岩体软弱结构面。它与周围岩体相比，具有显著低的强度和显著高的压缩性。在岩体中只占很少的数量，却是岩体中最关键部位。表 5-1 中所列五种结构面，其中都有属于软弱结构面的，如沉积岩中常夹有泥灰岩、泥页岩或炭质页岩，称为沉积结构型软弱夹层。其特点是厚度薄，层次较多，岩相变化显著，常呈尖灭和互层，对水的作用敏感。变质型的软弱夹层多有绢云母等片状矿物，遇水润滑。

构造型软弱夹层多为层间破碎软弱夹层，有构造角砾岩、糜棱岩和断层泥等。风化型软弱夹层常带有局部性质，其分布规律随地形地质条件、裂隙产状和水的作用等因素而定。其中泥化夹层多为构造裂隙和层间错动带，它是在长期的地下水和风化作用下形成的。夹层中的黏土矿物含水率较大时，在软塑状态下其工程性质最差。

岩体中的软弱夹层，许多情况下是几种类型的组合，如上述的泥化夹层既是沉积型的又是构造型的，还有风化的影响。

软弱夹层是工程建设中经常遇到的重大工程地质问题之一。鉴于这种情况，在公路工程建设中，应特别重视对软弱夹层的成因、性质及其埋藏分布规律进行研究，以便采取有效措施，确保工程建设的稳定和安全。

（三）结构面的调查统计方法

为了反映结构面的分布规律及其对岩体稳定性的影响，需要进行野外调查和室内资料的整理工作，并用统计图的形式把岩体结构面的分布情况表示出来。表 5-2 为某结构面野外测量记录表。调查结构面时，应先在工地选择一代表性的基岩露头，对一定面积内的结构面，按表 5-2 所列内容进行测量，同时要注意研究结构面的成因和填充情况。测量结构面产状的方法和测量岩层产状的方法相同，为测量方便起见，常用一硬纸片，当结构面出露不佳时，可将纸片插入结构面，用测得的纸片产状，代替结构面的产状。

结构面野外测量记录表 表5-2

编号	结构面产状			长度	宽度	条数	填 充 情 况	结构面成因类型
	走向	倾向	倾角					
1	N307°W	N37°E	18°			22	结构面夹泥	扭性结构面
2	N332°W	N62°E	10°			15	结构面夹泥	扭性结构面
3	N7°E	N277°W	80°			2	结构面夹泥	张性结构面
4	N15°E	N285°W	60°			4	结构面夹泥	张性结构面

统计结构面,有各种不同的图式,结构面玫瑰图是其中比较常见的一种。结构面玫瑰图可以用结构面走向编制,也可以用结构面倾向编制,其编制方法如下。

1. 结构面走向玫瑰图

在任意半径的半圆上,画上刻度网。把所测得的结构面按走向以每5°或每10°分组,统计每一组内的裂隙数并算出其平均走向。自圆心沿半径引射线,射线的方位代表每组结构面平均走向的方位,射线的长度代表每组结构面的条数。然后用折线把射线的端点连接起来,即得结构面走向玫瑰图[图5-2a)]。

图中的每一个"玫瑰花瓣",代表一组结构面的走向,"花瓣"的长度,代表这个方向上的结构面的条数,"花瓣"越长,反映沿这个方向分布的结构面越多。从图上可以看出,比较发育的结构面有:走向330°、30°、60°、300°及走向东西的共五组。

2. 结构面倾向玫瑰图

先将测得的结构面按倾向以每5°或每10°分组,统计每一组内的结构面数并算出其平均倾向。自圆心沿半径引射线,射线的方位代表每组结构面平均倾向的方位,射线的长度代表每组结构面的条数。然后用折线把射线的端点连接起来,即得结构面倾向玫瑰图[图5-2b)]。

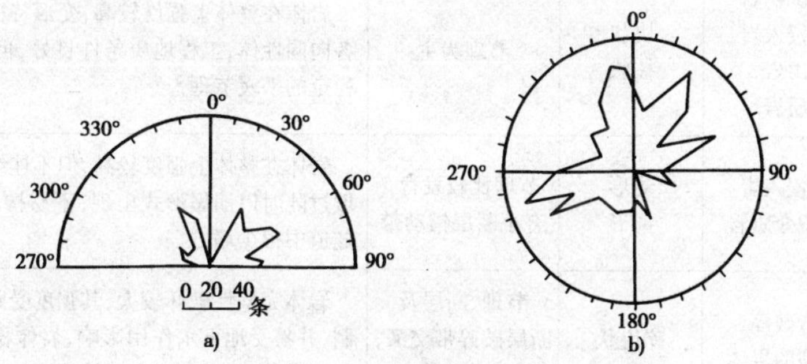

图5-2 结构面玫瑰花图

a)结构面走向玫瑰图;b)结构面倾向玫瑰图

如果用平均倾向表示半径方向的长度,用同样方法可以编制结构面倾角玫瑰图。同时也可以看出,结构面玫瑰图表示方法简单,但最大的缺点是不能在同一张图上把结构面的走向、倾向和倾角同时表示出来。

(四)结构面的工程性质评价

(1)稳定性好强度大的结构面应是闭合的,或是没有软弱物质,只为后期岩脉所充填。如结构面上有方解石或石英脉,对岩体有补强作用,加强了结构面的强度,被称为硬性结构面。

(2)工程性质中等的结构面,如较短小不连贯张开的结构面,为粉粒和碎屑物质所充填,黏粒很少量。或结构面是闭合的,但有泥质薄膜微渗水。结构面强度取决于结构面的起伏差、填充物性质及其亲水性。

(3)工程性质差很可能造成失稳的是软弱结构面,如原生软弱夹层,夹层中有黏土矿物,次生泥化作用明显,在空间呈连续分布,延展较长,或为两个交叉的切割面形成可能崩塌的楔体。这些结构面强度最差,如其产状倾向临空面,则控制着岩体的破坏形式。表5-1中沉积结构面和次生结构面中的地质类型多属软弱结构面,破碎带及后期受构造变动或次生作用,由松散碎屑岩组成的结构面也属于软弱结构面,破碎带中常有断层泥、糜棱岩等形成一系列的滑动面。

(4)岩体的渗透性主要取决于结构面的特性、分布和组合规律。由此构成岩体渗透的不均一性和各向异性。岩体中渗流和渗透压力影响岩体的应力和稳定性,特别是对软弱结构面的软化和泥化起作用,并降低其抗剪强度。

二、结构体和岩体结构

在岩体中被结构面切割的岩块称为结构体,它也体现了岩石的内部构造和外貌特征。根据外形特征,结构体可以分为块状、板状、柱状、楔形、菱形和锥形等多种,有的岩石致密硬脆,有的疏松柔韧。岩体受构造、变质和风化作用较强烈时,还会变成散粒碎块或鳞片状。

结构面和结构体的组合称为岩体结构,岩体结构特征实际上就是结构面和结构体的性状及组合特征的反映,它决定着岩体的物理力学性质和稳定性。综合考虑这些因素,一般将岩体结构划分为六种类型,不同结构类型的岩体,其工程地质性质不同,各类结构岩体的基本特征见表5-3。

岩体结构类型 表5-3

岩体结构类型	岩体地质类型	结构体主要形式	结构面发育情况	岩体工程地质评价
块状结构	厚层沉积岩 火山侵入岩 火山岩 变质岩	块状 柱状	节理为主	岩体在整体上强度较高,变形特征上接近于均质弹性各向同性体,工程地质条件良好,但要注意不利于岩体稳定的平缓节理
镶嵌结构	火成侵入岩 非沉积变质岩	菱形 锥形	节理比较发育,有小断层错动带	岩体在整体上强度较高,但不连续性较为显著。当边坡过陡时以崩塌形式出现,不易构成较大滑坡体,开挖隧道中很少塌方
碎裂结构	构造破碎较强烈的岩体	碎块状	节理、断层及断层破碎带交叉,劈理发育	岩体完整性破坏较大,其强度受断层及软弱结构面控制,并易受地下水作用影响,岩体稳定性较差。边坡有时出现较大的塌方,宜支护紧跟
层状结构	薄层沉积岩 沉积变质岩	板状 楔形	层理、片理、节理比较发育	岩体呈层状,接近均一的各向异性介质,边坡稳定与岩层产状关系密切,要结合工程实际考虑,一般陡立的较为稳定,如倾向线路并临空,易发生事故,宜早预防
层状碎裂结构	较强烈的褶皱及破碎的层状岩体	碎块状 片状	层理、片理、节理、断层、层间错动带发育	岩体完整性破坏较大,整体强度降低,软弱结构面发育,易受地下水不良作用,稳定性很差。要求堑坡较缓,适当防护加固
散体结构	断层破碎带 风化破碎带	鳞片状 碎屑状 颗粒状	断层破碎带 风化带 次生结构面	岩体强度遭到极大破坏,接近于松散介质,稳定性最差,开挖后易沿下覆基岩或次生结构面坍塌

(1)块状结构。组成颗粒均匀致密各向同性,如花岗岩、闪长岩、石英岩、大理岩等。

(2)层状构造。是沉积岩的特有结构,由于沉积物质成分的变换或沉积间断,表现出软硬互层各向异性和横向渗透性较大等特性。

(3)碎裂结构。由于构造破坏和风化作用而形成,一般含有多组密集结构面的岩体,岩体常被分割成碎块状。此外还有镶嵌、层状碎裂和散体结构等类型。

第二节　岩体边坡稳定性分析

一、岩体边坡变形与破坏的基本形式

我国是一个多山的国家,地质条件十分复杂。在山区,道路多傍河而建或穿越分水岭,因而会遇到大量的岩体边坡稳定问题。边坡的变形和破坏,会影响工程建筑物的稳定和安全。

岩体边坡的变形是指边坡岩体只发生局部位移或破裂,没有发生显著的滑移或滚动,不致引起边坡整体失稳的现象;岩体边坡的破坏是指边坡岩体以一定的速度发生了较大位移的现象,如边坡岩体的整体滑动、滚动和倾倒。变形与破坏在边坡岩体变化过程中是密切联系的,变形可能是破坏的前兆,而破坏则是变形进一步发展的结果。边坡岩体变形破坏的基本形式有松动、蠕动、崩塌和滑坡等。

1. 松动

斜坡形成初始阶段,坡体表面往往出现一系列与坡向近于平行的陡倾斜的张开裂隙,被这种裂隙切割的岩体便向临空方向松开、移动,这种过程和现象称为松动。它是斜坡卸荷回弹的过程和现象。

2. 蠕动

指斜坡岩体在重力作用下向临空面方向的缓慢而持续的变形。这类变形多发生于软弱岩体(如页岩、片岩)或软硬互层岩体(如砂页岩互层),常形成挠曲型变形。蠕动是岩体在应力长期作用下其内部一种缓慢的调整性变形,实际上是趋于破坏的一个演变过程,只有当应力值接近或超过岩体的抗剪强度时,斜坡才能加速蠕动。因此,斜坡最终破坏总要经过一定的过程,或短暂,或时间漫长。斜坡蠕动大致可分为表层蠕动和深层蠕动两种类型。

斜坡浅部岩体在重力的长期作用下,向临空方向缓慢变形构成一剪变带,其位移由坡面向坡体内部逐渐降低直到消失,这就是表层蠕动。

深层蠕动主要发育在斜坡下部或坡体内部,按形成机制特点,深层蠕动有软弱基座蠕动和坡体蠕动两类。

坡体基座产状较缓且有一定厚度的相对软弱岩层,在上覆岩层重力作用下,致使基座部分向临空方向蠕动,并引起上覆岩层的变形与解体,这是“软弱基座蠕动”的特征。软弱基座塑性较大,坡脚主要表现为向临空方向蠕动、挤出。坡体沿缓倾斜结构面向临空方向缓慢移动变形,称为坡体蠕动。它在卸荷裂隙较发育并有缓倾结构面的坡体中比较普遍。蠕动初期出现张性羽裂,将转折端切断;继续破坏,形成次一级剪切面,并伴随有架空现象;进一步便会形成连续滑动面。滑面一旦形成,其推滑力超过抗滑力,便导致斜坡破坏。

3. 崩塌与滑坡

斜坡中出现了与外界连续贯通的破裂面,被分割的坡体便以一定加速度滑移或崩落,脱离

母体,称为斜坡破坏。斜坡破坏的形式很多,主要有崩塌、滑坡等(将在第六章中介绍)。

二、影响边坡稳定的因素

(1)岩石性质。岩石的成因类型、矿物成分、结构和强度等是决定边坡稳定性的重要因素。由坚硬(密实)、矿物稳定、抗风化能力好、强度较高的岩石构成的边坡,其稳定性一般较好;反之稳定性较差。

(2)岩体结构。岩体的结构类型、结构面性状及其与坡面的关系是岩质边坡稳定的控制因素。块状结构类型的边坡,其稳定性较好;层状结构的边坡,其稳定性主要取决于层面的产状;碎裂结构和散体结构的边坡稳定性差,易于产生圆弧式的滑动。

(3)水的作用。水的渗入使岩体重量增大,岩土体因被水软化而抗剪强度降低,并使孔(裂)隙水压力升高;地下水的渗流将对岩体产生动水压力,水位的升高将产生浮托力;地表水对岸坡的侵蚀使其失去侧向或底部支撑等,这些都对边坡的稳定不利。

(4)风化作用。风化作用使岩体的裂隙增多、扩大,透水性增强,抗剪强度降低。

(5)地形地貌。临空面的存在及边坡的高度、坡度等都是直接与边坡稳定有关的因素。一般来说,坡度越陡,坡高越高,边坡越不稳定。另外,平面上呈凹形的边坡较呈凸形的边坡稳定性好。

(6)地震。地震是造成边坡破坏的重要触发因素,地震使边坡岩体的剪应力增大、抗剪强度降低,许多大型崩塌或滑坡的发生与地震密切相关。

(7)地应力。开挖边坡使边坡岩体的初始应力状态改变,坡角出现剪应力集中带,坡顶与坡面的一些部位可能出现张应力区。在新构造运动强烈地区,开挖边坡能使岩体中的残余构造应力释放,可直接引起边坡的变形破坏。

(8)人为因素。边坡不合理的设计、开挖和加载、大量施工用水的渗入及爆破等都能造成边坡失稳。

三、岩体稳定性分析方法

在公路工程实践中,遇到的各种各样工程地质问题,归纳起来,主要就是路堑边坡稳定问题,路、桥地基稳定问题和隧道围岩稳定问题。这三方面的问题,实质上就是一个岩体的稳定问题。

所谓岩体稳定,它是一个相对的概念,是指在一定的时间内,一定的自然条件和人为因素的影响下,岩体不产生破坏性的剪切滑动、塑性变形或张裂破坏。岩体的稳定性,岩体的变形与破坏,主要取决于岩体内各种结构面的性质及其对岩体的切割程度。在进行岩体的稳定分析时,目前一般多采用岩体结构分析、力学分析及对比分析的方法。三者互相结合,互相补充,互相验证,对岩体稳定作出综合评价。

(一)边坡稳定的对比分析——工程地质类比法

该法是将已有的天然边坡或人工边坡的研究经验(包括稳定的或破坏的),用于新研究边坡的稳定性分析,如坡角或计算参数的取值、边坡的处理措施等。类比法具有经验性和地区性的特点,应用时必须全面分析已有边坡与新研究边坡两者之间的地貌、地层岩性、结构、水文地质、自然环境、变形主导因素及发育阶段等方面的相似性和差异性,同时还应考虑工程的规模、类型及其对边坡的特殊要求等。

根据经验,存在下列条件时对边坡的稳定性不利。

(1)边坡及其邻近地段已有滑坡、崩塌、陷穴等不良地质现象存在。

(2)岩质边坡中有页岩、泥岩、片岩等易风化、软化岩层或软硬交互的不利岩层组合。

(3)软弱结构面与坡面倾向一致或交角小于45°,且结构面倾角小于坡角,或基岩面倾向坡外且倾角较大。

(4)地层渗透性差异大,地下水在弱透水层或基岩面上积聚流动,断层及裂隙中有承压水出露。

(5)坡上有水体漏水,水流冲刷坡脚或因河水位急剧升降引起岸坡内动力水的强烈作用。

(6)边坡处于强震区或邻近地段,采用大爆破施工。

采用工程地质类比法选取的经验值(如坡角、计算参数等)仅能用于地质条件简单的中、小型边坡。表5-4为边坡坡度容许值,以供参考。

岩质边坡容许坡度值 表5-4

岩土类别	岩土性质	容许坡度值(高宽比)		
		坡高在8m以内	坡高在8~15m	坡高在15~30m
硬质岩石	微风化 中等风化 强风化	1:0.10~1:0.20 1:0.20~1:0.35 1:0.35~1:0.50	1:0.20~1:0.35 1:0.35~1:0.50 1:0.50~1:0.75	1:0.35~1:0.5 1:0.50~1:0.75 1:0.75~1:1.00
软质岩石	微风化 中等风化 强风化	1:0.35~1:0.50 1:0.50~1:0.75 1:0.75~1:1.00	1:0.50~1:0.75 1:0.75~1:1.00 1:1.00~1:1.25	1:0.75~1:1.00 1:1.00~1:1.50

注:①使用本表时,应考虑地区性的水文、气象等条件,结合具体情况予以校正;

②本表不适用于岩层层面或主要节理面有顺坡向滑动可能的边坡。

(二)岩体稳定的结构分析——赤平极射投影图法

岩体的破坏,往往是一部分不稳定的结构体沿着某些结构面拉开,并沿着另一些结构面向着一定的临空面滑移的结果。这就揭示了岩体稳定性破坏所必须具备的边界条件(切割面、滑动面和临空面)。所以,通过对岩体结构要素——结构面和结构体的分析,明确岩体滑移的边界条件是否具备,就可以对岩体的稳定性作出判断。这就是岩体稳定的结构分析的基本内容和实质。其分析步骤大致如下。

(1)对岩体结构面的类型、产状及其特征进行调查、统计、研究。

(2)对各种结构面及其空间组合关系以及结构体的立体形式进行图解分析。

调查统计结构面时,应和工程建筑物的具体方位联系起来,按一般野外地质调查方法进行。对多组结构面切割的岩体,要注意分清主次和结构面相互间的组合关系,再逐一测量,这样才能较充分的表达出结构体的特征。

岩体结构的图解分析,在实践中多采用赤平极射投影并结合实体比例投影来进行。赤平极射投影方法,它主要用于岩质边坡的稳定性分析、工程地质勘察资料分析、地下洞室围岩稳定分析等。利用赤平极射投影来表示和测读空间上的平面、直线的方向、角度和角距,用图解的方法代替繁杂的公式运算,并可达到相当的精度。赤平极射投影作图原理及方法详见第九章第六节。

利用赤平极射投影图可以初步判断边坡的稳定性,具体如下。

(1)当结构面或结构面交线的倾向与坡面倾向相反时,边坡为稳定结构。

(2)当结构面或结构面交线的倾向与坡面倾向基本一致但其倾角大于坡角时,边坡为基本稳定结构。

(3)当结构面或结构面交线的倾向与坡面倾向之间夹角小于45°且倾角小于坡角时,边坡为不稳定结构。

(三)边坡稳定的定量分析——极限平衡法

边坡稳定性定量分析需按构造区段及不同坡向分别进行。根据每一区段的岩土技术剖面,确定其可能的破坏模式,并考虑所受的各种荷载(如重力、水作用力、地震或爆破振动力等),选定适当的参数进行计算。定量分析的方法主要有极限平衡法、有限元法和概率法三种,其中极限平衡法属经典的方法。

极限平衡法是将滑体视为刚性体,不考虑其本身的变形;除楔形破坏外,其余的破坏多简化为平面问题,选取有代表性的剖面进行计算;边坡岩土的破坏遵从库仑—摩尔定律;并认为当边坡的稳定系数 $F_s=1$ 时,滑体处于临界状态。

1. 无张裂隙破坏(图5-3)

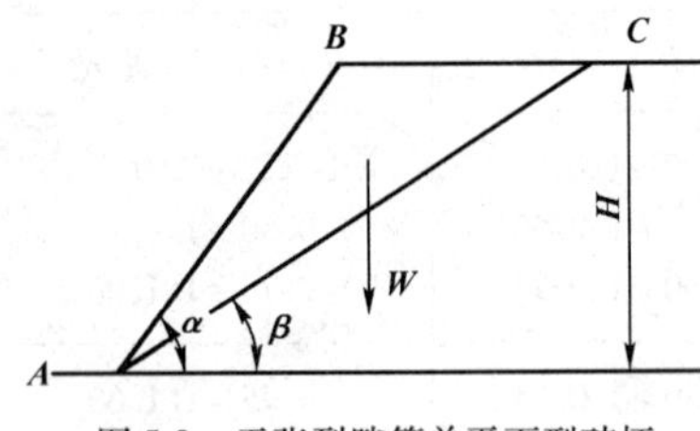

图5-3 无张裂隙简单平面型破坏

(1)单宽滑体体积 V_{ABC}:

$$V_{ABC}=\frac{H^2\sin(\alpha-\beta)}{2\sin\alpha\sin\beta} \tag{5-1}$$

(2)单宽滑体自重 W:

$$W=\frac{\gamma H^2\sin(\alpha-\beta)}{2\sin\alpha\sin\beta} \tag{5-2}$$

(3)稳定系数 F_s:

$$F_s=\frac{2c\sin\alpha}{\lambda H\sin(\alpha-\beta)}+\frac{\tan\varphi}{\tan\beta} \tag{5-3}$$

式中:γ——岩石的天然重度(kN/m^3);

φ——结构面的内摩擦角(°);

c——结构面的黏聚力(kPa)。

(4)当 $F_s=1$ 时,临界坡高 H_{cr}:

$$H_{cr}=\frac{4c\sin\alpha\cos\varphi}{\gamma[1-\cos(\alpha-\varphi)]} \tag{5-4}$$

当 $\alpha=90°$ 时

$$H_{cr}=\frac{4c}{\gamma}\tan\left(45°+\frac{\varphi}{2}\right) \tag{5-5}$$

2. 坡顶(或坡面)有张裂隙破坏(图5-4)

(1)单宽滑体自重:

当张裂隙位于坡顶时

$$W=\frac{1}{2}\lambda H^2\{[1-(z/H)^2]\cot\beta-\cot\alpha\}$$

当张裂隙位于坡面时

$$W=\frac{1}{2}\gamma H^2[(1-z/H)^2\cot\beta(\cot\beta\tan\alpha-1)]$$

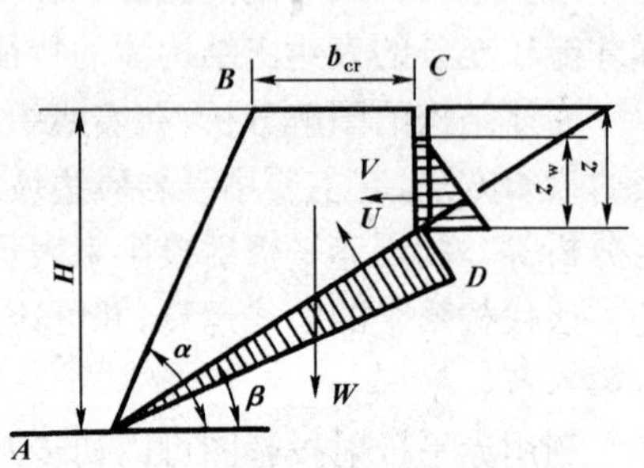

图5-4 有张裂隙简单平面型破坏

(2)稳定系数:

$$F_s = \frac{cA + (\cos\beta - U - V\sin\beta)\tan\varphi}{W\sin\beta + V\cos\beta} \tag{5-6}$$

$$A = (H - z)\csc\beta$$

$$U = \frac{1}{2}\gamma_w z_w (H - z)\csc\beta$$

$$V = \frac{1}{2}\gamma_w z_w^2$$

式中:A——单宽滑体面积;

γ_w——水的重度。

其余符号见图5-4。

(3)临界张裂隙位置 b_{cr}:

$$b_{cr} = H(\sqrt{\cot\beta\cot\alpha} - \cot\alpha) \tag{5-7}$$

(4)临界张裂隙深度 Z_{cr}:

$$Z_{cr} = H(1 - \sqrt{\cot\beta\cot\alpha}) \tag{5-8}$$

(5)平均临界坡角 α_{cr}的经验公式:

$$\alpha_{cr} = \beta + \frac{9\,420(c/\gamma H)^{4/3}}{\beta - \varphi[1 - 0.1(D/H)^2]} \tag{5-9}$$

式中:D——坡顶面后部最大年地下水位高度。

(6)平均临界坡高近似值:

$$H_{cr} = \frac{956c}{\gamma(\alpha - \beta)\{\beta - \varphi[1 - 0.1(D/H)^2]\}} \tag{5-10}$$

(7)考虑地震力时,稳定系数:

$$F_s = \frac{cA + (W\cos\beta - U - V\sin\beta)\tan\varphi}{W\sin\beta + V\cos\beta + EW\cos\beta} \tag{5-11}$$

式中:E——水平地震系数。

本章小结

岩体是在漫长的地质历史过程中形成的,具有一定的结构特征,并与工程建筑有关的天然地质体。岩体的稳定性,岩体的变形与破坏,主要取决于岩体内各种结构面的性质及其对岩体的切割程度等。

1. 岩体中的结构面按地质成因不同分为原生结构面、构造结构面、次生结构面。结构面不仅是岩体力学分析的边界,控制着岩体的破坏方式,而且由于其空间的分布和组合,在一定的条件下将形成可滑移或倾倒的块体。

2. 在岩体中被结构面切割的岩块称为结构体,常见的结构体有块状、板状、柱状、楔形、菱形和锥形等。

3. 结构面和结构体的组合称为岩体结构,它决定着岩体的物理力学性质和稳定性。一般将岩体结构划分为块状结构、层状构造、碎裂结构、镶嵌结构、层状碎裂结构和散体结构等。

4. 在进行岩体稳定分析时,一般多采用岩体结构分析、力学分析及对比分析的方法。三者互相结合,互相补充,互相验证,对岩体稳定作出综合评价。

复习思考题

1. 什么是结构面和结构体？结构面按成因分几种类型？
2. 什么是软弱夹层？岩体中软弱夹层的存在对工程建筑会产生怎样的影响？
3. 岩体稳定性分析有哪些方法？
4. 岩体稳定性被破坏必须具备的边界条件有哪些？
5. 试述岩质边坡的破坏类型。

第六章　常见的不良地质现象

教学要求

1. 分析常见不良地质现象如崩塌、滑坡、泥石流、岩溶等基本概念及发生条件。

2. 分析各种不良地质现象对公路工程建设的影响。

3. 描述各种不良地质现象的类型。

4. 说明各种不良地质现象的工程防治措施。

学习建议

结合不良地质现象的实例进行学习。初步掌握各种不良地质现象的分析和处理措施。

地壳上部岩土体经受内、外动力地质作用和人类工程活动的影响而发生变化，这些变化又影响着原有宏观地质、地貌和地形条件的改变。由地球的内外营力造成的对工程建设具有危害性的地质作用或现象称为不良地质现象，如崩塌、滑坡、泥石流、岩溶和地震等。在公路建设中，经常会遇到各种各样的不良地质地区(地段)。它们给路线的合理布局、工程设计和施工带来困难，尤其是像大型高速滑坡和灾害性泥石流，其规模大、突发性强、破坏力大，是重大的地质灾害，它们甚至给工程建筑物的稳定和正常使用造成严重危害。因此，我们有必要认识和了解不良地质现象的形成条件和发展规律，以提高公路勘测设计的质量，尽量减少公路病害。

第一节　崩　塌

一、崩塌的类型

崩塌是指陡峻斜坡上的岩土体在重力作用下，脱离母岩，突然而猛烈的由高处崩落下来，堆积在坡脚(或沟谷)的地质现象。崩塌物下坠的速度很快，一般为5～200m/s，有的可达自由落体的速度。

崩塌不仅发生在山区的陡峻斜坡上，也可以发生在河流、湖泊及海边的高陡岸坡上，还可以发生在公路路堑的高陡边坡上。当岩崩的规模巨大涉及山体者，又称山崩。在陡崖上个别较大岩块崩落、翻滚而下的则称为落石。斜坡上岩体在强烈物理风化作用下，较细小的碎块、岩屑沿坡面坠落或滚动的现象称为剥落。

崩塌是山区公路常见的一种突发性的病害现象，小的崩塌对行车安全及路基养护工作影响较大；大的崩塌不仅会破坏公路、桥梁，击毁行车，有时崩积物堵塞河道，引起路基水毁，严重影响着交通营运及安全，甚至会迫使放弃已成道路的使用。

二、崩塌发生的条件

1. 坡面条件

江、河、湖(水库)、沟的岸坡及各种山坡,铁路、公路边坡等各类人工边坡都是有利崩塌产生的地貌部位,一般在陡崖临空面高度大于30m、坡度大于50°的高陡斜坡、孤立山嘴或凸形陡坡及阶梯形山坡均为崩塌形成的有利地形。

2. 岩性条件

通常岩性坚硬的岩浆岩、变质岩及沉积岩类中的石灰岩、石英砂岩等,具有较大的抗剪强度和抗风化能力,能形成高峻的斜坡,在外界因素影响下,一旦斜坡稳定性遭到破坏,即产生崩塌现象。所以,崩塌常发生在坚硬性脆的岩石构成的斜坡上。此外,在软硬互层的悬崖上,因差异风化硬质岩层常形成突出的悬崖,软质岩层易风化形成凹崖坡,使其上部硬质岩失去支撑也容易引起较大的崩塌。

3. 构造条件

如果斜坡岩层或岩体完整性好,就不容易发生崩塌。实际上,自然界的斜坡,经常是由性质不同的岩层以各种不同的构造和产状组合而成的,而且常常为各种结构面所切割,从而削弱了岩体内部的联结,为产生崩塌提供了条件。各种软弱结构面,如裂隙面、岩层层面、断层面、软弱夹层及软硬互层的坡面对坡体的切割、分离,为崩塌的形成提供脱离母体(山体)的边界条件。当其软弱结构面倾向于临空面且倾角较大时,易于发生崩塌。或者坡面上两组呈楔形相交的结构面,当其组合交线倾向临空面时,也会发生崩塌。

坡面条件、岩性条件、构造条件三者又统称地质条件,它是形成崩塌的基本条件。

4. 诱发崩塌的外界因素

(1)地震。地震使土石松动,易引起大规模的崩塌,一般烈度在七度以上的地震都会诱发大量崩塌的发生。

(2)大气降雨和地下水。大规模的崩塌多发生在暴雨或久雨之后。这是因为边坡和山坡中的地下水,往往可以直接得到大气降水的补给。充满裂隙中的地下水及其流动,对潜在崩塌体产生静水压力和动水压力;产生向上的浮托力;岩体和充填物由于水的浸泡,抗剪强度大大降低;充满裂隙的水使不稳定岩体和稳定岩体之间的侧向摩擦力减小。通过雨水和地下水的联合作用,使斜坡的潜在崩塌体更易于失稳。

(3)地表水的冲刷、浸泡。河流等地表水体不断地冲刷坡脚或浸泡坡脚,削弱坡体支撑或软化岩、土,降低坡体强度,也能诱发崩塌的发生。

(4)风化作用。斜坡上的岩体在各种风化营力的长期作用下,其强度和稳定性不断降低,最后导致崩塌。比如强烈的物理风化作用剥离、冰胀等都能促使斜坡上岩体发生崩塌。

(5)人为因素的影响。如边坡设计过高过陡,公路路堑开挖过深,不适宜的采用大爆破施工等也会导致崩塌发生。

三、确定崩塌体的边界

崩塌体的边界特征决定崩塌体的规模大小。崩塌体边界的确定主要依据坡体的地质结构。

(1)应查明坡体中所发育的裂隙面、岩层面、断层面等结构面的延伸方向、倾向和倾角大小及规模、发育密度等,即构造面的发育特征。通常情况下,平行斜坡延伸方向的陡倾构造面,易构成崩塌体的后部边界;垂直坡体延伸方向的陡倾构造面或临空面常形成崩塌体的两侧边界;崩塌体的底界常由倾向坡外的构造层或软弱带组成,也可由岩、土体自身折断形成。

(2)调查各种构造面的相互关系、组合形式、交切特点、贯通情况及它们能否将或已将坡体切割,并与母体(山体)分离。

(3)综合分析调查结果,那些相互交切、组合可能或已经将坡体切割与其母体分离的构造面就是崩塌体的边界面。其中,靠外侧、贯通(水平及垂直方向上)性较好的构造面所围的崩塌体的危险性最大。

例如,1980 年 6 月 3 日发生在湖北省远安县盐池河磷矿区的大型岩石崩塌体,它的边界面就是由后部垂直裂缝、底部白云岩层理面及其他两个方向的临空面组成的。黄土高原地区常见的黄土崩塌体的边界面多由 90°交角的不同方向的垂直节理面、临空面及底面黄土与其他相异岩性的分界面组成。此外,明显地受断层面控制的崩塌体也是非常多见的。

四、崩塌的防治

1. 防治原则

由于崩塌发生得突然而猛烈,治理比较困难而且十分复杂,所以一般应采取以防为主的原则。

在选线时,应根据斜坡的具体条件,认真分析发生崩塌的可能性及其规模。对有可能发生大、中型崩塌的地段,应尽量避开。若完全避开有困难,可调整路线位置,离开崩塌影响范围一定距离,尽量减少防治工程;或考虑其他通过方案(如隧道、明洞等),以确保行车安全。对可能发生小型崩塌或落石的地段,应视地形条件,进行经济比较,确定绕避还是设置防护工程。

在设计和施工中,避免使用不合理的高陡边坡,避免大挖大切,以维持山体的平衡稳定。在岩体松散或构造破碎地段,不宜使用大爆破施工,避免因工程技术上的失误而引起崩塌。

2. 防治措施

(1)排水。在有水活动的地段,布置排水构筑物,以进行拦截疏导,防止水流渗入岩土体而加剧斜坡的失稳。排除地面水可修建截水沟、排水沟;排除地下水,可修建纵、横盲沟等。

(2)刷坡清除。山坡或边坡坡面崩塌岩块的体积及数量不大,岩石的破碎程度不严重,可采用全部清除并放缓边坡。

(3)坡面加固。边坡或自然坡面比较平整、岩石表面风化易形成小块岩石呈零星坠落时,宜进行坡面防护,以阻止风化发展,防止零星坠落。可采用水泥砂浆封面、护面等措施,有时也可用支护墙,既可防护坡面,又起支撑作用。当坡面渗水或者岩层节理发育,风化程度严重时,还需相应采用挂网喷射水泥砂浆、锚固等措施。

(4)拦截防御。岩体严重破碎,经常发生落石路段,宜采用柔性防护系统或拦石墙与落石槽等拦截构造物。拦石墙与落石槽宜配合使用,设置位置可根据地形合理布置,落石槽的槽深和底宽通过现场调查或试验确定。拦石墙墙背应设缓冲层,并按公路挡土墙设计,墙背压力应考虑崩塌冲击荷载的影响。

(5)危岩支顶。对在边坡上局部悬空的岩石,但是岩体仍较完整,有可能成为危岩石,并且清除困难时,可视具体情况采用钢筋混凝土立柱、浆砌片石支顶或柔性防护系统。

(6)遮挡工程。当崩塌体较大、发生频繁且距离路线较近而设拦截构造物有困难时,可采用明洞、棚洞等遮挡构造物处理。

对于上述的各种防治措施如何结合使用,应根据地形、地质条件、有关技术标准运用,并与工程造价等方面进行全面的经济技术比较后再确定。

第二节　滑　坡

斜坡上岩体或土体在重力作用下沿一定的滑动面(或滑动带)整体地向下滑动的现象叫滑坡,俗称“走山”、“垮山”、“地滑”等。

滑坡是山区公路的主要病害之一。由于山坡或路基边坡发生滑坡,常使交通中断,影响公路的正常运输。大规模的滑坡能堵塞河道、摧毁公路、破坏厂矿、掩埋村庄,对山区建设和交通设施危害很大。西南地区为我国滑坡分布的主要地区,该地区滑坡类型多、规模大、发生频繁、分布广泛、危害严重,已经成为影响国民经济发展和人身安全的制约因素之一。西北黄土高原地区,以黄土滑坡广泛分布为其显著特征。东南、中南的山岭、丘陵地区滑坡、崩塌也较多。在青藏高原和兴安岭的多年冻土地区,也分布有不同类型的滑坡。

对滑坡的处理,一般是采用“以防为主,防治结合”的原则,所以应该重视滑坡的调查工作。首先要判定滑坡的稳定程度,以便确定路线通过的可能性。路线通过大、中型滑坡,又不易防止其滑动时,一般均采取绕避;对一般比较容易处理的中、小型滑坡,则须查清产生的原因,分清主次,采取适当的处理措施。

为了正确地识别滑坡的存在,必须了解有关滑坡的形态特征、形成机理、类型,以利于制定防治措施。

一、滑坡的形态

发育完整的滑坡,一般都有下列的基本组成部分,见图6-1。

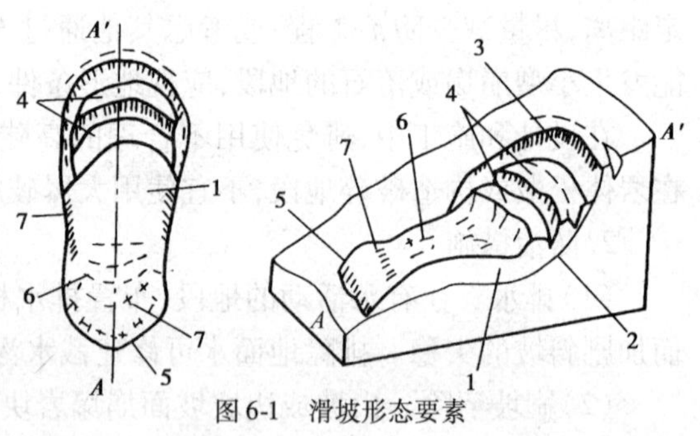

图6-1　滑坡形态要素

1-滑坡体;2-滑动面;3-滑坡后壁;4-滑坡台阶;5-滑坡舌;6-滑坡鼓丘;7-滑坡裂隙

(1)滑坡体。指滑坡的整个滑动部分,即依附于滑动面向下滑动的岩土体,简称滑体。滑体的规模大小不一,大者达几亿立方米到十几亿立方米。

(2)滑动面。指滑坡体沿着滑动的面称为滑动面。滑动带指平行滑动面受揉皱及剪切的破碎地带,简称滑带;滑动面(带)是表征滑坡内部结构的主要标志,它的位置、数量、形状和滑动面(带)土石的物理力学性质,对滑坡的推力计算和工程治理有重要意义。滑动面的形状,因地质条件而异,一般说来,发生在均质黏性土和软质岩体中的滑坡,一般多呈圆弧形;沿岩层层面或构造裂隙发育的滑坡,滑动面多呈直线形或折线形。滑坡床指滑体滑动时所依附的下伏不动体,简称滑床。

(3)滑坡后壁。指滑坡发生后,滑坡体后缘和斜坡未动部分脱开的陡壁称为滑坡后壁。有时可见擦痕,以此识别滑动方向。滑坡后壁在平面上多呈圈椅状,后壁高度自几厘米到几十米,陡坡坡度一般为60°~80°。

(4)滑坡台阶。指滑体滑动时由于各段土体滑动速度的差异,在滑坡体表面形成台阶状的错台,称为滑坡台阶。

(5)滑坡舌。指滑坡体前缘形如舌状的凸出部分。

(6)滑坡鼓丘。指滑坡体前缘因受阻力而隆起的小丘。

(7)滑坡裂隙。由于各部分移动的速度不等,在其内部及表面所形成的一系列裂隙。位于滑体上(后)部多呈弧形展布者称拉张裂隙,因受滑坡体向下滑动的拉力而产生。位于滑体中部两侧又常伴有羽毛状排列的裂隙称剪切裂隙;滑坡体前部因滑动受阻而隆起形成的张性裂隙称鼓张裂隙;位于滑坡体中前部、尤其滑舌部呈放射状展布者称扇状裂隙。

(8)滑坡周界。指滑坡体和周围不动体在平面上的分界线。

(9)滑坡洼地。指滑动时滑坡体与滑坡后壁间拉开成的沟槽,或中间低四周高的封闭洼地。

较老的滑坡由于风化、水流冲刷、坡积物覆盖,使原来的构造、形态特征往往遭到破坏,不易被观察。但是一般情况下,必须尽可能地将其形态特征识别出来,以助于确定滑坡的性质和发展状况,为整治滑坡提供可靠的资料。

二、滑坡发生的条件

1. 岩土类型

岩、土体是产生滑坡的物质基础。通常,各类岩、土都有可能构成滑坡体,其中结构松软、抗剪强度和抗风化能力较低,在水的作用下其性质易发生变化的岩、土,如松散覆盖层、黄土、红黏土、页岩、泥岩、煤系地层、凝灰岩、片岩、板岩、千枚岩等及软硬相间的岩层所构成的斜坡易发生滑坡。

2. 地质构造

斜坡岩、土只有被各种结构面切割分离成不连续状态时,才可能具备向下滑动的条件。不论是土层还是岩层,滑动面常发生在顺坡的层面、大节理面、不整合面、断层面(带)等软弱结构面上,这是因为其抗剪强度较低,当斜坡受力情况突然改变时,都可能成为滑动面。同时,结构面又为降雨等进入斜坡提供了通道,特别是当平行和垂直斜坡的陡倾构造面及顺坡缓倾的构造面发育时,最易发生滑坡。

3. 水

水是滑坡产生的重要条件,绝大多数滑坡都是沿饱含地下水的岩体软弱结构面产生的。它的作用主要表现在:软化岩、土,降低岩、土体强度,潜蚀岩、土,增大岩、土重度,对透水岩石产生浮托力等。尤其是对滑坡(带)的软化作用和降低强度作用最突出。

诱发滑坡发生的因素还有:地震;降雨和融雪;河流等地表水体对斜坡坡脚的不断冲刷;违反自然规律,破坏斜坡稳定条件的人类活动,如开挖坡脚、坡体堆载、爆破、水库蓄(泄)水、矿山开采等都可诱发滑坡。

三、滑坡的类型

依滑坡体物质组成、滑坡体厚度、滑动面与层面关系划分出下列几种类型。

1. 按滑坡体的物质组成分类[图 6-2a)]

黄土滑坡　发生于黄土地区,多属崩塌性滑坡,滑动速度快,变形急剧,规模及动能巨大,常群集出现。

黏土滑坡　发生于第四系与第三系地层中未成岩或成岩不良及有不同风化程度以黏土层为主的地层中,滑坡地貌明显,滑床坡度较缓,规模较小,滑速较慢,多成群出现。

堆积层滑坡　发生于斜坡或坡脚处的堆积体中,物质成分多为崩积、坡积土及碎块石,因堆积物成分、结构、厚度不同,滑坡的形状、大小不一,滑坡结构以土石混杂为主。

岩层滑坡　发育在两种地区,一种是在软弱岩层或具有软弱夹层的岩层中,另一种是在硬质岩层的陡倾面或结构面上。

2. 按滑体厚度分类

浅层滑坡，滑体厚度＜6m；中层滑坡，滑体厚度在6～20m；深层滑坡，滑体厚度＞20m，规模较大，具典型的发育完全的滑坡地貌。

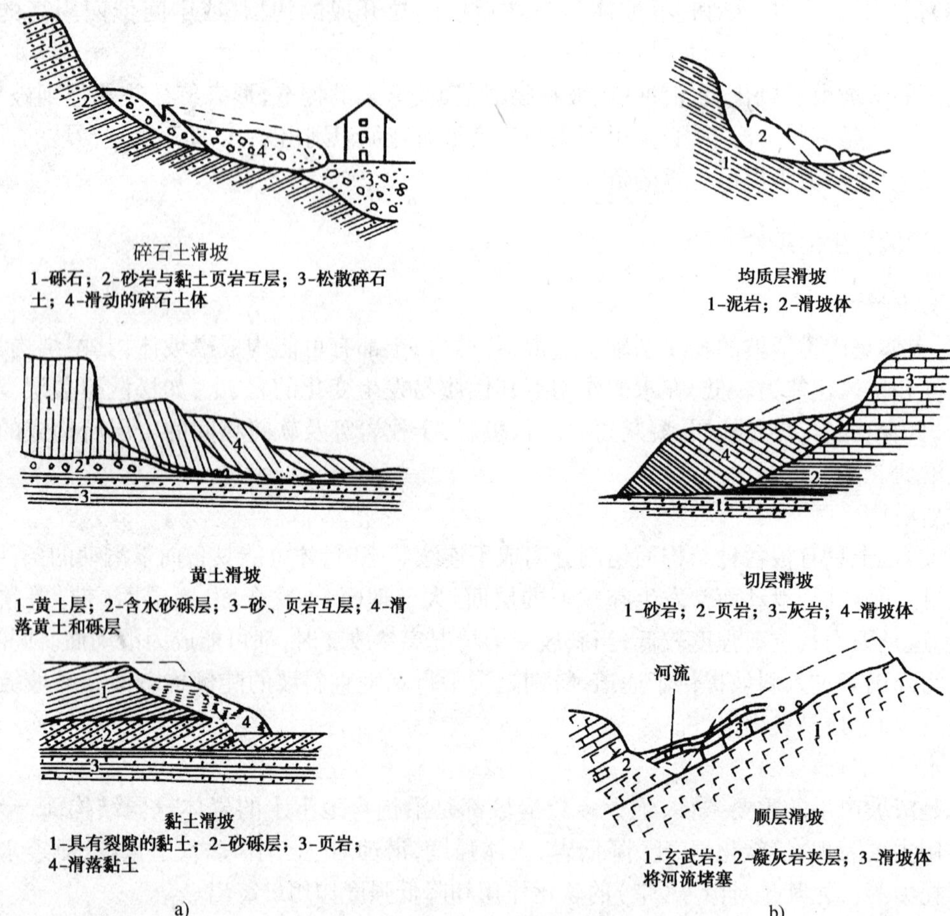

图6-2 滑坡的类型

a)按滑坡体的物质组成分类；b)按滑动面与层面的关系分类

3. 按滑动面与层面的关系分类［图6-2b)］

均质层滑坡　均质层滑坡多发生在岩性均一的软弱岩层中（如强烈风化的岩浆岩体或土体中），其滑动面常呈圆弧形。

顺层滑坡　滑体沿着岩层的层面发生滑动，岩层走向与斜坡走向一致。此类滑坡自然界分布最广的滑坡。

切层滑坡　滑坡面切过岩层面而发生的滑坡，此类滑坡多发生在逆向坡中，滑面很不规则。

4. 按滑坡体的规模分类

小型滑坡，滑坡体积小于3万m^3；中型滑坡，滑坡体积在3万～50万m^3；大型滑坡，滑坡体积在50万～300万m^3；巨型滑坡，滑坡体积大于300万m^3。

5. 按滑坡的力学条件分类

牵引式滑坡　主要是由于斜坡坡脚处任意挖方、切坡或流水冲刷，下部失去原有岩土的支撑而丧失其平衡引起的滑坡。

推移式滑坡　主要是由于斜坡上方给以不恰当的加载（修建建筑物、填方、堆放重物等）使上部先滑动，挤压下部，因而使斜坡丧失平衡引起的滑坡。

四、滑坡的野外识别

在沿河谷布设路线时，为防止滑坡对道路造成的危害，应识别河谷两岸有无古滑坡的存在和是否有可能发生滑坡的地段。

1. 古滑坡外貌特征的识别

在发生过滑坡的古坡上，必然留下地形、地貌、地层及地物等方面的标志（图 6-3），常在较平顺的山坡上造成等高线的异常和中断，使斜坡不顺直、不圆滑而造成圈椅状地形和槽谷地形；滑坡舌向河心凸出呈河谷不协调现象；沿滑坡两侧切割较深，常出现双沟同源；在滑坡体的中部常有一级或多级异常台阶状平地；滑坡体下部因受推挤力而呈现微波状鼓丘及滑坡裂缝；滑坡体表面的植物因受不匀速滑移而呈零散分布，树木歪斜零乱呈“醉树”；若滑动之前滑坡体上曾建有建筑物，会出现开裂、倾斜、错位等现象。

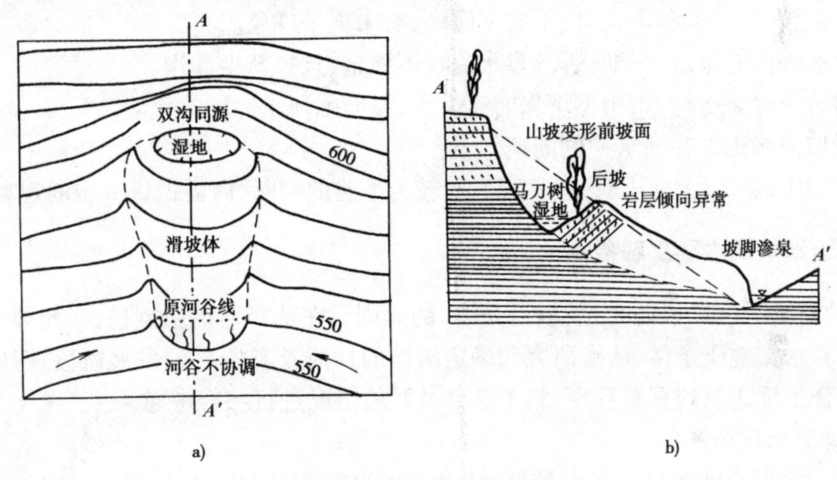

图 6-3　古滑坡外貌特征的识别示意图

a）平面图；b）A—A 剖面图

岩质滑坡的地层产状与原生露头有明显的变化，其整体连续性遭到破坏，出现层位缺失或有升降、散乱的现象，构造不连续（如裂隙不连贯，发生错动）等。

2. 滑坡先兆现象的识别

不同类型、不同性质、不同特点的滑坡，在滑动之前，均会表现出各种不同的异常现象，显示出滑动的预兆（前兆），归纳起来常见的有以下几种。

大滑动之前，在滑坡前缘坡脚处，有堵塞多年的泉水复活现象，或者出现泉水（水井）突然干枯、井（钻孔）水位突变等类似的异常现象。

在滑坡体前缘土石零星掉落，坡脚附近土石被挤紧，并出现大量鼓张裂缝。这是滑坡向前推挤的明显迹象。

如果在滑坡体上有长期位移观测资料，那么大滑动之前，无论是水平位移量还是垂直位移量，均会出现加速变化的趋势，这是明显的临滑迹象。

坡面上树木逐渐倾斜，建筑物开始开裂变形，此外还可发现山坡农田变形、水田漏水、动物惊恐异常等现象，这些均说明该处滑坡在缓慢滑动阶段。

五、判定滑坡体的稳定性

在野外，从宏观角度观察滑坡体，可以根据一些外表迹象和特征，粗略地判断它的稳定性。

已稳定的堆积层老滑坡体有以下特征。

(1)后壁较高，长满了树木，找不到擦痕，且十分稳定。

(2)滑坡平台宽、大且已夷平，土体密实无沉陷现象。

(3)滑坡前缘的斜坡较缓，土体密实，长满树木，无松散坍塌现象。前缘迎河部分有被河水冲刷过的迹象。

(4)目前的河水已远离滑坡舌部，甚至在舌部外已有漫滩、阶地分布。

(5)滑坡体两侧的自然冲刷沟切割很深，甚至已达基岩。

(6)滑坡体较干燥，地表一般没有泉水或湿地，坡脚有清晰的泉水流出。

不稳定的滑坡具有下列迹象。

(1)滑坡后壁高、陡，未长草木常能找到擦痕和裂缝。

(2)有滑坡平台，面积不大，且不向下缓倾，有未夷平现象。

(3)滑坡表面有泉水、湿地，舌部泉水流量不稳定，且有新生冲沟。

(4)滑坡前缘土石松散，小型坍塌时有发生，并面临河水冲刷的危险。

(5)滑坡前缘正处在河水冲刷的条件下。

需要指出的是，以上标志只是一般而论，较为准确的判断，尚需做进一步的观察和研究。

六、防治滑坡的主要工程措施

滑坡的防治，贯彻“以防为主，整治为辅”的原则。在选择防治措施前，一定要查清滑坡的地形、地质和水文地质条件，认真研究和确定滑坡的性质及其所处的发展阶段，了解产生滑坡的原因，结合工程建筑的重要程度、施工条件及其他情况进行综合考虑。

(一)滑坡的防治原则

(1)由于大型滑坡的整治工程量大，技术上也很复杂，因此，在勘测阶段应尽可能采用绕避方案。

(2)对于中、小型滑坡的地段，一般情况下不必绕避，但是应注意调整路线平面位置，以求得工程量小、施工方便、经济合理的路线方案。

(3)路线通过古滑坡时，应对滑坡体的结构、性质、规模、成因等做详细勘察后，再对路线的平、纵、横作出合理布设；对施工中开挖、切坡、弃方、填土等都要作通盘考虑，防止古滑坡的复活。

(二)滑坡的防治措施

整治滑坡的工程措施很多，归纳起来分为三类：一是消除或减轻水的危害；二是改变滑坡体外形、设置抗滑建筑物；三是改善滑动带土石性质。

1. 消除或减轻水的危害——排水(图6-4)

(1)排除地表水。排除地表水是整治滑坡中不可缺少的辅助措施，而且应是首先采取并长期运用的措施。其目的在于拦截、旁引滑坡外的地表水，避免地表水流入滑坡区；或将滑坡范围内的雨水及泉水尽快排除，阻止雨水、泉水进入滑坡体内。

排水的主要工程措施有：在滑坡体周围修截水沟；滑坡体上设置干枝排水系统，汇集旁引坡面径流于滑坡体外排出;整平地表,填塞裂缝和夯实松动地面。筑隔渗层,减少地表水下渗并使其尽快汇入排水沟内,防止沟渠渗漏和溢流于沟外。

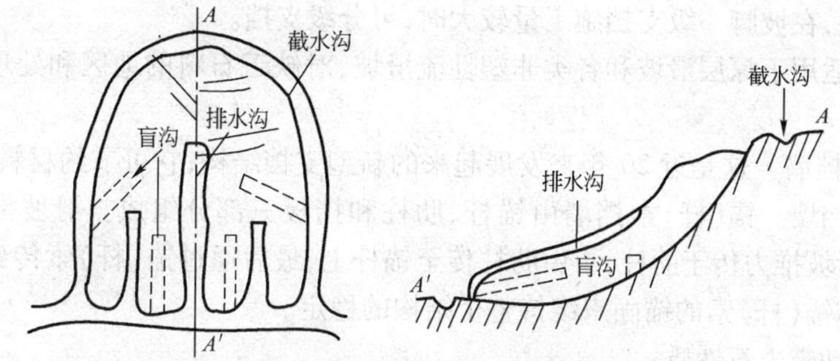

图 6-4 排除滑坡地表水和地下水示意图

(2)排除地下水。对于地下水,可疏而不可堵。其主要工程措施有:截水盲沟用于拦截和旁引滑坡外围的地下水;支撑盲沟,兼具排水和支撑作用;仰斜孔群用近于水平的钻孔把地下水引出。此外还有盲洞、渗管、渗井、垂直钻孔等用于排除滑体内地下水的工程措施。

(3)防止河水、库水对滑坡体坡脚的冲刷。主要工程措施有:设置护坡、护岸、护堤,在滑坡前缘抛石、铺设石笼等防护工程或导流构造物,以使坡脚的土体免受河水冲刷(图 6-5)。

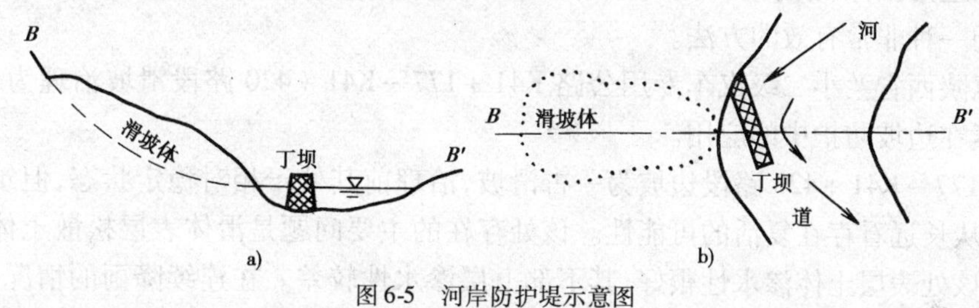

图 6-5 河岸防护堤示意图

a)平面图;b)剖面图

2. 减重和反压

对推移式的滑坡,在上部主滑地段减重,常起到根治的效果。对其他性质的滑坡,在主滑地段减重也能起到减小下滑力的作用。减重一般适用于滑坡床为上陡下缓、滑坡后壁及两侧有稳定的岩土体,不至于因减重而引起滑坡向上和向两侧发展造成后患的情况。对于错落转变成的滑坡,采用减重使滑坡达到平衡,效果比较显著。对有些滑坡的滑带土或滑坡体,具有卸荷膨胀的特点,减重后使滑带土松弛膨胀,尤其是地下水浸湿后,其抗滑力减小,引起滑坡。因此具有这种特点的滑坡,不能采用减重法。另外减重后将增大暴露面,有利于地面水渗入坡体和使坡体岩石风化,这些不利因素应充分考虑。

在滑坡的抗滑段和滑坡体外前缘堆填土石加重,如做成堤、坝等,能增大抗滑力而稳定滑坡。但是必须注意只能在抗滑段加重反压,不能填于主滑地段。而且填方时,必须做好地下排水工程,不能因填土堵塞原有地下水出口,造成后患。

对于某些滑坡根据设计计算后,确定需减少的下滑力大小,同时在其上部进行部分减重和下部反压。减重和反压后,应检验滑面从残存的滑体薄弱部位及反压体底面滑出的可能性。

3. 修筑支挡工程

因失去支撑而引起滑动的滑坡,或滑坡床陡、滑动可能较快的滑坡,采用修筑支挡工程的办法,可增加滑坡的重力平衡条件,使滑体迅速恢复稳定。

支挡建筑物有抗滑桩、抗滑挡墙、锚杆和锚固桩等。

抗滑挡墙　一般指重力式挡墙,挡墙的设置位置一般位于滑体的前缘。如滑坡为多级滑动,当推力太大,在坡脚一级支挡施工量较大时,可分级支挡。

抗滑桩　适用于深层滑坡和各类非塑性流滑坡,对缺乏石料的地区和处理正在活动的滑坡,更为适宜。

锚(杆)索挡墙　这是近20年来发展起来的新型支挡结构,它可节约材料,成功地代替了庞大的混凝土挡墙。锚(杆)索挡墙由锚杆、肋柱和挡板三部分组成。滑坡推力作用在挡板上,由挡板将滑坡推力传于肋柱,再由肋柱传至锚杆上,最后通过锚(杆)索传到滑动面以下的稳定地层中,靠锚(杆)索的锚固来维持整个结构的稳定。

4. 改善滑动带土石性质

一般采用焙烧法(>800℃)、压浆及化学加固等物理化学方法对滑坡进行整治。

由于滑坡成因复杂、影响因素多,因此常常需要上述几种方法同时使用、综合治理,方能达到目的。

七、滑坡防治实例

通过预应力锚杆(锚索)来增加结构面的正应力,从而使失稳的岩体保持长期稳定,这是治理滑坡的一种非常有效的方法。

下面以陕西省兰小二级汽车专用公路 K41+177～K41+420 路段滑坡治理为例,来说明预应力锚索在边坡防护中的应用。

K41+177～K41+420 路段边坡为一古滑坡,治理前其处于相对稳定状态,但筑路开挖使坡面临空,从长远看存在复活的可能性。该处存在的主要问题是滑体表层松散土体及块石的滑塌崩落,该处表层土体渗水性很好,其下部上层渗水性较差。在连续降雨的情况下,雨水下渗至两层土体之间,在临空面处携带泥土排泄,导致土体下沉,在坡面产生一道道牵引裂缝,在雨水的长期作用下,土体就会沿裂缝一级级地滑落。针对该处的特点,设计采用锚拉式井字梁的治理方法,锚索深达古滑坡面以下,钢筋混凝土梁可以从整体上提高岩体的稳定性,在井字梁中间干摆(坡角较大时浆砌)片石,既可起到反压作用,又可起到滤水作用,以达到治理表层土滑坡的目的。

锚索设计抗拔力为500kN,预应力为抗拔力的100%。锚固段 $L_e \geqslant 6m$,单根锚索采用6束 7Φ5mm 的低松弛钢绞线,锚孔孔径 $D \geqslant 90mm$,锚索俯角为15°～20°,锚孔水平间距为5～6m,梅花形布置。锚索固结使用水泥净浆,水灰比为0.45,采用强度等级不低于32.5级的硅酸盐水泥。

整个锚索结构(图6-6)由混凝土垫层、钢垫板、锚头、锚固段、自由段组成。锚固段每

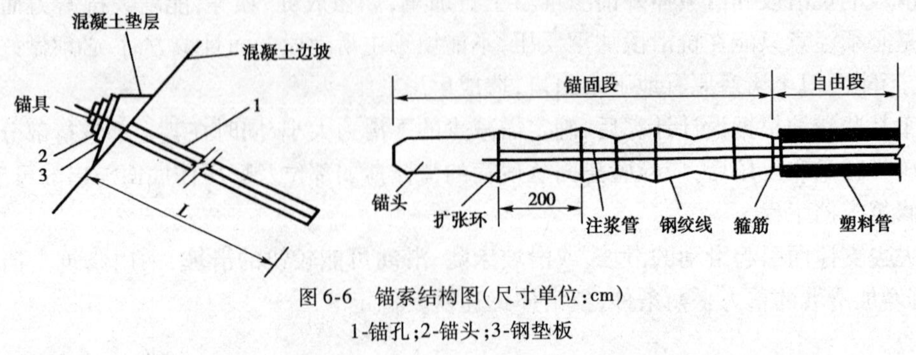

图6-6　锚索结构图(尺寸单位:cm)

1-锚孔;2-锚头;3-钢垫板

2m 放置一个定位扩张环，并扎紧在钢绞线上；自由段涂黄油，套装 Φ20mm 塑料管，塑料管端头用防水胶布扎紧；内锚头焊接于 Φ50mm 钢管制作的锥形管套上。锚具扩张环等都为定型产品。

施工采用钻机锤成孔，将编好的锚索下入孔内后进行锚固段注浆，注浆用注浆管从孔底向外压浆，注满为止，并进行二次补浆。注浆 7 天后，用 1 200kN 双向千斤顶及电动油泵带压力表分根逐级进行锚索张拉，张拉完毕后锁定锚索，并用 C20 混凝土封闭外锚头。

第三节　泥　石　流

泥石流是山区特有的一种不良地质现象，系山洪水流挟带大量泥沙、石块等固体物质，突然以巨大的速度从沟谷上游奔腾直泻而下，来势凶猛，历时短暂，具有强大破坏力的一种特殊洪流。

泥石流的地理分布广泛，据不完全统计，泥石流灾害遍及世界 70 多个国家和地区，主要分布在亚洲、欧洲和南、北美洲。我国的山地面积约占国土总面积的 2/3，自然地理和地质条件复杂，加上几千年人文活动的影响，目前是世界上泥石流灾害最严重的国家之一。主要分布在西南、西北及华北地区，在东北西部和南部山区、华北部分山区及华南、台湾、海南岛等地山区也有零星分布。

通过大量调查观测，对统计资料分析发现，泥石流的发生具有一定的时空分布规律。时间上多发生在降雨集中的雨季或高山冰雪消融的季节，空间上多分布在新构造活动强烈的陡峻山区。我国泥石流在时空分布上构成了“南强北弱、西多东少、南早北晚、东先西后”的独特格局。

一、泥石流的主要危害方式

泥石流是一种水、泥、石的混合物，泥石流中所含固体体积一般超过 15%，最高可达 80%，其重度可达 18kN/m^3。泥石流在一个地段上往往突然爆发，能量巨大，来势凶猛，历时短暂，复发频繁。

泥石流的前锋是一股浓浊的洪流，固体含量很高，形成高达几米至十几米的“龙头”顺沟倾泻而下，冲刷、搬运、堆积十分迅速，可在很短的时间内运出几十万至数百万立方米固体物质和成百上千吨巨石，摧毁前进途中的一切，掩埋村镇、农田，堵塞江河，造成巨大生命财产损失。

因此，“冲”和“淤”是泥石流的主要活动特征和主要危害方式。冲是以巨大的冲击力作用于建筑物而造成直接的破坏；淤是构造物被泥石流搬运停积下来的泥、沙、石淤埋。

“冲”的危害方式主要有冲刷、冲击、冲毁、磨蚀、直进性爬高等多种危害形式。

“淤”的危害方式主要有堵塞、淤埋、冲毁、堵河阻水、挤压河道，使河床剧烈淤高、冲刷对岸，使山体失稳，淤塞涵洞，淤埋道路，直接危害工程效益和使用寿命。

二、泥石流形成基本条件

泥石流的形成必须同时具备以下 3 个条件：陡峻的便于集水、集物的地形地貌；丰富的松散物质；短时间内有大量的水源。

1. 地形地貌条件

在地形上具备山高沟深、地势陡峻、沟床纵坡降大、流域形态有利于汇集周围山坡上的水流和固体物质。在地貌上,泥石流的地貌一般可分为形成区、流通区和堆积区三部分。上游形成区的地形多为三面环山、一面出口的瓢状或漏斗状,山体破碎、植被生长不良,这样的地形有利于水和碎屑物质的集中;中游流通区的地形多为狭窄陡深的峡谷,谷床纵坡降大,使上游汇集到此的泥石流形成迅猛直泻之势;下游堆积区为地势开阔平坦的山前平原或河谷阶地,使倾泻下来的泥石流到此堆积起来。

2. 地质条件

泥石流常发生于地质构造复杂、断裂褶皱发育、新构造活动强烈、地震烈度较高的地区。地表岩层破碎,滑坡、崩塌、错落等不良地质现象发育,为泥石流的形成提供了丰富的固体物质来源;另外,岩层结构疏松软弱、易于风化、节理发育,或软硬相间成层地区,因易受破坏,也能为泥石流提供丰富的碎屑物来源。

3. 水文气象条件

水既是泥石流的重要组成部分,又是泥石流的重要激发条件和搬运介质(动力来源)。泥石流的水源有强度较大的暴雨、冰川积雪的强烈消融和水库突然溃决等。

4. 人为因素

滥伐乱垦会使植被消失、山坡失去保护、土体疏松、冲沟发育,大大加重水土流失,使山坡稳定性遭到破坏,滑坡、崩塌等不良地质现象发育,结果就很容易产生泥石流,甚至那些已退缩的泥石流又有重新发展的可能。

修建铁路、公路、水渠以及其他建筑的不合理开挖,不合理的弃土、弃渣、采石等也可能形成泥石流。

三、泥石流的类型

1. 泥石流按其物质成分分类

由大量黏性土和粒径不等的沙粒、石块组成的叫泥石流;西藏波密、四川西昌、云南东川和甘肃武都等地区的泥石流,均属于此类。

以黏性土为主,含少量沙粒、石块,黏度大,呈稠泥状的叫泥流,这种泥流主要分布在我国西北黄土高原地区。

由水和大小不等的沙粒、石块组成的谓之水石流。它是石灰岩、大理岩、白云岩和玄武岩分布地区常见的类型,如华山、太行山、北京西山等地区分布这种类型的泥石流。

2. 泥石流按其物质状态分类

一是黏性泥石流,含大量黏性土的泥石流或泥流。其特征是:黏性大,密度高,有阵流现象。固体物质占40%~60%,最高达80%。水不是搬运介质,而是组成物质。稠度大,石块呈悬浮状态,爆发突然,持续时间短,不易分散,破坏力大。二是稀性泥石流,以水为主要成分,黏土、粉土含量一般小于5%,固体物质占10%~40%,有很大分散性。搬运介质为浑水或稀泥浆,沙粒、石块以滚动或跃移方式前进,具有强烈的下切作用。其堆积物在堆积区呈扇状散流,停积后似"石海"。

四、泥石流的防治

(一)泥石流的防治原则

选线是泥石流地区公路设计的首要环节。选线恰当,可避免或减少泥石流危害;选线不当,可导致或增加泥石流危害。路线平面及纵面的布置,基本上决定了泥石流防治可能采取的措施，所以，防治泥石流首先要从选线考虑。

(1)高等级公路最好避开泥石流地区。在无法避开时，也应按避重就轻的原则，尽量避开规模大、危害严重、治理困难的泥石流沟，而走危害较轻的一岸，或在两岸迂回穿插。如过河绕避困难或不适合时，也可在沟底以隧道或明洞穿过。

(2)当大河的河谷很开阔，洪积扇未达到河边时，可将公路线路选在洪积扇淤积范围之外通过。这时路线线形一般比较舒顺，纵坡也比较平缓，但可能存在以下问题：洪积扇逐年向下延伸淤埋路基；大河摆动，使路基遭受水毁。

(3)路线跨越泥石流沟时，首先应考虑从流通区或沟床比较稳定、冲淤变化不大的堆积扇顶部用桥跨越。但应注意这里的泥石流搬运力及冲击力最强，还应注意这里有无转化为堆积区的趋势。因此，要预留足够的桥下排洪净空。

(4)如泥石流的流量不大，在全面考虑的基础上，路线也可以在堆积扇中部以桥隧或过水路面通过。采用桥隧时，应充分考虑两端路基的安全措施。这种方案往往很难克服排导沟的逐年淤积问题。

(5)通过散流发育并有相当固定沟槽的宽大堆积扇时，宜按天然沟床分散设桥，不宜改沟归并。如堆积扇比较窄小，散流不明显，则可集中设桥，一桥跨过。

(二)泥石流的防治措施

对泥石流病害，应进行调查，通过访问、测绘、观测等获得第一手资料，掌握其活动规律，有针对性地采取“预防为主、以避为宜、以治为辅，防、避、治相结合”的方针。

泥石流的治理要因势利导，顺其自然，就地论治，因害设防和就地取材，充分发挥排、挡、固防治技术的联合特殊作用。

1. 跨越工程

桥梁适用于跨越流通区的泥石流沟或洪积扇区的稳定自然沟槽；隧道适用于路线穿过规模大、危害严重的大型或多条泥石流沟，隧道方案应与其他方案作技术、经济比较后确定；泥石流地区不宜采用涵洞，在活跃的泥石流洪积扇上禁止使用涵洞。对于三、四级公路，当泥石流规模不大、固体物质含量低、不含有较大石块，并有顺直的沟槽时，方可采用涵洞；过水路面适用于穿过小型坡面泥石流沟的三、四级公路。

2. 防护工程

指对泥石流地区的桥梁、隧道、路基及其他重要工程设施，修建一定的防护建筑物，用以抵御或消除泥石流对主体建筑物的冲刷、冲击、侧蚀和淤埋等危害。防护工程主要有护坡、挡墙、顺坝和丁坝等。

3. 排导工程

在泥石流下游设置排导措施，使泥石流顺利排除。其作用是改善泥石流流势、增大桥梁等建筑物的泄洪能力，使泥石流按设计意图顺利排泄。排导工程包括渡槽、排导沟、导流堤等。其中排导沟适用于有排沙地形条件的路段，其出口应与主河道衔接，出口标高应高出主河道20年一遇的洪水水位。渡槽适用于排泄量小于$30m^3/s$的泥石流，且地形条件应能满足渡槽设计纵坡及行车净空要求。

4. 拦挡工程

指在中游流通段，用以控制泥石流的固体物质和雨洪径流，用于改变沟床坡降，降低泥石流速度，以减少泥石流对下游工程的冲刷、撞击和淤埋等危害的工程设施。拦挡措施有：拦挡坝、格栅坝、停淤场等。拦挡坝适用于沟谷的中上游或下游没有排沙或停淤的地形条件且必须控制上游产沙的河道,以及流域来沙量大,沟内崩塌、滑坡较多的河段。格栅坝适用于拦截流量较小、大石块含量少的小型泥石流。

对于防治泥石流,常采取多种措施相结合,这比用单一措施更为有效。

五、减轻崩塌、滑坡、泥石流灾害的生物措施

滑坡、崩塌、泥石流三者常常具有相互联系、相互转化和不可分割的密切关系。

滑坡和崩塌,它们常常相伴而生,产生于相同的地质构造环境中和相同的地层岩性构造条件下,且有着相同的触发因素,容易产生滑坡的地带也是崩塌的易发区。崩塌、滑坡在一定条件下可互相诱发、互相转化。

1. 滑坡、崩塌与泥石流的关系

滑坡、崩塌与泥石流的关系十分密切,易发生滑坡、崩塌的区域也易发生泥石流,并且崩塌和滑坡的物质经常是泥石流的重要固体物质来源。滑坡、崩塌还常常在运动过程中直接转化为泥石流等,即泥石流是滑坡和崩塌的次生灾害,泥石流与滑坡、崩塌有着许多相同的促发因素。

2. 减轻崩塌、滑坡、泥石流灾害的生物措施

生物措施是防治水土流失,减轻崩、滑、泥石流灾害的主要措施之一。乱砍滥伐、毁林开荒、过度放牧以及人类不合理的生产生活活动所致的生态环境破坏,是水土流失的主要原因,许多崩塌、滑坡、泥石流灾害即是水土流失恶性发展的直接结果。

减轻崩塌、滑坡、泥石流灾害的生物措施主要有:植树造林、封山育草,改良耕作技术以及改善对生态环境有重要影响的农、牧业管理方式等。其主要作用是:保护坡面、减少坡面物质的流失量、固结土层、调节坡面水流、削减坡面径流量、增大坡体的抗冲蚀能力等。

第四节 岩 溶

岩溶是水对可溶性岩石进行以溶蚀作用为主所形成的地表和地下形态的总称,又称岩溶地貌。它以溶蚀作用为主,还包括流水的冲蚀、潜蚀,以及坍陷等机械侵蚀过程,这种作用及其产生的现象统称为喀斯特。喀斯特原是南斯拉夫西北部沿海一带(现属克罗地亚)石灰岩高原的地名,当地称为 Karst,因那里发育各种石灰岩地貌,故借用此名。

中国喀斯特地貌分布广、面积大,其中在桂、黔、滇、川东、川南、鄂西、湘西、粤北等地连片分布的就达 55 万 km^2,尤以桂林山水、路南石林闻名于世。

岩溶与人类的生产和生活息息相关。人类的祖先——猿人,曾经栖居在岩溶洞穴中;许多岩溶地区,因地表缺水或积水成灾,对农业生产影响很大;许多矿产资源、矿泉和温泉与岩溶有关。

在岩溶地区,由于地上地下的岩溶形态复杂多变,给公路测设定位带来相当大的困难。对于现有的公路,会因地下水的涌出、地面水的消水洞被阻塞而导致路基水毁;或因溶洞的坍顶,引起地面路基坍陷、下沉或开裂。但有时可利用某些形态,如利用“天生桥”跨越河道、沟谷、洼地;利用暗河、溶洞以扩建隧道等。因此,在岩溶区修建公路时,应认真勘察岩溶发育的程度和岩溶形态的空间分布规律,以便充分利用某些可利用的岩溶形态,避免或防止岩溶病害对路线布局和路基稳定造成不良影响。

一、岩溶形成的基本条件

1. 岩石的可溶性

可溶性岩体是岩溶形成的物质基础。可溶性岩石有 3 类：碳酸盐类岩石（石灰岩、白云岩、泥灰岩等）；硫酸盐类岩石（石膏、硬石膏和芒硝）；卤盐类岩石（钾、钠、镁盐岩石等）。在可溶性岩石中，以碳酸盐类岩石分布最广，其矿物成分均一，可以全部被含有 CO_2 的水溶解，是发育岩溶的最主要地层。凡是我国分布有碳酸盐类岩层的地方，都有岩溶发育。

2. 岩体的透水性

岩体的透水性是岩溶发育的另一个必要条件，岩层透水性愈好，岩溶发育也愈强烈。岩层透水性主要取决于裂隙和孔洞的多少和连通情况，因此，岩石中裂隙的发育情况往往控制着岩溶的发育情况。

3. 有溶解能力的水活动

水的溶解能力随着水中侵蚀性 CO_2 含量的增加而加强。水的溶蚀能力与水的流动性关系密切，只有当地下水不断流动，与岩石广泛接触，富含 CO_2 的水不断补充更新，才能经常保持侵蚀性，溶蚀作用才能持续进行。

二、岩溶地貌类型

喀斯特地貌在碳酸盐岩地层分布区最为发育，常见的地表喀斯特地貌（图 6-7）有石芽、石林、峰林等喀斯特正地形，还有溶沟、落水洞、盲谷、干谷、喀斯特洼地（包括漏斗、喀斯特盆地）等喀斯特负地形；地下喀斯特地貌有溶洞、地下河、地下湖等；以及与地表和地下密切关联的喀斯特地貌有竖井、天生桥等。

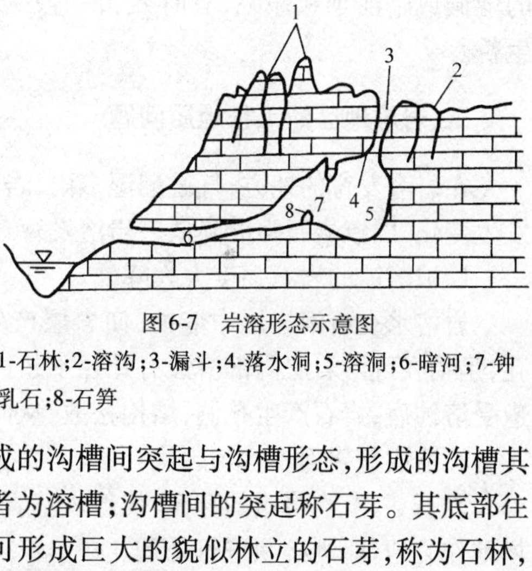

图 6-7 岩溶形态示意图

1-石林；2-溶沟；3-漏斗；4-落水洞；5-溶洞；6-暗河；7-钟乳石；8-石笋

1. 石芽和溶沟

水沿可溶性岩石的裂隙，进行溶蚀和冲蚀所形成的沟槽间突起与沟槽形态，形成的沟槽其深度由数厘米至几米，或者更大些，浅者为溶沟，深者为溶槽；沟槽间的突起称石芽。其底部往往被土及碎石所充填。在质纯层厚的石灰岩地区，可形成巨大的貌似林立的石芽，称为石林，如云南路南石林，最高可达 50m。

2. 落水洞

指流水沿裂隙进行溶蚀、机械侵蚀以及塌陷形成的近于垂直的洞穴。它是地表水流入喀斯特含水层和地下河的主要通道，其形态不一，深度可达十几米到几十米，甚至达百余米。中国各地对落水洞称谓有无底洞、消水洞等名称。落水洞进一步向下发育，形成井壁很陡、近于垂直的井状管道，称为竖井，又称天然井。

3. 溶蚀漏斗

溶蚀漏斗是地面凹地汇集雨水，沿节理垂直下渗，并溶蚀扩展成漏斗状的洼地。其直径一般几米至几十米，底部常有落水洞与地下溶洞相通。

4. 干谷和盲谷

喀斯特区地表水因渗漏或地壳抬升，使原河谷干涸无水而变为干谷。干谷又称死谷，其底部较平坦，常覆盖有松散堆积物，沿干河床有漏斗、落水洞成群地作串球状分布，往往成为寻找地下河的重要标志。盲谷是一端封闭的河谷,河流前端常遇石灰岩陡壁阻挡,石灰岩陡壁下常发育落水洞,遂使地表水流转为地下暗河。这种向前没有通路的河谷,称为盲谷,又称断尾河。常发育于地下水水力坡降变陡处,是地下河袭夺地表河所致。

5. 溶蚀洼地

岩溶作用形成的小型封闭洼地。它的周围常分布着陡峭的峰林,面积一般只有几平方公里到几十平方公里,底部有残积—坡积物,且高低不平,常附生着漏斗。

6. 溶洞

溶洞的形成是石灰岩地区地下水长期溶蚀岩层的结果。石灰岩的主要成分是碳酸钙($CaCO_3$),在有水和二氧化碳时发生化学反应生成碳酸氢钙[$Ca(HCO_3)_2$],后者可溶于水,于是有孔洞形成并逐步扩大。在洞内常发育有石笋、石钟乳和石柱等洞穴堆积。洞中这些碳酸钙沉积琳琅满目,形态万千,一些著名的溶洞,如北京房山县云水洞、桂林七星岩和芦笛岩等,均为游览胜地。溶洞常与其他岩溶形态相连,往往是地下水活动的场所和通道。

7. 暗河与天生桥

暗河是岩溶地区地下水汇集、排泄的主要通道。其中一部分暗河常与干谷伴随存在,通过干谷底部一系列的漏斗、落水洞,使两者相连通,可大致判明地下暗河的流向。近地表的溶洞或暗河顶板塌陷,有时残留一段为塌陷洞顶,形成横跨水流,呈桥状形态,故称为天生桥。

三、岩溶地区的工程地质问题

在岩溶发育的地方,气候潮湿多雨,岩石的富水性和透水性都很强,岩溶作用使岩体结构发生变化,以致岩石强度降低。岩溶发育对公路工程建设影响很大,主要表现为如下四种。

1. 被溶蚀的岩石强度大为降低

岩溶水在可溶岩层中溶蚀,使岩层产生孔洞。最常见的是岩层中有溶孔或小洞,所谓溶孔,是指在可溶岩层内部溶蚀有孔径不超过20~30cm的,一般小于1~3cm的微溶蚀的孔隙。遭受溶蚀后,岩石产生孔洞,结构松散,从而降低了岩石强度。

2. 造成基岩面不均匀起伏

因石芽、溶沟溶槽的存在,使地表基岩参差不齐、起伏不均匀。如利用石芽或溶沟发育的场地作为地基,则必须进行处理。

3. 降低地基承载力

建筑物地基中若有岩溶洞穴,将大大降低地基岩体的承载力,容易引起洞穴顶板塌陷,使建筑物遭到破坏。

4. 造成施工困难

在基坑开挖和隧道施工中,岩溶水可能突然大量涌出,给施工带来困难等。

四、岩溶地区路基整治措施

当岩溶地基稳定性不能满足要求时,必须事先进行处理,做到防患于未然。通常应视具体条件合理选择相应的措施,对岩溶和岩溶水的处理措施可以归纳为疏导、跨越、加固、堵塞等几个方面。

1. 堵塞

对基本停止发展的干涸的溶洞,一般以堵塞为宜。如用片石堵塞路堑边坡上的溶洞,表面以浆砌片石封闭。对路基或桥基下埋藏较深的溶洞,一般可通过钻孔向洞内灌浆注水泥砂浆、混凝土、沥青等加以堵塞,提高其强度。

2. 疏导

对经常有水或季节性有水的空洞,一般宜疏不宜堵。应采取因地制宜,因势利导的方法。路基上方的岩溶泉和冒水洞,宜采用排水沟将水截流至路基外。对于路基基底的岩溶泉和冒水洞,可设置集水明沟或渗沟,将水排出路基。

3. 跨越

对位于路基基底的开口干溶洞,当洞的体积较大或深度较深时,可采用构造物跨越。对于有顶板但顶板强度不足的干溶洞,可炸除顶板后进行回填,或设构造物跨越。

4. 清基加固

为防止基底溶洞的坍塌及岩溶水的渗漏,经常采用以下加固方法。

(1)洞径大,洞内施工条件好时,可采用浆砌片石支墙、支柱等加固。如需保持洞内水流畅通,可在支撑工程间设置涵管排水。

(2)深而小的溶洞不能使用洞内加固办法时,可采用石盖板或钢筋混凝土盖板跨越可能的破坏区。

(3)对洞径小、顶板薄或岩层破碎的溶洞,可采用爆破顶板用片石回填的办法。如溶洞较深或须保持排水者,可采用拱跨或板跨的办法。

(4)对于有充填物的溶洞,宜优先采用注浆法、旋喷法进行加固,不能满足设计要求时宜采用构造物跨越。

(5)如需保持洞内流水畅通时,应设置排水通道。

隧道工程中的岩溶处理较为复杂。隧道内常有岩溶水的活动,若水量很小,可在衬砌后压浆以阻塞渗透;对成股水流,宜设置管道引入隧道侧沟排除;若水量大时,可另开横洞(泄水洞);长隧道可利用平行导坑(在进水一侧),以截除涌水。

在建筑物使用期间,应经常观测岩溶发展的方向,以防岩溶作用继续发生。

第五节　地　震

地震是一种地球内部应力突然释放的表现形式,同台风、暴雨、洪水、雷电一样,是一种自然现象,但地震是自然灾害之首恶。全世界每年大约发生 500 万次地震,绝大多数地震因震级小,人感觉不到。其中有感地震约 5 万多次,其中,能造成破坏作用的约 1 000 次,七级以上的大地震仅有十几次。

一次强烈地震,会造成种种灾害,一般我们将其分为直接灾害和次生灾害。直接灾害是指地震发生时直接造成的灾害损失,地震可导致建筑物直接破坏和地基、斜坡的振动破坏(地裂、地陷、砂土液化、滑坡、崩塌等);次生灾害则指大震时造成的河水倾溢、水坝崩塌等引起的水灾等。1976 年唐山的 7.8 级地震,极震区的大部分房屋化为废墟,人员伤亡惨重,直接经济损失达 100 多亿元。

地震是工程地质学研究的对象之一,它是区域稳定性分析极其重要的因素。工程地质学着重研究地震波对建筑物的破坏作用,不同工程地质条件场地的地震效应、地震区建筑场地的选择,以及防震、抗震措施的工程地质论证等,为不同地震区各类工程的规划、设计提供了依据。

一、地震的成因类型

地震按成因不同,一般可分为人工地震和天然地震。由人类活动(如开山、开矿、爆破等)引起的叫人工地震,除此之外统称为天然地震。地震按其成因可划分为构造地震、火山地震、陷落地震和激发地震。

1. 构造地震

地球在不停地运动变化,内部产生巨大的作用力称为地应力。在地应力长期缓慢的积累和作用下,地壳的岩层发生弯曲变形,当地应力超过岩石本身能承受的强度时,岩层产生断裂错动,其巨大的能量突然释放,迅速传到地面,这就是构造地震。世界上90%以上的地震,都属于构造地震。强烈的构造地震破坏力很大,是人类预防地震灾害的主要对象。

2. 火山地震

由于火山活动时岩浆喷发冲击或热力作用而引起的地震叫火山地震。这种地震的震级一般较小,影响范围不大且为数较少,只占地震总数的7%左右。我国很少发生火山地震,它主要分布在南美和日本等地。

3. 陷落地震

由于地下水溶解了可溶性岩石,使岩石中出现空洞并逐渐扩大,或由于地下开采形成了巨大的空洞,造成岩石顶部和土层崩塌陷落,引起地震,叫陷落地震。陷落地震震级都很小,数量也少,影响范围小,这类地震约占地震总数的3%左右。

4. 诱发地震

在特定的地区因某种地壳外界因素诱发引起的地震,叫诱发地震,如水库蓄水、地下核爆炸、油井灌水、深井注液、采矿等也可诱发地震,其中最常见的是水库地震,也是当前要严加关注的地震灾害之一。

二、地震波与地震力

地震发生时,震源释放的能量以弹性波的形式向四处传播,这种弹性波就是地震波。地下发生地震的地方为震源,震源正对着的地面是震中。震中附近振动最大,一般是破坏性最严重的地区,也叫极震区。从震中到地面上受地震破坏影响的任何一点的距离叫震中距。

地震力是指由地震波传播时引起地面振动所产生的惯性力。这种惯性力作用于建筑物,当其超过建筑物所能承受的极限时,即造成破坏,地震力愈大,造成的破坏也愈大。地震力具有方向性,即有水平分力和垂直分力。由于水平方向的地震力对建筑物的破坏作用最大,因而一般对地震的水平分力较为重视。抗震的一个重要内容就是要针对可能发生水平方向地震力的大小,采取预防措施。

根据静力系数法,作用于建筑物的水平地震力P,可按下式计算:

$$P = \frac{a}{g}G = k_c \cdot G$$

式中:a——地震最大水平加速度(cm/s^2);

g——重力加速度;

G——建筑物的自重力;

k_c——地震系数,无单位,$k_c \approx 0.001a$。

三、震级和烈度

地震能否使某一地区的建筑物受到破坏,主要取决于地震强度的大小和该区距震中的远近,距震中越远则受到的振动越弱,所以需要有衡量地震本身强度大小和某一地区地面及建筑物振动强烈程度的两个标准,即震级和烈度。

1. 震级

地震的震级是表示地震强度大小的度量,它与地震所释放的能量有关。震级是根据地震仪记录到的最大振幅,并考虑到地震波随着距离和深度的衰减情况而得来的。一次地震只有一个震级,小于3级的地震,人不易感觉到,只有仪器才能记录到,称为“微震”,3~5级地震是“弱震”;5~7级地震是“强震”,建筑物有不同程度的破坏;7级以上地震为大震,会在大范围内造成极其严重的破坏。迄今记录到的地球上的最大地震为1960年5月22日智利8.9级特大地震。震级每相差一级,其能量相差约为30多倍。可见,地震越大,震级越高,释放的能量越多。

2. 烈度

通常把地震对某一地区的地面和各种建筑物遭受地震影响的强烈程度叫地震烈度。烈度是根据受震物体的反应、房屋建筑物破坏程度和地形地貌改观等宏观现象来判定的。地震烈度的大小,与地震大小、震源深浅、离震中远近、当地工程地质条件等因素有关。因此,一次地震,震级只有一个,但烈度却是根据各地遭受破坏的程度和人为感觉的不同而不同。一般说来,烈度大小与距震中的远近成反比,震中距越小,烈度越大,反之烈度愈小。我国地震烈度采用12度划分法,是根据地震时人的感觉、家具及物品的振动情况、房屋及建筑物受破坏的程度,以及地面出现的破坏现象等情况来确定的,见表6-1。

地震烈度划分标准表

表6-1

烈度	名　称	加速度 a(cm/s^2)	地震系数 k_c	地 震 情 况
I	无感震	<0.25	<1/4 000	人不能感觉,只有仪器可以记录到
II	微震	0.26~0.5	1/4 000~1/2 000	少数在休息中极宁静的人能感觉到,住在楼上者更容易
III	轻震	0.6~1.0	1/2 000~1/1 000	少数人感觉地动,不能即刻断定是地震;振动来自方向或持续时间有时约略可定
IV	弱震	1.1~2.5	1/1 000~1/400	少数人在室外的人和极大多数在室内的人都感觉,家具等有些摇动,盘碗及窗户玻璃振动有声;屋梁天花板等格格作响,缸里的水或敞口皿中的液体有些荡漾,个别情形惊醒睡觉的人
V	次强震	2.6~5.0	1/400~1/200	差不多人人感觉,树木摇晃,如有风吹动。房屋及室内物件全部振动,并格格作响。悬吊物如帘子、灯笼、电灯等来回摆动,挂钟停摆或乱打,盛满器皿中的水溅出。窗户玻璃出现裂纹、睡觉的人惊逃户外
VI	强震	5.1~10.0	1/200~1/100	人人感觉,大部分惊骇跑到户外,缸里的水剧烈荡漾,墙上挂图、架上书籍掉落,碗碟器皿打碎,家具移动位置或翻倒,墙上灰泥发生裂缝,坚固的庙堂房屋亦不免有些地方掉落一些泥灰,不好的房屋受相当损伤,但还是轻的
VII	损害震	10.1~25.0	1/100~1/40	室内陈设物品及家具损伤甚大。庙里的风铃叮当作响,池塘里腾起波浪并翻起浊泥,河岸沙碛处有崩滑,井泉水位有改变,房屋有裂缝,灰泥及塑雕装饰大量脱落,烟囱破裂,骨架建筑的隔墙亦有损伤,不好的房屋严重损伤

续上表

烈度	名　称	加速度 a(cm/s^2)	地震系数 k_c	地 震 情 况
VIII	破坏震	25.1～50.0	1/40～1/20	树木发生摇摆,有时断折。重的家具物件移动很远或抛翻,纪念碑从座上扭转或倒下,建筑较坚固的房屋也被损害,墙壁裂缝或部分裂坏,骨架建筑隔墙倾脱,塔或工厂烟囱倒塌,建筑特别好的烟囱顶部亦遭损坏。陡坡或潮湿的地方发生小裂缝,有些地方涌出泥水
IX	毁坏震	50.1～100.0	1/20～1/10	坚固建筑物等损坏颇重,一般砖砌房屋严重破坏,有相当数量的倒塌,而且不能再居住。骨架建筑根基移动,骨架歪斜,地上裂缝颇多
X	大毁坏震	100.1～250.0	1/10～1/4	大的庙宇、大的砖墙及骨架建筑连基础遭受破坏,坚固的砖墙发生危险的裂缝,河堤、坝、桥梁、城垣均严重损伤,个别的被破坏,钢轨挠曲,底下输送管道破坏,马路及铺油街道起了裂缝与皱纹,松散软湿之地开裂,有相当宽而深的长沟,且有局部崩滑。崖顶岩石有部分剥落,水边惊涛拍岸
XI	灾震	250.1～500.0	1/4～1/2	砖砌建筑全部坍塌,大的庙宇与骨架建筑只部分保存。坚固的大桥破坏,桥柱崩裂,钢梁弯曲(弹性大的大桥损坏较轻)。城墙开裂破坏,路基、堤坝断开,错离很远,钢轨弯曲且突起,地下输送管道完全破坏,不能使用。地面开裂甚大,沟道纵横错乱,到处地滑山崩,地下水夹泥从地下涌出
XII	大灾震	500.0～1 000.0	>1/2	一切人工建筑物无不毁坏,物体抛掷空中,山川风景变异,河流堵塞,造成瀑布,湖底升高,地崩山摧,水道改变等

注:本表摘自《工程地质》(同济大学等三院校编写)。

在工程勘察、设计中,经常采用的地震烈度有基本烈度、场地烈度和设计烈度。

(1)基本烈度。是指在今后一定时期内,某一地区在一般场地条件下可能遇到的最大地震烈度。基本烈度所指的地区,并非是一个具体的工程建筑物地段,而是指一个较大范围的地区。一般场地条件是指在上述地区范围内普遍分布的地层岩性条件及一般的地形地貌、地质构造和地下水条件等。

(2)场地烈度。场地烈度是指建筑场地内因地质、地貌和水文地质条件等的差异而引起基本烈度的降低或提高的烈度。场地烈度可根据建筑场地的具体条件,一般可比基本烈度提高或降低0.5～1.0度。

(3)设计烈度。又称设防烈度,是指抗震设计所采用的烈度。它是根据建筑物的重要性、永久性、抗震性以及工程的经济性等条件对基本烈度进行适当调整后的烈度。永久性的重要建筑物需提高基本烈度作为设计烈度,并尽可能避免设在高烈度区,以确保工程安全。临时性建筑和次要建筑物可比永久性建筑或重要建筑物低1～2度。

四、全球和我国的地震分布

1.全球的地震分布情况

地震的地理分布受一定的地质条件控制,具有一定的规律。地震大多分布在地壳不稳定的部位,如大陆板块和大洋板块的接触处及板块断裂破碎的地带,全球地震主要分布在两大区带上。一是环太平洋地震带,该带基本沿着南、北美洲西海岸,经堪察加半岛、千岛群岛、日本列岛,至我国的台湾省和菲律宾群岛,一直到新西兰,是地球上最活跃的地震带。二是地中海—喜马拉雅地震带,主要分布于欧亚大陆,又称欧亚地震带,大致从印尼西部,缅甸经我国横断山脉喜马拉雅山地区,经中亚细亚到地中海。

2. 我国的地震分布情况

我国处在世界两大地震带之间,是世界上地震活动较多且强烈的地区。我国地震主要分布在:①东南部的台湾和福建广东沿海,台湾省的强震密度和平均震级都占全国首位;②华北地震带;③西藏—滇西地震带;④横贯中国的南北向地震带等。

本章小结

公路是一种延伸很长,且以地壳表层为基础的线形建筑物,它常穿越许多自然条件不同的地段,特别是不良地质条件地段。本章主要介绍了几种常见的不良地质现象,不同地区院校可根据不同特点选择学习。

1. 崩塌和滑坡是边坡岩土体在自身重力作用和其他因素影响下发生变形破坏的现象。它们常具有突发性强和危害大的特征。因此应分析边坡失稳的原因及其危害程度,预测其发展趋势,并提出防治措施。

2. 泥石流是山洪水流挟带大量泥沙、石块等固体物质,突然以巨大的速度从沟谷上游奔腾直泻而下,来势凶猛,历时短暂,具有强大破坏力的一种特殊洪流。泥石流的形成条件包括陡峻的便于集水、集物的地形地貌;丰富的松散物质;短时间内有大量的水源。

3. 岩溶是水对可溶性岩石进行以溶蚀作用为主所形成的地表和地下形态的总称。岩溶形成的基本条件是岩石的可溶性、岩体的透水性和水的溶蚀性及流动性。在岩溶地区修建工程应注意岩溶现象及岩溶地貌。

4. 地震按其成因可划分为构造地震、火山地震、陷落地震和激发地震。震级和烈度是衡量地震本身大小与某一地区地震强烈程度的两个尺度。地震烈度分为基本烈度、场地烈度和设防烈度。

复习思考题

1. 什么叫崩塌?崩塌给公路工程造成哪些危害?
2. 崩塌的形成必须具备哪些基本条件?
3. 简述崩塌的防治原则和整治措施。
4. 滑坡的发生必须具备哪些条件?其中最重要的条件是什么?试分析其原因。
5. 在野外路线勘测中,怎样识别滑坡的存在?
6. 工程上对滑坡的防治措施常用“绕、排、挡、减、固”,请说明这五字措施的含义。
7. 岩溶形成的基本条件有哪些?
8. 岩溶地区可能遇到哪些工程地质问题?应采取哪些防治措施?
9. 地震的震级和烈度有什么区别和联系?

第七章　地下洞室围岩稳定性评价

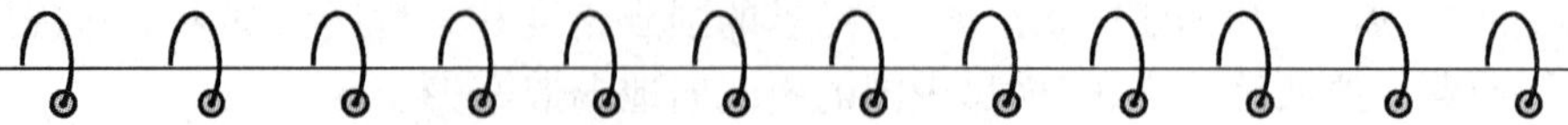

教学要求

1. 认识地下洞室变形和破坏的类型和机理。
2. 熟悉影响围岩稳定的因素。
3. 熟悉地下洞室围岩稳定性的分析方法。
4. 说明保障地下洞室围岩稳定的处理措施。
5. 说明地质作用对公路隧道施工的影响

学习建议

学习要着眼于认识和分析围岩问题的复杂性，并以围岩稳定安全为主线，理解围岩的选址、围岩压力、变形、破坏和保护的内在联系。

地下洞室泛指修建于地下岩土体内，具有一定断面形状和尺寸，并有较大延伸长度的各种形式和用途的建筑。地下洞室是岩土工程中重要组成部分，目前已广泛应用于交通、采矿、水利水电、国防等部门，公路工程建设中的地下建筑物主要是隧道等。

由于地应力的存在，地下洞室开挖势必打破原来岩(土)体的自然平衡状态，引起地下洞室周围一定范围内的岩(土)体应力重新分布，产生变形、位移、甚至破坏，直至出现新的应力平衡为止。工程中将开挖后地下洞室周围发生应力重新分布的岩(土)体称为围岩。地下洞室突出的工程地质问题是围岩稳定问题。国内外建筑史上因洞室围岩失稳而造成的事故，为数不少。澳大利亚悉尼输水压力隧洞的混凝土衬砌，使用期间，在300m的地段上发现洞内有压水大量渗入围岩而达地表。放空检修发现，三叠系砂岩中节理发育，岩石强度很低，在100m的内水头作用下，不合要求的衬砌被破坏，洞顶围岩被掀起，出现裂缝错距达1.0~2.0cm。因此，围岩的稳定性是地下洞室能否在服务年限内正常使用的关键因素。

第一节　围 岩 压 力

一、围岩应力重新分布的一般特征

洞室开挖前，岩土体一般处于天然应力平衡状态，称一次应力状态或初始应力状态。在岩体内开挖地下洞室将引起围岩内部的应力重新分布，出现二次应力，这就打破了原来岩体的自然应力平衡状态，势必导致围岩产生变形和破坏，从而在地下洞室的支护结构上引起应力和位移的变化，甚至破坏支护结构。

围岩应力重分布与岩体的初始应力状态及洞室断面的形状等因素有关。如对于侧压力系

数 $\lambda=1$ 的圆形地下洞室,开挖后应力重分布的主要特征是径向应力 σ_r 向洞壁方向逐渐减小,至洞壁处为零,而切向应力 σ_0 向洞壁方向逐渐增大(图 7-1)。通常所说的围岩,就是指受应力重分布影响的那一部分岩体。

由此可见,地下开挖后由于应力重分布,引起洞周产生应力集中现象。当围岩应力小于岩体的强度极限(脆性岩石)或屈服极限(塑性岩石)时,洞室围岩稳定。当围岩应力超过了岩体屈服极限时,围岩就由弹性状态转化为塑性状态,形成一个塑性松动圈,如图 7-2 所示。在松动圈形成的过程中,原来洞室周边集中的高应力逐渐向松动圈外转移,形成新的应力升高区,该区岩体挤压得紧密,宛如一圈天然加固的岩体,故称为承载圈。

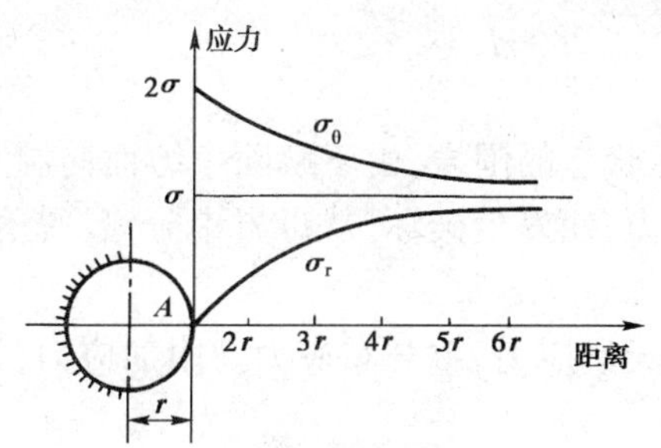

图 7-1 隧道开挖洞周应力状态

σ_0-切向应力;σ_r-径向应力

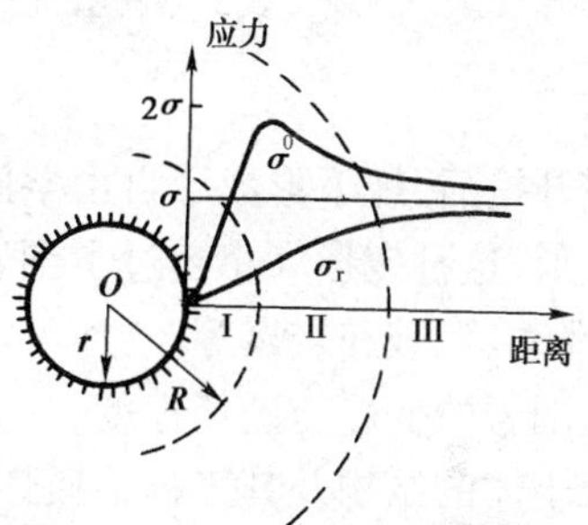

图 7-2 围岩的松动圈和承载圈

I-松动圈;II-承载圈;III-原始应力区

应当指出,如果岩体非常软弱或处于塑性状态,则洞室开挖后,由于塑性松动圈的不断扩展,自然承载圈很难形成。在这种情况下,岩体始终处于不稳定状态,开挖洞室十分困难。如果岩体坚硬完整,则洞室周围岩石始终处于弹性状态,围岩稳定不形成松动圈。

在生产实践中,确定洞室围岩松动圈的范围是非常重要的。因为松动圈一旦形成,围岩就会坍塌或向洞内产生大的塑性变形,要维持围岩稳定就要进行支撑或衬砌。

二、围岩压力的类型

洞室围岩由于应力重分布而形成塑性变形区,在一定条件下,围岩稳定性便可能遭到破坏,为保证洞室的稳定,常需进行支护和衬砌,洞室支护和衬砌上便必然受到围岩变形与破坏的岩土体的压力。这种由于围岩的变形与破坏而作用于支护或衬砌上的压力称为围岩压力。

围岩压力是设计支护或衬砌的依据之一,它关系到洞室正常运用、安全施工、节约资金和施工进度等问题,围岩稳定程度的判别与围岩压力的确定紧密相关。

围岩压力就其表现形式可分为如下四类。

1. 松动压力

由于开挖而引起围岩松动或坍塌的岩体以重力形式作用在支护结构上的压力称为松动压力,亦称散体压力。松动压力是因为围岩个别岩石块体的滑动、松散围岩以及在节理发育的裂隙岩体中,围岩某些部位沿软弱结构面发生剪切破坏或拉张破坏等导致局部滑动引起的。

2. 变形压力

开挖必然引起围岩变形,支护结构为抵抗围岩变形而承受的压力称为变形压力。

3. 冲击压力

在坚硬完整岩体中,地下建筑开挖后的洞体应力,如果在围岩的弹性界限之内,则仅在开挖后的短时期内引起弹性变形,而不致产生围岩压力。但当建筑物埋深较大,或由于构造作用使初始应力很高，开挖后洞体应力超过了围岩的弹性界限，这些能量突然释放所产生的巨大压力，称为冲击压力。冲击压力发生时，伴随着巨响，岩石以镜片状或叶片状高速迸发而出，因此冲击压力也称岩爆。

4. 膨胀压力

某些岩体由于遇水后体积发生膨胀，从而产生膨胀压力。膨胀压力与变形压力的基本区别在于它是围岩吸水膨胀引起的。膨胀压力的大小，主要取决于岩体的物理力学性质和地下水的活动特征等。

第二节　洞室围岩的变形与破坏

洞室开挖后，地下形成了自由空间，原来处于挤压状态的围岩，由于解除束缚而向洞室空间松胀变形；这种变形大小超过了围岩所能承受的能力，便发生破坏，从母岩中分离、脱落，导致坍塌、滑动、隆破和岩爆等。

洞室围岩的变形与破坏程度，一方面取决于地下天然应力、重分布应力及附加应力；另一方面与岩土体的结构及其工程地质性质密切相关。

一、围岩的变形

导致围岩变形的根本原因是地应力的存在。地下洞室开挖前，岩(土)体处于自然平衡状态，内部储蓄着大量的弹性能，地下洞室开挖后，这种自然平衡状态被打破，弹性能释放，一定范围内的围岩发生弹性恢复变形。另一方面，由于围岩应力重新分布，各点的应力状态发生变化，导致围岩产生新的弹性变形。这种弹性变形是不均匀的，从而导致地下洞室周边位移的不均匀性。

重新分布的围岩应力在未达到或超过其强度以前，围岩以弹性变形为主。一般认为，弹性变形速度快、量值小，可瞬间完成，一般不易觉察。当应力超过围岩强度时，围岩出现塑性区域，甚至发生破坏，此时围岩变形将以塑性变形为主。塑性变形延续时间长、变形量大，发生压碎、拉裂或剪破。塑性变形是围岩变形的主要组成部分。

如果围岩裂隙十分明显或者围岩破坏严重时，节理间的相互错位、滑动及裂隙张开或压缩变形将会占据主导地位，而岩块本身的变形成分居次要地位。按照岩体结构力学的原理，由于岩体中大小结构面的存在，围岩的变形都会或多或少地存在结构面的变形。

此外，由于岩石的流变效应十分明显，围岩长期处于一种动态变化的高应力作用之中，流变也是围岩变形不可忽略的组成部分。

从围岩变形与时间的关系上看，典型的曲线形状如图 7-3 所示，它的形状与岩石的蠕变曲线很相似。OA 段代表围岩开挖初期的变形，它主要是弹性变形和部分塑性变形，这一段时间一般在 15 ~ 30d；AB 段为围岩应力调整期的变形阶段，这时的变形主要是塑性变形，时间约 1 个月或更长；BC 段为围岩的稳定期，这个阶段基本没有变形，时间可长可短，由于地下洞室绝大多数采取了支护措施，一般可保持在使用期限内；CD 段为加速变形阶段，该阶段表明围岩即将破坏，变形特征以结构面的滑移和张裂为主。

从围岩变形与深度的关系(图 7-4)上看，地下洞室的表面最大，随着深度的加大，变形将趋于零。曲线上的拐点 A 是弹、塑性区的分界点；变形的零点就是地下洞室对围岩影响范围的终点。

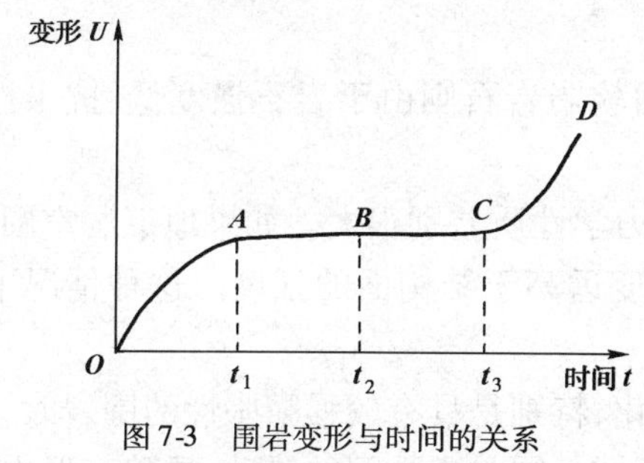

图 7-3　围岩变形与时间的关系

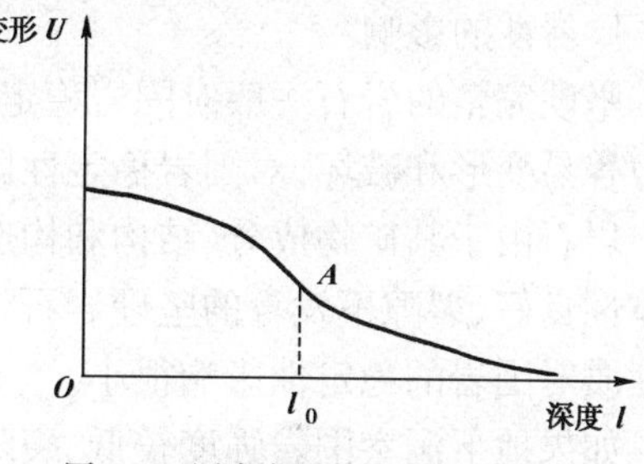

图 7-4　围岩变形与深度的关系

二、常见围岩破坏类型

洞室开挖后,围岩破坏就其表现形式分为洞顶坍塌、边墙滑落和洞底隆胀。其一,围岩应力重新分布导致洞顶和两边中部成为最先破坏的起点;其二,结构面的不同组合,形成局部切割块体不稳定而滑移;其三,地下洞室开挖后由于风化作用、围岩遇水软化或围岩本身强度较低,引起地下洞室围岩破坏或围岩膨胀。

1. 洞顶坍塌

常称为冒顶。顶板塌落后的形状与地下洞室围岩有很大关系,它在重力作用下与围岩母体脱离,突然塌落而形成塌落拱,绝大多数顶板坍塌与结构面的切割有关。

2. 边墙滑落

边墙的滑落与顶板坍塌情形类似,结构面的影响是主要的,由于侧围原有的和新生的结构面相互汇合、交截、切割,构成一定大小、数量、性状的分离体,当有具备滑动条件的结构面时,便向洞室滑塌。

3. 洞底隆胀

地下洞室开挖后底板的隆胀是很常见的,特别是在围岩塑性变形显著、岩性软弱和埋深较大的地下洞室,表现得最明显,有时也造成洞壁挤出现象。实际上,由于我们在地下洞室支护中常常不支护底板,因而几乎所有地下洞室均有不同程度的底板隆胀现象。

4. 岩爆

洞室开挖过程中,周壁岩石有时会骤然以爆炸形式,呈透镜体碎片或岩块突然弹出或抛出,并发生类似射击的啪啪声响,这就是所谓"岩爆"。坚硬而无明显裂隙或者裂隙极稀微而不连贯的弹脆性岩体,如花岗岩、石英岩等,在围岩的变形大小极不明显,并在短时间内完成这种变形。由于应力解除,其体积突然增加,而在洞室周壁上留下凹痕或凹穴。岩爆对地下工程常造成危害,可破坏支护、堵塞坑道,或造成重大人员伤亡事故。

5. 围岩破坏导致地面沉降

洞室围岩的变形和破坏,导致洞室周围岩体向洞室空间移动。如果洞室位置很深或其空间尺寸不大,围岩的变形破坏将局限在较小范围以内,不致波及地面。但是,当洞室位置很浅或其空间尺寸很大,特别在矿山开发中,地下开采常留下很大范围的采空区,围岩变形与破坏将会扩展或影响波及地面,引起地面沉降,有时会出现地面塌陷和裂缝等。

第三节　地下洞室围岩稳定性的分析方法

一、影响围岩稳定的因素

地下洞室围岩的稳定与岩性、岩体结构、地质构造、构造应力、地下水等因素有关。

1. 岩性的影响

坚硬完整的岩石一般对围岩稳定性影响较小，而软弱岩石则由于岩石强度低、抗水性差、受力容易变形和破坏，对围岩稳定性影响较大。

岩石由于其矿物成分、结构和构造的不同，物理力学性质差别很大。如果地下洞室围岩为整体性良好、裂隙不发育的坚硬岩石，岩石本身的强度远高于结构面的强度。这种情况下，岩石性质对围岩的稳定性影响很小。

如果地下洞室围岩强度较低、裂隙发育、遇水软化，特别是具有较强膨胀性的围岩时，则二次应力使围岩产生较大的塑性变形，或较大的破坏区域。同时裂隙间的错动，滑移变形也将增大，势必给围岩的稳定带来重大影响。

2. 岩体结构的影响

块状结构的岩体作为地下洞室的围岩，其稳定性主要受结构面的发育和分布特点所控制，这时的围岩压力主要来自最不利的结构面组合，同时与结构面和临空面的切割关系有密切关系。碎裂结构围岩的破坏往往是由于变形过大，导致块体间相互脱落，连续性被破坏而发生坍塌，或某些主要连通结构面切割而成的不稳定部分整体冒落，其稳定性最差。

3. 地质构造的影响

地质构造对于围岩的稳定性起重要作用，当洞室通过软硬相间的层状岩体时，易在接触面处变形或坍落。若洞室轴线与岩层走向近于直交，可使工程通过软弱岩层的长度较短；若与岩层走向近于平行而不能完全布置在坚硬岩层里，断面又通过不同岩层时，则应适当调整洞室轴线高程或左右变移轴线位置，使围岩有较好的稳定性。洞室应尽量设置在坚硬岩层中，或尽量把坚硬岩层作为顶围。

当洞室通过背斜轴部时，顶围向两侧倾斜，由于拱的作用，利于顶围的稳定。而向斜则相反，两侧岩体倾向洞内，并因洞顶存在张裂，对围岩稳定不利。另外，向斜轴部多易储存聚集地下水，且多承压，更削弱了岩体的稳定性。

当洞室邻近或处在断层破碎带，若断层带宽度愈大，走向与洞室轴交角愈小，则它在洞内出露越长，对围岩稳定性影响就越大。

4. 构造应力的影响

构造应力随地下洞室的埋深增加而增大，因此一般地下洞室埋藏越深，稳定性越差。根据经验，沿构造应力最大主应力方向延伸的地下洞室比垂直最大主应力方向延伸的地下洞室稳定；地下洞室的最大断面尺寸沿构造应力最大主应力的方向延伸时较为稳定，这是由围岩应力分布决定的。一般地质构造复杂的岩层中，构造应力十分明显，尽量避开这些岩层，对地下洞室的稳定非常重要。

5. 地下水的影响

围岩中地下水的赋存、活动状态，既影响着围岩的应力状态，又影响着围岩的强度。当洞室处于含水层中或地下洞室围岩透水性强时，这些影响更为明显。静水压力作用于衬砌上，等于给衬砌增加了一定的荷载，因此，衬砌强度和厚度设计时，应充分考虑静水压力的影响。另一方面，静水压力使结构面张开，减小了滑动摩擦力，从而增加了围岩坍塌、滑落的可能性；动水压力的作用促使岩块沿水流方向移动，也冲刷和带走裂隙内的细小矿物颗粒，从而增加裂隙的张开程度，增加围岩破坏的程度。地下水对岩石的溶解作用和软化作用，也降低了岩体的强度，影响围岩的稳定性。

地下洞室围岩的稳定性，除了受到上述天然因素的影响外，人为因素也是不可忽视的，比如开挖方法、开挖强度、支护方法和时间等。

二、地下洞室围岩稳定性的分析方法

由于不同结构类型的岩体变形和失稳的机制不同，不同类型的地下洞室对稳定性的要求不同，围岩稳定性分析和评价的方法多种多样，目前有以下几种方法。

1. 围岩稳定分类法

围岩稳定分类法是以大量的工程实践为基础，以稳定性观点对工程岩体进行分类，并以分类指导稳定性评价。围岩稳定分类方法很多，大体上可归纳为三类：岩体完整性分类、岩体结构分类、岩体质量的综合分类。

2. 工程地质类比法

即根据大量实际资料分析统计和总结，按不同围岩压力的经验数值，作为后建工程确定围岩压力的依据。这种方法是常用的传统方法，其适用条件必须是被比较的两个地下工程具有相似的工程地质特征。

3. 岩体结构分析法

(1)借助赤平极射投影等投影法进行图解分析，初步判断岩体的稳定性。

(2)在深入研究岩体结构特征基础上建立地质力学模型，通过有限单元法或边界元计算，得出工程岩体稳定性的定量指标，判断围岩的稳定性。

4. 数学力学计算分析法

岩体稳定性分析正处于由定性向定量阶段发展，数学力学计算方法已得到广泛的应用。

5. 模拟试验法

即在岩体结构和岩体力学性质研究的基础上，考虑外力作用的特点，通过物理模拟和数学模拟方法，研究岩体变形、破坏的条件和过程，由此得出岩体稳定性的直观结果。

第四节　保障地下洞室围岩稳定性的处理措施

研究地下洞室围岩稳定性，不仅在于正确地据以进行工程设计与施工，也为了有效地改造围岩，提高其稳定性。通常采用光面爆破、掘进机开挖等先进的施工方法以及对围岩采取灌浆、锚固、支撑和衬砌等加固措施。从工程地质观点出发，保障地下洞室围岩稳定性的途径有两种：第一，保护地下洞室围岩原有的强度和承载能力，如及时封闭围岩以防风化，适时衬砌阻止围岩产生过大变形和松动；第二，赋予围岩一定的强度，使其稳定性有所提高，如给围岩注浆、封闭裂隙、用锚杆加固危岩等。前者主要是采用合理的施工和支护衬砌方案，后者主要是加固围岩。

一、合理施工，尽量减少围岩的扰动

围岩稳定程度不同，应选择不同的施工方案。尽可能全断面开挖，多次开挖会损坏岩体。若地下洞室断面较大，一次开挖成型困难时，可采用分部开挖逐步扩大的施工方法，并根据围岩的特征，采用不同的开挖顺序以保护围岩的稳定性。例如，当洞顶围岩不稳定而边墙围岩稳定性较好时，应先在洞顶开挖导洞并立即做好支撑，当洞顶全部轮廓挖出做好永久性衬砌后，再扩大下部断面。如整个洞室的围岩均不甚稳定时，则应先开挖侧墙导洞并做好衬砌后，再开挖上部断面。

二、支撑、衬砌与锚喷加固

支撑是临时性加固洞壁的措施，衬砌是永久性加固洞壁的措施。此外还有喷浆护壁、喷射混凝土、锚筋加固、锚喷加固等。

1. 支撑

支撑按材料可分为木支撑、钢支撑和混凝土支撑等。在不太稳定的岩体中开挖时，应考虑及时设置支撑，以防止围岩早期松动。支撑是保护围岩稳定性的简易可行的办法。

2. 衬砌

衬砌的作用与支撑相同，但经久耐用，使洞壁光坦。砖、石衬砌较便宜，钢筋混凝土、钢板衬砌的成本最高。衬砌一定要与洞壁紧密结合，填严塞实其间空隙才能起到良好效果。做顶拱的衬砌时，一般还要预留压浆孔。衬砌后，再回填灌浆，在渗水地段也可起防渗作用。

3. 锚喷加固

即充分利用围岩自身强度来达到保护围岩并使之稳定的目的。锚喷加固在我国的应用日益广泛，国外采用也很普遍。

锚喷支护是喷射混凝土支护与锚杆支护的简称，其特点是通过加固地下洞室围岩，提高围岩的自承载能力来达到维护地下洞室稳定的目的。它是近三十年来发展起来的一种新型支护方式。这种支护方法技术先进、经济合理、质量可靠、用途广泛，在世界各地的矿山、铁路交通、地下建筑以及水利工程中得到广泛使用。

在支护原理上，锚喷支护能充分发挥围岩的自承能力，从而使围岩压力降低，支护厚度减薄。在施工工艺上，喷射混凝土支护实现了混凝土的运输、浇筑和捣固的联合作业，且机械化程度高，施工简单，因而有利于减轻劳动强度和提高工效；在工程质量上，通过国内外工程实践表明是可靠的。

锚喷支护在危岩加固、软岩支护等方面均有其独到的支护效果。但是到现在为止，锚喷支护仍在发展和完善之中，无论是作用机理的探讨，还是设计与施工方法的研究，均有待于科学技术工作者作出新的成就，以缩短理论和实践的差距。

(1)喷层的力学作用有两个方面，其一是防护加固围岩，提高围岩强度。地下洞室掘进后立即喷射混凝土，可及时封闭围岩暴露面，由于喷层与岩壁密贴，故能有效地隔绝水和空气，防止围岩因潮解风化产生剥落和膨胀，避免裂隙中充填料流失，防止围岩强度降低。此外，高压高速喷射混凝土时，可使一部分混凝土浆液渗入张开的裂隙或节理中，起到胶结和加固作用，提高了围岩的强度。其二是改善围岩和支架的受力状态。含有速凝剂的混凝土喷射液，可在喷射后几分钟内凝固，及时向围岩提供了支护抗力（径向力），使围岩表层岩体由未支护时的双向受力状态变为三向受力状态，提高了围岩强度。

(2)锚杆的力学作用。目前比较成熟和完善的有关锚杆的支护力学原理有悬吊作用、减跨作用和组合作用。

悬吊作用　悬吊作用认为，锚杆可将不稳定的岩层悬吊在坚固的岩层上，以阻止围岩移动或滑落，这样，锚杆杆体中所受到的拉力即为危岩的自重，只要锚杆不被拉断，支护就是成功的，当然，锚杆也能把结构面切割的岩块连接起来，阻止结构面张开。

减跨作用　在地下洞室顶板岩层打入锚杆，相当于在地下洞室顶板上增加了新的支点，使地下洞室的跨度减小，从而使顶板岩石中的应力较小，起到了维护地下洞室的作用。

组合作用　在层状岩层中打入锚杆，把若干薄岩层锚固在一起，类似于将叠置的板梁组成组合梁,从而提高了顶板岩层的自支承能力,起到维护地下洞室稳定的作用,这种作用称为组合梁作用。另一种组合作用力——组合拱,其支护力学原理是:深入到围岩内部的锚杆,由于围岩变形使锚杆受拉,或在预应力作用下锚杆内受力,这样相当于在锚杆的两端施加一对压力 P;由于这对力的作用,使沿锚杆方向一个圆锥体范围的岩体受到控制。这样按一定间距排列的多根锚杆的锥体控制区连成一个拱圈控制带,这就是组合拱。组合拱间的围岩相互挤压相当于天然的拱碹,从而起到维护围岩的作用。

4. 灌浆加固

在裂隙发育严重的岩体和极不稳定的第四纪堆积物中开挖地下洞室,常需要加固围岩以增大其稳定性,降低其渗水性。最常用的加固方法有水泥灌浆、沥青灌浆、水玻璃灌浆等。通过灌浆加固,可在围岩中大体形成一圆柱形或球形的固结层。

第五节　地质作用对公路隧道施工的影响

我国地域辽阔、山岭重丘较多,山区公路建设任务十分繁重。在山峦耸立、地形起伏多变、峡谷深涧、地形蜿蜒曲折的地区,路线可以沿山坡依地形盘山而过,但是往往更为合理的方案应该是修建隧道穿行。修建隧道可以缩短路线长度、减缓纵坡,从而提高车辆运行速度和改善交通运输条件。因此,在山岭重丘区修建高等级公路,可缩短运营里程、改善线形及保护国土环境,昔日那种"逢山尽量绕着走"的做法,势必将被隧道所代替。

公路隧道是道路从地层内部或水底通过而修筑的建筑物,主要由洞身和洞门组成。

地壳在长期地质作用下,呈现出各种构造形迹,如倾斜、褶曲、断裂破碎带等,反映到岩体构成上,又产生各种不同的结构形式,这些构造与结构的地质条件直接影响着隧道的稳定与安全,对施工难易程度常常是决定性的因素。

一、地质构造对隧道施工的影响

1. 水平岩层

在缓倾或水平岩层中,垂直压力大,对洞顶不利,而侧压力小,对洞顶有利。若岩层薄、层间胶结差,洞顶常发生坍塌掉块。故隧道位置应选择在岩石坚固、层厚较大、层间胶结好、裂隙不发育的岩层内。

2. 倾斜岩层

(1)如图 7-5 所示,若隧道中线与岩层走向垂直或交角很大,沿倾斜方向的洞门仰坡易于滑动,洞门可能发生楔形掉块。开挖时,顺倾斜方向易超挖,逆倾斜方向易欠挖。

(2)如图 7-6 所示,若隧道中线与岩层走向平行或交角很小,隧道围岩层厚较薄、较破碎、层间胶结差,则隧道两侧边墙所受侧压力不一,易导致边墙变形破坏。

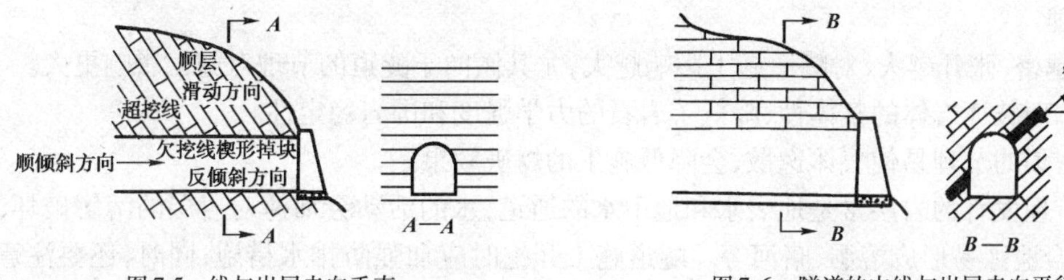

图 7-5　线与岩层走向垂直　　图 7-6　隧道的中线与岩层走向平行

3. 褶曲

(1)向斜与背斜都改变了初应力状态,如图 7-7 所示。

图 7-7 褶曲的应力和变形

a)受力示意图;b)柔性岩层;c)脆性岩层;d)上硬下软岩层

背斜 岩层的产状是正拱形。隧道通过时,拱顶上部岩体重力由于自身的作用,分传给两侧担负,有利于坑道围岩稳定。其裂隙特征是上部受拉,下部受压,张口上大下小。

向斜 岩层产状是倒拱形。隧道拱顶上部岩体重力集中,由于开挖使结构应力释放,易使岩体变形。其裂隙特征与背斜相反,上部受压,下部受拉,张口上小下大。

(2)褶曲对隧道的施工影响主要有以下 5 点。

①当隧道轴线与褶曲轴平行时,沿背斜和向斜轴修建隧道都是不利的,应选择在褶曲两翼的中部通过。隧道通过平缓舒展的褶曲,一般围岩压力比通过挤压紧密的褶曲小。

②隧道横穿褶曲,背斜地层呈拱状,岩层被切割成上大下小的楔体,故隧道内坍落的危险性较小。向斜地层呈倒拱形,岩层被切割成上小下大的楔体,最易形成洞顶坍落。隧道横穿褶曲比平行褶曲有利,因隧道靠近其一翼通过,易产生较大的偏压。

③在向斜构造中,一般在核部多储存大量地下水,且多具承压性质,施工中常遇较大的突然涌水;而在背斜中的地下水,对围岩稳定性影响相对要小。

④在柔性岩层中,往往遇到小褶皱,使岩层更破碎,强度也降低;在脆性岩层中,往往遇到小型断层,使施工更为困难。

⑤在石灰岩层发育的地区,常出现岩溶现象。背斜中岩溶发育多为漏斗及井穴,向斜多为暗河。

4. 断层

(1)断裂的岩层被挤压破碎,呈块石、碎石、角砾及断层泥等,岩体强度降低,围岩压力较大。

(2)断层走向与隧道轴线的交角对隧道施工关系极大。如垂直或交角大,则一般穿过地段较短,围岩压力比较均匀分布;如平行或交角很小,则穿过地段较长,可能产生较大压力。

(3)在软、硬岩不同的岩层中,断裂面的柔性岩石往往形成不透水层,而在脆性岩的破碎角砾带极易储存大量地下水,开挖时常发生承压涌水,危害极大。

(4)可溶岩中,沿构造线方向常有各种形状的岩溶发育,会影响施工。

(5)当隧道通过几组断层时,除了上述问题外,还应考虑围岩压力沿隧道轴线可能重新分布。断层形成上大下小的楔体,可能将其自重传给相邻岩体,使它们的地层压力增加等。

5. 节理

节理越密,张开越大,对隧道施工影响越大,尤其倾向于隧道的节理对施工影响更大。

(1)节理破坏岩体的整体性,降低了岩石的力学强度和围岩稳定性。

(2)密集的节理易使气体逸散,会降低施工的爆破效果。

(3)节理发育的岩层常是地表水和地下水的通道,水的活动会加速对岩层的溶解破坏,尤其在可溶岩地区易形成溶洞、暗河等。隧道施工开挖时应加强防排水措施;同时,还要注意防止坍方。

(4)深大的构造节理影响河谷山坡的稳定性,危及隧道安全。

二、岩石风化作用对隧道施工的影响

(1)风化会使岩石强度显著降低,透水性增加,其完整性受到破坏。

(2)隧道洞口地段施工,若遇到风化残积层时,黏结性不良,对隧道洞口的稳定极为不利。

(3)在一些岩石风化速度很快,如泥质页岩、泥质砂岩中开挖隧道时,不宜暴露时间过长,以免造成施工困难。因为这些岩石在开挖时尚属坚实,但一接触空气和水,表层即风化成细粒,易顺层坍塌。

三、地下水对隧道施工的影响

地下水按其埋藏条件,可分为上层滞水、潜水和承压水三类。对于隧道工程有影响的是潜水和承压水,施工中较多遇到的是裂隙水。

1. 地下水的侵蚀性影响

(1)碳酸的侵蚀性。普通水泥硬化会生成大量自由的 $Ca(OH)_2$,它易溶于水,但因为混凝土表面的 $Ca(OH)_2$ 与空气中的 CO_2 作用形成一层 $CaCO_3$ 硬壳,会对混凝土起保护作用。当地下水中含有过多的游离的 CO_2 时,就会侵蚀、溶解混凝土中的 $CaCO_3$ 薄壳,又能与内部的 $CaCO_3$发生反应变为易溶于水的 $Ca(HCO_3)_2$,被水带走,致使混凝土受破坏。地下水中只要含有一定数量的侵蚀性 CO_2,便具有碳酸性侵蚀,它可以溶解碳酸盐类岩石,腐蚀破坏水泥混凝土构件。

(2)硫酸盐的侵蚀性。水中含有过多的 SO_4^{2-} 离子时,首先会与混凝土中的 $Ca(OH)_2$ 起作用,生成结晶的 $CaSO_4$,其体积增大,使混凝土膨胀,引起构造物开裂破坏。

(3)镁盐的侵蚀性。主要是由于水中的 Mg^{2+} 与水泥中的 Ca^{2+} 交替,使 $Ca(OH)_2$ 浓度下降,引起混凝土中水化物失去稳定及水解破坏,从而腐蚀混凝土结构物。

2. 地下水对施工的影响

隧道穿过含水层时,地下水涌进隧道,将会大大增加排水、掘进和衬砌工作的困难。

3. 地下水对工程质量的影响

地下水可能对隧道工程施工及工程质量造成短期或长期的危害等。

本章小结

1. 本章主要介绍了地下洞室围岩的变形机理和发展规律,重点介绍了地下洞室围岩产生破坏的各种类型。围岩变形的主要原因在于洞室开挖引起的洞室外围岩土体的初始应力的再分布。洞室开挖后,围岩破坏就其表现形式分为洞顶坍塌、边墙滑落和洞底隆胀。

2. 地下洞室围岩的稳定与岩性、岩体结构、地质构造、构造应力、地下水等因素有关,围岩稳定性分析和评价的方法主要有围岩稳定分类法、工程地质类比法、岩体结构分析法、数学力学计算分析法等。

3. 从工程地质观点出发,保障地下洞室围岩稳定性的途径主要有采用合理的施工和支护衬砌方案和加固围岩等。对公路隧道施工的影响因素有很多,包括地质构造、岩石风化、地下水等。

复习思考题

1. 什么叫围岩压力?
2. 围岩压力按其表现形式分为几种类型?
3. 试分析地下洞室围岩破坏的主要类型。
4. 地下洞室围岩的稳定与哪些因素有关?
5. 论述保障地下洞室围岩稳定常用的处理措施。

第三篇　公路工程地质勘察

在人类的工程活动中，凡规模较大的工程，都必须对建筑场地的工程地质条件进行调查、研究，以求达到合理设计、安全施工、正常使用的目的。工程地质勘察主要是查明工程地质条件，分析存在的工程地质问题，对建筑地区作出工程地质评价。

公路工程建筑在地壳表面，是一种延伸很长的线形建筑物，通常要穿越许多自然地质条件不同的地区。它不仅受地质因素的影响，也受许多地理因素的影响。为了正确处理公路工程建筑与自然条件的关系，充分利用有利条件，避免或改造不利条件，需要进行公路工程地质勘察，查明建设地区的工程地质条件，并结合工程设计、施工条件、地基处理、开挖、支护等工程的具体要求，进行技术论证和评价，提出岩土工程施工的指导性意见，为设计、施工提供依据，服务于工程建设。

第八章　公路工程地质勘察

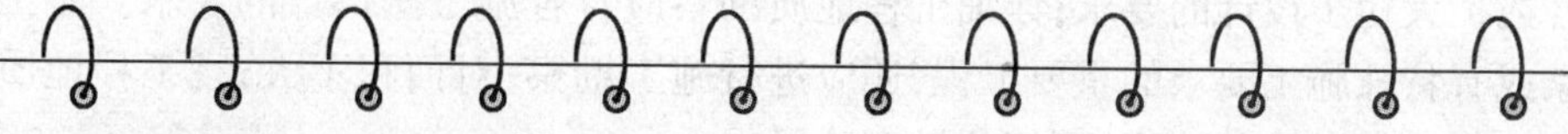

教学要求

1. 熟悉工程地质勘察各个阶段的任务和要求。
2. 熟悉工程地质勘察的内容和要点。
3. 熟悉不良地质现象相应勘察阶段的勘察要点。
4. 描述公路工程的主要地质问题。

学习建议

结合实际路桥工程的地质勘察报告进行本章的学习，能更好地理解本章的内容。

公路工程地质勘察，就是运用地质、工程地质的理论和各种技术手段，实地调查、研究公路要穿越地带的工程地质条件，为公路选线、设计、施工和使用提供经济合理而又正确完整的工程地质资料。

第一节　公路工程地质勘察任务与内容

一、公路工程地质勘察任务

公路是陆地交通运输的干线之一，桥梁是公路跨越河流、山谷或不良地质现象发育地段等而修建的构筑物，它们是公路选线时考虑的重要因素之一。作为既是线形建筑物，又是表层建筑物的公路和桥梁，往往要穿越许多地质条件复杂的地区和不同的地貌单元，使公路的结构复杂化。在山区路线中，坍方、滑坡、泥石流等不良地质现象对它们构成威胁，而地形条件又是制约路线的纵坡和曲率半径的重要因素。

道路的结构由三类建筑物所组成：第一类为路基工程，它是路线的主体建筑物（包括路堤和路堑等）；第二类为桥隧工程（如桥梁、隧道、涵洞等），它们是为了使路线跨越河流、深谷、不良地质现象和水文地质地段，穿越高山峻岭或使路线从河、湖、海底下通过；第三类是防护建筑物（如护坡、挡土墙、明洞等）。在不同的路线中，各类建筑物的比例也不同，主要取决于路线所经过地区工程地质条件的复杂程度。

公路工程地质勘察的任务，包括以下几项。

(1)查明建筑场地的工程地质条件，以便合理选择建筑物和选择路线或隧洞的位置，并提出建筑物的布置方案、类型、结构和施工方法的建议。

(2)查明影响建筑物地基岩体稳定等方面的工程地质问题，并为解决这些问题提供所需要的地质资料。

(3)预测建筑物在施工和使用过程中，由于工程活动的影响或自然因素的改变可能产生的新的工程地质问题，并提出改善不良地质条件的建议。

(4)查明工程建设所需的各种天然建筑材料的产地、储量、质量和开采运输条件。

工程地质勘察应分阶段进行，必须与设计、施工紧密配合。工程地质勘察按工程开发的工作程序，可划分为可行性研究勘察、初步工程地质勘察、详细工程地质勘察和施工期的工程地质勘察。不同的测设阶段，对工程地质勘察工作有不同的要求，在广度、深度和重点等方面是有差别的。其中可行性研究勘察应符合场地方案确定的要求；初步工程地质勘察阶段应符合初步设计或扩大初步设计的要求；详细工程地质勘察应符合施工图设计的要求。对工程地质条件复杂或有特殊施工要求的重要工程，还应进行施工勘察；对面积不大，且工程地质条件简单的场地或有建筑经验的地区，可简化勘察阶段。

二、公路工程地质勘察的内容

(一)新建公路工程地质勘察内容

1. 路线工程地质勘察

主要查明与路线方案及路线布设有关的地质问题。选择地质条件相对良好的路线方案，在地形、地质条件复杂的地段，重点调查对路线方案与路线布设起控制作用的地质问题，确定路线的合理布设。

2. 路基、路面工程地质勘察

亦称沿线地质土质调查。在初勘、定测勘察阶段，根据选定的路线位置，对中线两侧一定范围的地带，进行详细的工程地质勘察，为路基路面的设计与施工提供工程地质和水文地质资料。

3. 桥涵工程地质勘察

按初勘、详勘阶段的不同深度要求，进行相应的工程地质勘察，为桥涵的基础设计提供地质资料。大、中桥桥位多是路线布设的控制点，常有比较方案。因此，桥梁工程地质勘察一般包括两项内容：一是对各比较方案进行调查，配合路线、桥梁专业人员，选择地质条件比较好的桥位；二是对选定的桥位进行详细的工程地质勘察，为桥梁及其附属工程的设计和施工提供所需要的地质资料。

4. 隧道工程地质勘察

隧道多是路线布设的控制点且影响路线方案的选择。通常包括两项内容:一是隧道方案与位置的选择,包括隧道与展线或明挖的比较;二是隧道洞口与洞身的勘察。

5. 特殊地质、不良地质地区(地段)的工程地质勘察

特殊地质及不良地质现象,往往影响路线方案的选择、路线的布设与构造物的设计,在视察、初勘、详勘各阶段应作为重点,进行逐步深入的勘察,查明其类型、规模、性质、发生原因、发展趋势和危害程度,提出绕越根据或处理措施。

6. 天然筑路材料工程地质勘察

修建公路需要大量的筑路材料,其中绝大部分都是就地取材,如石料、砂、黏土、水等。这些材料质量的好坏和运输距离的远近,直接影响工程的质量和造价,有时还会影响路线的布局。筑路材料勘察的任务是充分发掘、改造和利用沿线的一切就近材料,对分布在沿线的天然筑路材料和工业废料,按初勘和详勘阶段的不同深度进行勘察,为公路设计提供筑路材料的资料。

(二)改建公路工程地质勘察内容

(1)收集沿线的地形、地貌、工程地质、水文地质、气象、地震等资料。

(2)收集有关桥梁、隧道和防护、排水等构造物的新建、改建或加固工程所需的地质资料。

(3)收集原有公路路况资料。

(4)调查原有公路的路基、路面、小桥涵等人工构造物的状况及病害,研究病因及防治的效果。对原有公路的工程地质、不良地质地段的道路病害应力求根治。

(5)当路线因提高等级或绕避病害而另选新线的路段,应按新建公路的要求进行工程地质勘察工作。

第二节　公路路基工程地质勘察

公路路基包括路堑、路堤等。路基的主要工程地质问题有:路基边坡稳定性问题;路基基底稳定性问题;公路冻害问题以及天然建筑材料问题等。

一、公路选线的工程地质论证

公路是线性建筑物,在数百甚至数千公里的路线上,常遇到各式各样的工程地质问题。如公路沿线山高谷深,地质复杂,不良地质现象发育,或道路要穿过大溶洞和暗河等,这些均说明了在选线中重视工程地质条件的必要性,只有根据地质环境的具体条件才能选出技术可能而又经济合理的路线。

在选线中,工程地质工作的主要任务,是查明各比较路线方案沿线的工程地质条件。在满足设计规范要求的前提下,经过技术经济比较,选出最优方案。路线一经选定,对今后的运营则带来长期而深远的影响,一旦发现问题而改线,即使局部改线,都会造成很大的浪费。因此,选线的任务是繁重的,技术上是复杂的,必须全面而慎重地考虑。

1. 路线的基本类型及其特点

(1)沿河线。其优点是坡度缓,路线顺直,工程简易,挖方少,施工方便。但在平原河谷选

线常遇有低地沼泽、洪水危害；而丘陵河谷的坡度大，阶地常不连续，河流冲刷路基，泥石流淹埋路线，遇支流时需修较大桥梁。山区河谷，弯曲陡峭，阶地不发育，开挖方量大，不良地质现象发育，桥隧工程量大。

(2)山脊线。其优点是地形平坦，挖方量少，无洪水，桥隧工程量少。但山脊宽度小，不便于工程布置和施工。有时地形不平，地质条件复杂。若山脊全为土体组成，则需外运道渣，更严重的是取水困难。

(3)山坡线。其最大优点是可以选任意路线坡度，路基多采用半填半挖，但路线曲折，土石方量大，不良地质现象发育，桥隧工程多。

(4)越岭线。其最大优点是能通过巨大山脉，降低坡度和缩短距离，但地形崎岖，展线复杂，不良地质现象发育，要选择适宜的垭口通过。

2. 公路选线的工程地质分析

公路的规划设计工作，首先是路线选择问题。路线的选择，要根据地形、地质及施工条件等综合考虑，其中工程地质条件占有重要地位。从工程地质角度研究公路选线，一般应注意以下几个方面的问题。

(1)地形地貌。在路线方案选择时，应首先考虑路线所经地区的地形地貌条件。一般选线的原则是：路线尽量选择在坡度平缓、地形连续完整的地带通过；避开切割强烈的高山深谷地区，因为路线通过这些地区时，必须采用桥涵等跨越工程或深挖方、高填方、长隧道等复杂工程；也应避开坡面强烈冲刷、冲沟发育的地区，因为这些地区不仅坡面稳定性较差，冲沟的发展还会对路线造成威胁。

(2)岩土类型及其工程地质性质。基岩山区选线应注意岩石的类型和风化程度，坚硬及半坚硬岩石一般均适于选线。裂隙发育的岩石(如石英岩、片麻岩等)容易风化、剥落，软弱岩石(如页岩、板岩等)遇水易软化、泥化、崩解和膨胀，直接影响道路边坡的稳定性，故应十分注意它们的水理性质和力学性质的变化。

(3)地质构造条件。山区路线应注意地质构造条件对道路及其附属建筑物稳定性的影响。一般水平或近于水平的岩层，对路线是有利的，缓倾角及顺坡向的地质构造则是不利的。大断层破碎带、强烈褶皱带可能引起边坡和路基的失稳破坏，所以切忌沿其走向平行布置，以减少施工处理段长度。

(4)物理地质现象。公路选线时，对于诸如崩塌、滑坡、泥石流、岩溶等发育地段，应尽量避开。无法绕避，应注意它们在沿线的分布及发育程度，并提出治理措施，以保证公路路线的畅通无阻及长期使用。另外，也可通过技术经济比较，选用隧道和桥涵等形式通过这些地段。

(5)天然建筑材料。选线时还要注意沿线各种天然建筑材料的分布和数量以及开采运输条件，以便最大限度地利用当地材料。此外还应反复测绘及计算土石方的开挖量，并尽量使其取得平衡，以减少天然建筑材料的使用量等。

工程地质选线实例(图8-1)：其路线 A、B 两点间共有三个基本选线方案，“1”方案需修两座桥梁和一座长隧洞，路线虽短，但隧洞施工困难，不经济；“2”方案需修一座短隧洞，但西段为不良物理地质现象发育地区，整治困难，维修费用大，也不经济；“3”方案为跨河走对岸线，需修两座桥梁，比修一座隧洞容易，但也不经济。综合上述三个方案的优点，从工程地质观点提出较优的第“4”方案：把河湾过于弯曲地段取直，改移河道，取消西段两座桥梁而改用路堤通过，使路线既平直，又避开物理地质现象发育地段，而东段则联结“2”方案的沿河路线。此方案的路线虽稍长，但工程条件较好，维修费用少，施工方便，长远来看还是经济的，故为最优方案。

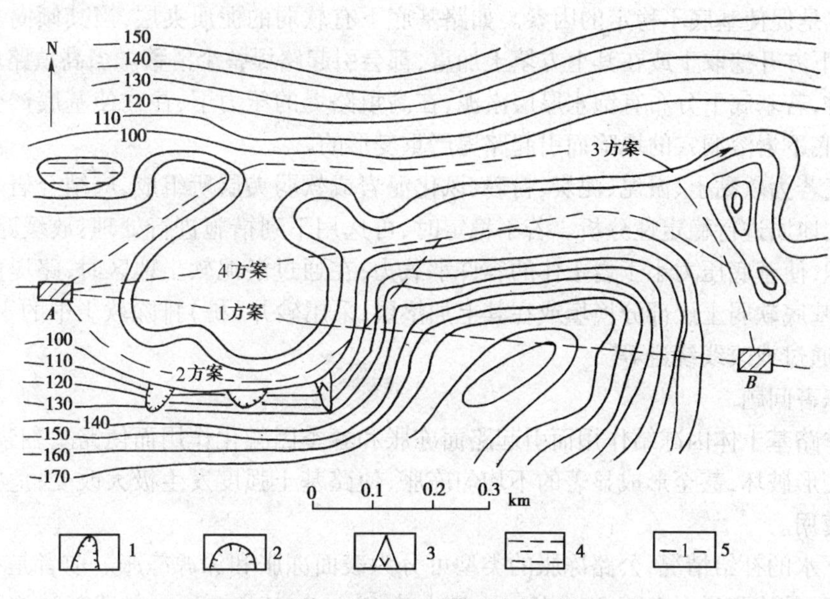

图 8-1　工程地质选线实例略图

1-滑坡群；2-崩塌区；3-泥石流堆积区；4-沼泽带；5-路线方案

二、公路路基工程地质问题

路基是公路的重要组成部分，它主要承受车辆的动力荷载及其上部建筑的重力。在平原地区修建路基，工程地质问题较少。但在丘陵地区和地形起伏较大的山区修建公路时，路基工程量较大，往往需要通过高填或深挖等方式，才能满足路线最大纵向坡度的要求。因此，路基的主要工程地质问题有：路基边坡稳定性问题、路基基底稳定性问题、公路冻害问题、天然建筑材料问题等。

1. 路基边坡稳定性问题

路基边坡包括天然边坡、傍山路线的半填半挖路基边坡以及深路堑的人工边坡等。具有一定的坡度和高度的边坡在重力作用下，其内部应力状态也不断变化。当剪应力大于岩土体的强度时，边坡即发生不同形式的变化和破坏。其破坏形式主要表现为滑坡、崩塌和错落。土质边坡的变形主要决定于土的矿物成分，特别是亲水性强的黏土矿物及其含量，除受地质、水文地质和自然因素影响外，施工方法是否正确也有很大关系。岩质边坡的变形主要决定于岩体中各种软弱结构面的性状及其组合关系，它们对边坡的变形起着控制作用。只有同时具备临空面、滑动面和切割面三个基本条件，岩质边坡的变形才有发生的可能。

由于开挖路堑形成的人工边坡，加大了边坡的陡度和高度，使边坡的边界条件发生变化，破坏了自然边坡原有应力状态，进一步影响边坡岩土体的稳定性。另一方面，路堑边坡不仅可能产生工程滑坡，而且在一定条件下，还可能引起古滑坡复活。由于古滑坡发生时间长，在各种外营力的长期作用下，其外表形迹早已被改造成平缓的边坡地形，很难被发现，若不注意观测，当施工开挖形成滑动的临空面时，就可能造成边坡失稳。

2. 路基基底稳定性问题

一般路堤和高填路堤对路基基底稳定性要求要有足够的承载力和允许的变形范围。基底土的变形性质和变形量的大小主要取决于基底土的力学性质、基底面的倾斜程度、软土层或软弱结构面的性质与产状等，它们往往使基底发生巨大的塑性变形而造成路基的破坏。此外，水文地质条件也是促使基底不稳定的因素。如路基底下有软弱的泥质夹层，当其倾向与坡向一致时，或在其下方开挖取土或在其上方填土加重，都会引起路堤整个滑移。当高填路堤通过河漫滩或阶地时，若基底下分布有饱水厚层淤泥，在高填路堤的压力下，往往使基底产生挤出变形，也有因基底下岩溶洞穴的塌陷而引起路堤严重变形的。

路基基底若为软黏土、淤泥、泥炭、粉砂、风化泥岩或软弱夹层所组成，应结合岩土体的地质特征和水文地质进行稳定性分析。若不稳定时，可选用下列措施进行处理：放缓路堤边坡，扩大基底面积，使基底压力小于岩土体的容许承载力；在通过淤泥软土地区时，路堤两侧修筑反压护道；把基底软弱土层部分换填或在其上加垫层；采用砂井（桩）排除软土中的水分，提高其强度；架桥通过或改线绕避等。

3. 公路冻害问题

包括冬季路基土体因冻结作用而引起路面冻胀和春季因融化作用而使路基翻浆，其都会使路基产生变形破坏，甚至形成显著的不均匀冻胀，使路基土强度发生极大改变，危害道路的安全和正常使用。

根据地下水的补给情况，公路冻胀的类型可分为表面冻胀和深源冻胀。前者是在地下水埋深较大地区，其冻胀量一般为30～40mm，最大达60mm。其主要原因是路基结构不合理或养护不周，致使道渣排水不良造成。深源冻胀多发生在冻结深度大于地下水埋深或毛细管水带接近地表水的地区，地下水补给丰富，水分迁移强烈，其冻胀量较大，一般为200～400mm，最大达600mm。公路冻害具有季节性，冬季在负气温长期作用下，使土中水分重新分布，形成平行于冻结界面的数层冻层，局部尚有冻透镜体，因而使土体积增大（约9%）而产生路基隆起现象；春季地表面冰层融化较早，而下层尚未解冻，融化层的水分难以下渗，致使上层土的含水率增大而软化，在外荷作用下，路基出现翻浆现象。

防止公路冻害的措施有：铺设毛细割断层，以断绝水源；把粉黏粒含量较高的冻胀性土换为粒粗、分散的砂砾石抗冻胀性土；采用纵横盲沟和竖井，排除地表水，降低地下水位，减少路基土的含水率；提高路基高程；修筑隔热层，防止冻结路基深处发展等。

4. 天然建筑材料问题

路基工程需要的天然建筑材料种类较多，包括道渣、土料、片石、砂和碎石等。它不仅在数量上需要量较大，而且要求各种材料产地沿线两侧零散分布。但在山区修筑高路堤时却常遇土料缺乏的情况，在平原地区和软岩山区，常常找不到强度符合要求的片石和道渣等。因此，寻找符合需要的天然建材有时成为选线的关键性问题，并且这些材料品质的好坏和运输距离的远近，直接影响工程的质量和造价。

三、公路路基工程地质勘察的基本内容

（1）与路线、桥梁和隧道专业人员密切配合，查清路线上的地质、地貌条件以及动力地质现象，阐明其演变规律，明确各条路线方案的主要工程地质条件，为各方案的比较提供依据。在地形、地质条件复杂的地段，确定路线的合理布设，以减少失误。

（2）特殊岩土地段及不良地质现象，诸如盐渍土、多年冻土、岩溶、沼泽、积雪、滑坡、崩塌、泥石流等，往往影响路线方案的选择、路线的布设和构造物的设计。因此应重点查明其类型、规模、性质、发生原因、发展趋势和危害程度。对严重影响路线安全而数量多、整治困难的各种

工程地质问题,如发展中的暗河岩溶区、深层滑坡地段、深层沼泽、有沉陷的深源冻胀地段等,一般均以绕避为原则。但对技术切实可行,可彻底整治而费用不高,对今后运营无后患的地段,应合理通过,绝不盲目避绕。

(3)充分发掘、改造和利用沿线的一切就地材料,满足就地取材的要求。当就近材料不能满足要求时,则应由近及远扩大调查范围,以求得足够数量的品质优良,适宜开采和运输方便的筑路材料产地。

四、公路路基工程地质勘察的要点

在可行性研究阶段的工程地质勘察工作是收集资料、现场核对和概略了解地质条件,为此着重介绍初步勘察阶段和详细勘察阶段的工作内容。

(一)*初步勘察阶段*

本勘察阶段的基本任务,主要是对已确定的路线范围内所有路线摆动方案进行勘察对比,确定路线在不同地段的基本走向,并以比选和稳定路线为中心,全面查明路线最优方案沿线的工程地质条件。工程地质测绘是这一阶段中的一项重要手段,勘察范围沿路线两侧各宽150~200m。测绘比例尺为1:50 000~1:200 000,勘探工作主要用于查明重大而复杂的关键性工程地质问题与不良地质现象的深部情况。

(二)*详细勘察阶段*

是根据已批准的初步设计文件中所确定的修建原则、设计方案、技术要求等资料,对各种类型的工程建筑物(桥、隧、站场等)位置有针对性地进行详细的工程地质勘察,最终确定公路路线和构造物的布设位置,查明构造物地基的地质构造、工程地质及水文地质条件,准确提供工程和基础设计、施工所必需的地质参数。

第三节　桥梁工程地质勘察

大、中桥桥位多是路线布设的控制点,桥位变动会使一定范围内的路线也随之变动。因此桥梁工程地质勘察一般应包括两项内容:首先应对各比较方案进行调查,配合路线、桥梁专业人员,选择地质条件比较好的桥位;然后再对选定的桥位进行详细的工程地质勘察,为桥梁及其附属工程的设计和施工提供所需要的地质资料。影响桥位的选择的因素有路线方向、水文地质条件与工程地质条件等。工程地质条件是评价桥位好坏的重要指标之一。

一、桥梁工程地质问题

桥梁是公路建筑工程中的重要组成部分,由正桥、引桥和导流等工程组成。正桥是主体,位于河岸桥台之间,桥墩均位于河中。引桥是连接正桥与路线的建筑物,常位于河漫滩或阶地之上,它可以是高路堤或桥梁。导流建筑物包括护岸、护坡、导流堤和丁坝等,是保护桥梁等各种建筑物的稳定、不受河流冲刷破坏的附属工程。桥梁按结构可分为梁桥、拱桥和钢架桥等。不同类型的桥梁,对地基有不同的要求,所以工程地质条件是选择桥梁结构的主要依据,桥梁主要工程地质问题包括以下两方面。

1. 桥梁墩台地基稳定性问题

桥墩台地基稳定性主要取决墩台地基中岩土体承载力的大小。它对选择桥梁的基础和确定桥梁的结构形式起决定作用。当桥梁为静定结构时,由于各桥孔是独立的,相互之间没有联系,对工程地质条件的适应范围较广。但对超静定结构的桥梁,对各桥墩台之间的不均匀沉降特别敏感,故取用其地基容许承载力时应予慎重考虑。岩质地基容许承载力的确定取决于岩体的力学性质及水文地质条件等,应通过室内试验和原位测试等综合判定。

2. 桥梁墩台地基的冲刷问题

桥墩和桥台的修建,使原来的河槽过水断面减少,局部增大了河水流速,改变了流态,对桥基产生强烈冲刷,威胁桥墩台的安全。因此,桥墩台基础的埋深,除取决于持力层的部位外,还应满足以下要求。

(1)桥位应尽可能选在河道顺直、水流集中、河床稳定的地段,以保护桥梁在使用期间不受河流强烈冲刷的破坏或由于河流改道而失去作用。

(2)桥位应选择在岸坡稳定、地基条件良好、无严重不良地质现象的地段,以保证桥梁和引道的稳定,减低工程造价。

(3)桥位应尽可能避开顺河方向及平行桥梁轴线方向的大断裂带,尤其不可在未胶结的断裂破碎带和具有活动可能的断裂带上建桥。

(4)在无冲刷处,除了坚硬岩石地基外,应埋置在地面以下不小于1m;在有冲刷处,应埋置在墩台附近最大冲刷线以下遵循表8-1中规定的数值;基础建于抗冲刷较差的岩石(如页岩、泥岩、千枚岩等)上时,埋深应适当加大。

墩台基础在最大冲刷线以下的最小埋深表 表8-1

<table>
<tr><td colspan="3">净冲刷深度(m)</td><td><3</td><td>≥3</td><td>≥8</td><td>≥15</td><td>≥20</td></tr>
<tr><td rowspan="3">在最大冲刷线以下的最小埋深(m)</td><td colspan="2">一般桥梁</td><td>2.0</td><td>2.5</td><td>3.0</td><td>3.5</td><td>4.0</td></tr>
<tr><td rowspan="2">特大桥及其他重要桥梁</td><td>设计流量</td><td>3.0</td><td>3.5</td><td>4.0</td><td>4.5</td><td>5.0</td></tr>
<tr><td>检验流量</td><td colspan="5">按设计流量所列值再增1/2</td></tr>
</table>

二、桥梁工程地质勘察要点

(一)初步勘察阶段

在工程可行性研究地质勘察资料的基础上,初步查明场地地基的地质条件,即对桥位处进行工程地质调查或测绘、物探、钻探、原位测试,进一步查明工程地质条件的优劣,特别应查明与桥位方案或桥型方案比选有关的主要工程地质问题。

对一般地区的桥位选择,应查明两个方面的内容:一是地形、地貌、地物等方面对桥位选择的制约因素;二是工程地质条件对桥位选择的制约因素。对特殊地质地区的桥位选择,应针对泥石流、岩溶、滑坡、沼泽、黄土等特殊地区的特点,认真研究比选,而不要盲目避绕。工程地质测绘比例尺用1:500~1:10 000编制,调查范围包括桥轴线纵向的河床和两岸谷坡或阶地(约500~1 000m),以及横向河流上、下游各200~500m。

在此阶段中,应对各桥位方案进行工程地质勘察,并对与建桥的适宜性和稳定性有关的工程地质条件作出结论性评价。对工程地质条件复杂的特大桥和中桥,必要时应增加技术设计阶段勘察,还包括环境介质对混凝土腐蚀的评价。

钻孔一般沿桥轴线或其两侧布置,原则上应布置在与工程地质有关的地点,并考虑到地貌和构造单元,其钻孔数量与深度参照表8-2确定。

初勘桥位钻孔数量与深度表　表 8-2

桥梁按跨径分类	工程地质条件简单		工程地质条件复杂	
	孔数(个)	孔深(m)	孔数(个)	孔深(m)
中桥	2～3	8～20	3～4	20～35
大桥	3～5	10～35	5～7	35～50
特大桥	5～7	20～40	7～10	40～120

注:①表中所列数值是参考值,工作中应根据实际情况确定;

②河床中钻孔深度是以河床面高程控制,河岸处孔深应按地面确定;

③表中孔深,当地基承载力小时取大值,大时取小值。

(二)详细勘察阶段

在初步设计阶段勘察测绘基础上进行补充、修正,查明桥梁墩台地基基础岩体风化和软弱层特征;测试岩土体物理力学性能,提供地基承载力基本值、桩侧极限摩阻力,并结合基础类型作出定量评价。随着二级以上公路的发展,在大江、大河上以及跨海的公路工程逐渐增多,特大桥梁工程需对工程地质工作特别重视。对重要的特大桥,测绘应针对与桥梁墩(台)、锚固基础、引道、调治构造物等处岩体,进行大比例尺工程地质测绘(或进行专题研究),把桥墩、锚锭部位作为勘察重点,并采用综合勘测手段,进行钻探、原位测试(静力触探、标准贯入、旁压试验,十字板剪切试验)、声波测井及抽水、压力试验等,查明地基基础的承载力、极限摩阻力,为设计提供可选择的基础类型和施工方案,并提供出存在的问题及处理措施建议等。详细勘察阶段的重点内容如下。

(1)查明桥位区地层岩性、地质构造、不良地质现象的分布及工程地质特性。

(2)探明桥梁墩台和调治构造物地基的覆盖层及基岩风化层的厚度,墩台基础岩体的风化及构造破碎程度,软弱夹层情况和地下水状况。

(3)测试岩土的物理力学特性,提供地基的基本承载力、桩侧摩阻力、钻孔桩极限摩阻力,并作出定量评价。

(4)对边坡及地基的稳定性、不良地质的危害程度和地下水对地基的影响程度作出评价。

(5)对地质复杂的桥基或特大的桥墩、锚锭基础应采用综合勘探。

第四节　隧道工程地质勘察

公路隧道有山岭隧道与河底隧道之分。山岭隧道又可分为越岭隧道与山坡隧道两种,越岭隧道是穿越分水岭或山岭垭口的隧道,这种隧道可能有较大的深度和长度;山坡隧道是为避让山坡上的悬崖峭壁以及雪崩、山崩、滑坡等不良地质现象而修建的隧道,这种隧道长短不一。

隧道多是路线布设的控制点,长隧道可影响路线方案的选择。隧道勘察工作通常包括两项内容:一是隧道方案与位置的选择;一是隧道洞口与洞身的勘察。前者除隧道方案的比较外,有时还包括隧道展线或明挖的比较;对重点隧道或工程地质和水文地质条件复杂的隧道,应进行区域性的工程地质调查、测绘。当地下水对隧道影响较大时,应进行地下水动态观测,并计算隧道涌水量。

一、隧道工程地质问题

隧道最常遇到的工程地质问题主要包括:山岩压力及洞室围岩的变形与破坏问题;地下水

及洞室涌水问题;洞室进出口的稳定问题。

1. 山岩压力及洞室围岩的变形与破坏问题

岩体在自重和构造应力作用下,处于一定的应力状态。在没有开挖之前岩体原应力状态是稳定的,不随时间而变化。隧道开挖后,原来处于挤压状态的围岩,由于解除束缚而向洞室空间松胀变形,这种变形超过了围岩本身所能承受的能力,便发生破坏,从母岩中分离、脱落,形成坍塌、滑移、底鼓和岩爆等。山岩压力通常指围岩发生变形或破坏而作用在洞室衬砌上的力。山岩压力和洞室围岩变形破坏是围岩应力重分布和应力集中引起的。因此,研究山岩压力,应首先研究洞室周围应力重分布和应力集中的特点,以及研究测定围岩的初始应力大小及方向,并通过分析洞室结构的受力状态,合理地选型和设计洞室支护,选取合理的开挖方法。

2. 地下水及洞室涌水问题

当隧道穿过含水层时,将会有地下水涌进洞室,给施工带来困难,地下水也是造成塌方和围岩失稳的重要原因。地下水对不同围岩的影响程度不同,其主要表现在以下几个方面。

(1)以静水压力的形式作用于隧道衬砌。

(2)使岩质软化,强度降低。

(3)促使围岩中的软弱夹层泥化,减少层间阻力,易于造成岩体滑动。

(4)石膏、岩盐及某些以蒙脱石为主的黏土岩类,在地下水的作用下发生剧烈的溶解和膨胀而产生附加的山岩压力。

(5)如地下水的化学成分中含有害化合物(硫酸、二氧化碳、硫化氢等),对衬砌将产生侵蚀作用。

(6)最为不利的影响是突然发生的大量涌水。在富水的岩体中开挖洞室,开挖中当遇到相互贯通又富含水的裂隙、断层带、蓄水洞穴、地下暗河时,就会产生大量的地下水涌入洞室内;已开挖的洞室,如有与地面贯通的导水通道,当遇暴雨、山洪等突发性水源时,也可造成地下洞室大量涌水。这样,新开挖的洞室就成了排泄地下水的新通道。若施工时排水不及时,积水严重就影响工程作业,甚至可以淹没洞室,造成人员伤亡。以大瑶山隧道为例,该隧道通过斑谷坳地区石灰岩地段时,曾遇到断层破碎带,发生大量涌水,施工竖井一度被淹,不得不停工处理。因此,在勘察设计阶段,正确预测洞室涌水量是十分重要的。

3. 洞口稳定问题

洞口是隧道工程的咽喉部位,洞口地段的主要工程地质问题是边、仰坡的变形问题,其变形常引起洞门开裂、下沉或坍塌等灾害。

4. 腐蚀

地下洞室围岩的腐蚀主要指岩、土、水、大气中的化学成分和气温变化对洞室混凝土的腐蚀。地下洞室的腐蚀性对洞室衬砌造成严重破坏,从而影响洞室稳定性。成昆铁路百家岭隧道,由三叠系中、上统石灰岩、白云岩组成的围岩中含硬石膏层($CaSO_4$),开挖后,水渗入围岩使石膏层水化,膨胀力使原整体道床全部风化开裂,地下水中 SO_4^{2-} 高达 1 000mL/L,致使混凝土腐蚀得像豆腐渣一样。

5. 地温

对于深埋洞室,地下温度是一个重要问题,铁路行业规范规定隧道内温度不应超过 25℃,超过这个界线就应采取降温措施。隧道温度超过 32℃时,施工作业困难,劳动效率大大降低。欧洲辛普伦隧道施工时,遇到高达 56℃的高温,严重影响了施工速度。所以深埋洞室必须考虑地温影响。

地壳中温度有一定变化规律。地表下一定深度处的地温常年不变,称为常温带。常温带以下,地温随深度增加,地热增温率 G 约为 1℃/33m。可由下式估算洞室埋深处的地温:

$$T = T_0 + (H - h)G \tag{8-1}$$

式中:T——隧道埋深处的地温(℃);

T_0——常温带温度(℃);

H——洞室埋深(m);

h——常温带深度(m);

G——地热增温率(1℃/33m)。

除了深度外,地温还与地质构造、火山活动、地下水温度等有关。岩层层状构造方向导热性好,所以,陡倾斜地层中洞室温度低于水平地层中洞室温度;受近代岩浆热源的影响,地温也较高;在地下热水、温泉出露地区,地温也较高。成昆铁路嘎立一号隧道处于牛日河大断裂影响带内,地热能沿着断裂上升,施工时洞内温度达 30℃ 以上;莲地隧道内有 40℃ 温泉,施工时洞内温度也居高不下。

6. 瓦斯

地下洞室穿过含煤地层时,可能遇到瓦斯。瓦斯能使人窒息致死,甚至可以引起爆炸,造成严重事故。

瓦斯是地下洞室有害气体的总称,其中以甲烷为主,还有二氧化碳、一氧化碳、硫化氢、二氧化硫和氮气等。瓦斯一般主要指甲烷或甲烷与少量有害气体的混合体。当瓦斯在空气中浓度小于 5% ~6% 时,能在高温下燃烧;当瓦斯浓度由 5% ~6% 到 14% ~16% 时,容易爆炸,特别是含量为 8% 时最易爆炸;当浓度过高,达到 42% ~57% 时,使空气中含氧量降到 9% ~12%,足以使人窒息。

瓦斯爆炸必须具备两个条件:一是洞室内空气中瓦斯浓度已达到爆炸限度;二是有火源。通常在洞内温度、压力下,各种爆炸气体与正常成分空气合成的混合物的爆炸限度见表 8-3。

常温、常压下各种爆炸气体与空气合成的混合物的爆炸限度 表 8-3

气体名称	爆炸限度含量(%)	气体名称	爆炸限度含量(%)
甲烷(沼气)	5 ~16	一氧化碳	12.5
氢气	4.1 ~74	乙烯	3
乙烷	3.2 ~12.5	苯	1.1 ~5.8

由于甲烷为空气质量的 0.55 倍,常聚积在洞室顶部,并极易沿岩石裂隙或孔隙流动。所以,瓦斯在煤系地层中的分布也有一定规律。例如:穹窿构造瓦斯含量高;背斜核部瓦斯含量比翼部高,向斜则相反;地表有较厚覆盖层的断层或节理发育带,瓦斯含量愈大;地下水愈少,瓦斯含量也愈大。

地下洞室一般不宜修建在含瓦斯的地层中,如必须穿越含瓦斯的煤系地层,则应尽可能与煤层走向垂直,并呈直线通过。洞口位置和洞室纵坡要利于通风、排水。施工时应加强通风,严禁火种,并及时进行瓦斯检测,开挖时工作面上的瓦斯含量超过 1% 时,就不准装药放炮;超过 2% 时,工作人员应撤出,进行处理。

7. 岩爆

轻微的岩爆仅使岩片剥落,无弹射现象,无伤亡危险。严重的岩爆可将几吨重的岩块弹射到几十米以外,释放的能量可相当于 200 多吨 TNT 炸药。岩爆可造成地下工程严重破坏和人员伤亡。严重的岩爆像小地震一样,可在100多公里外测到,现测到量大震级为里氏4.6级。

二、隧道位置选择的一般原则

(一)一般原则

隧道洞身位置的选择,主要以地形、地质为主等综合考虑。在实际工作中,宜首先排除显著不良地质地段,按地形条件拟订隧道及接线方案,然后再进行深入的地质调查。综合各方面因素,最后选定隧道洞身的位置。

(1)选择地质构造简单、地层单一、岩性完整、无软弱夹层、工程地质条件较好的地段。在倾斜岩层中,以隧道轴线垂直岩层走向为宜。

(2)选择在山体稳定、山形较完整、山体无冲沟、无山洼等次地形切割不大、岩层基本稳定的地段通过。

(3)选择地下水影响小、无有害气体、无矿产资源和不含放射性元素的地层通过。隧道通过工程地质及水文地质条件极复杂地段,一般伴随有特殊不良地质问题发生,而这些问题的发生有一个漫长变化的过程,在一般勘察阶段的短短几个月中是难以对这些问题有深入的了解,所以对其变化规律的认识和预测它的发展,需要安排超前工程地质和水文地质工作。

(4)对低等级公路隧道选址,原则上应尽量避让各种不良地质现象地段;但对于高等级公路,往往受路线等级的限制,不可避免地经过各种不良地质现象地段,在不良地质现象区选择隧道位置总的原则如下。

①尽量避让,以免对隧道造成毁灭性、破坏性影响。

②尽量选择在影响范围小、影响距离短、影响时间短的地段。

③通过各方面因素综合考虑,把不良地质的影响减少到最低限度。

(二)隧道洞口位置选择

隧道洞口位置选择应分清主次,综合考虑,全面衡量。在保证隧道稳定性、安全性、没有隐患的前提下再考虑造价、工期等因素。一般应根据周围的地质环境、地表径流、人工构造物、地表和地下水体对隧道的影响等因素综合考虑。高速公路、一级公路和风景区洞门设计力求与环境相协调,隧道洞门应与隧道轴线正交,关于隧道洞口位置选择的具体要求如下:

(1)确保洞口、洞身的稳定,不留地质隐患。

(2)便于施工场地布置,便于运输和弃渣处理,少占或不占可耕地。

(3)洞口外接线工程数量少、里程短、工程造价低等。

(4)对于水下隧道,主要应考虑地表水对洞口倒灌的影响。

(三)隧道围岩的稳定性

隧道围岩系指隧道周围一定范围内,对隧道稳定性能产生影响的岩体。山岩压力是评定隧道围岩稳定性的主要内容,也是隧道衬砌设计的主要依据。

围岩分类是初步设计阶段勘察工程地质评价的主要内容。围岩分类采用多因素、多指标、定性、定量相结合的原理,以使围岩分类定性准确,且具有定量指标。隧道围岩分类仍然采用了铁道部的围岩分类方案,详细内容请参阅有关文献,此处不再赘述。

三、隧道工程地质勘察要点

(一)初步勘察阶段

主要是通过地表露头的勘察或采用简单的揭露手段,来查明隧道区地形、地貌、岩性、构造等以及它们之间的关系和变化规律，从而推断不完全显露或隐埋深部的地质情况；通过测绘主要弄清对隧道有控制性的地质问题（如地层、岩性、构造），进而对隧道工程地质与水文地质条件作出定性的评价。

对不良地质现象地区隧道，应充分利用现有的地质资料和航空照片、卫星照片等遥感信息资料，通过大量的野外露头调查或人工简易揭露等手段，来发现、揭露不良地质现象的存在，找出它们之间的关系以及变化规律。

根据对各种勘察资料进行的综合分析、论证，按比选结果推荐隧道最佳方案。

（二）详细勘察阶段

详勘内容主要有三个方面：一是核对初勘地质资料；二是勘探查明初勘未查明的地质问题；三是对初勘提出的重大地质问题做深入细致的调查。

（1）地质调查与测绘的范围、测点、物探网的点线范围和布设，物探方法的运用和钻探孔、坑、槽的数量与位置等，应与初勘时未能查明的地质条件相适应，但对隧道有影响的大构造和复杂地质地段，勘察追踪范围可适当放大。

（2）重点调查隧道通过的严重不良地质、特殊地质地段，以确定隧道准确位置的工程地质条件。

（3）实地复核、修改、补充初勘地质资料，对初勘遗漏、隐蔽的工程地质问题，应适当加大调绘范围和工作量。

第六节　不良地质现象的勘察①

随着国民经济的不断发展，公路等级的提高，各类工程建设遇见不良地质现象是不可避免的，所以对其进行工程地质勘察尤为重要，本节主要介绍崩塌与岩堆、滑坡、岩溶和泥石流的工程地质勘察。

一、崩塌与岩堆

（一）初步勘察阶段

1. 勘察重点

（1）地貌调绘的范围宜超越崩塌与岩堆周界以外40m，其重点内容如下。

①峭壁高度、长度、坡度（包括各变坡点的高程）。

②崖壁新近崩塌、坍塌、剥落的痕迹并估算其体积。

③坠石冲击点、跳跃距离、滚动距离及其最大石块的体积、形状。

④岩堆的分布范围、形状、各部位的坡度变化。

⑤岩堆各部位颗粒分选状况，地表最大颗粒体积。

⑥岩堆体各部位固结（或松散）程度、稳定状况等。

⑦冲沟发育状况，如各部位切割深度、纵坡、横断面类型、沟壁稳定坡度、坡高、溯源侵蚀、泥石流发育状况。

⑧岩堆体各部位植被覆盖程度，并区分乔木、灌木、蒿草等的分布范围。

（2）工程地质勘察的重点内容如下。

---

①本节内容引自中华人民共和国行业标准《公路工程地质勘察规范》（JTJ 064—98）。

①收集大地构造、地壳应力场生成状态、新构造活动、断层破碎带、强烈褶皱带及地震资料,了解崩塌、岩堆分布的规律性。

②调查陡崖地层、岩性、风化程度以及风化、侵蚀差异在地形上显示的特征。

③调查陡崖的地质构造,其内容一般如下:褶皱、断裂、层理、节理、劈理、片理等及其各部位代表性产状。

④调查层理、片理、节理、软弱夹层发育程度及它们产状的组合;描述节理及节理发育特性。

⑤调查含水层、地下水露头及其补给排泄关系。

⑥凡与崩塌、岩堆发生联系的滑坡、泥石流,应按滑坡和泥石流的要求进行勘察。

(3)崩塌与岩堆发育活动历史调查。其主要内容如下。

①访问当地居民,了解崩塌、岩堆活动情况,如活动时间、周期、规模、危害等。

②访问调查由崩塌、岩堆造成建筑物毁坏、修复、防治的经验。

③调查最新崩塌堆积物的进退情况、植被被吞噬、地层中含有腐朽植物枝干、上下坡树龄变化等。

(4)气象、水文调查。其主要内容如下。

①调查降雨、冻融与崩塌的关系。

②调查岩堆表层运动与暴雨地表径流及地下水的关系。

③调查河流冲刷坡脚或河床被挤压变窄、弯曲等状况。

2. 勘探

(1)探明堆床形状、堆床地层岩性、地质构造。

探明岩堆体地层结构、岩性,尤其细颗粒夹层、含腐朽植物夹层、地下水位。

(2)勘探线应按崩塌(含坍塌、剥落)岩堆活动中心,贯穿崖顶、锥顶、岩堆前缘弧顶布置。

连续分布,无明显锥顶、前缘弧顶的岩堆,应垂直地形等高线走向布置勘探线。

勘探线间距不大于50m。每个岩堆体至少有1条勘探线。

勘探线上勘探点不少于3个(含露头)。

(3)岩石峭壁一般只采用地层岩性描述、节理统计方法,不宜布置勘探点。

岩堆体勘探以物探为主,辅以钻探验证,并有一定数量挖探,取得岩堆体地层层理产状资料及试样。

钻探孔深宜钻至堆床以下2m,并应采取适当的钻探工艺,以查明岩土软弱夹层、含腐植物夹层和地下水等资料。

3. 试验

(1)崩塌范围一般取岩样做密度、相对密度、天然含水率、吸水率、抗压强度、软化系数、泊松比、抗剪强度(c、φ值)等试验。抗剪强度试验侧重在软弱夹层和不利节理的节理面。

(2)岩堆体试验项目有:密度、相对密度、含水率、抗剪强度、天然休止角。也可得用天然陡坎坍塌、滑塌反算c、φ值或综合φ角,代替抗剪强度试验。还可以在附近有类比条件的陡坎坍塌处进行类比反算c、φ值。

4. 资料要求

(1)崩塌与岩堆工程地质勘察报告,文字部分的内容如下。

①阐述与崩塌、岩堆形成有关的自然地理条件,如地形、地貌、气候、水文、地层岩性、地质

构造、新构造活动、地震及爆破震动等人为活动因素。

②阐述崩塌、岩堆的成因类型、形态类型、活动规律、规模大小及危害程度。

③论证崩塌范围岩体稳定,应作出软弱结构面赤平极射投影分析;对明显不稳定岩体的不利结构面作实体比例投影分析,并预测其发展趋势。

④为计算落石运动轨迹选择参数提供可靠依据。

⑤论证岩堆体的稳定,并为工程设计的稳定计算提供工程地质参数。

⑥论证崩塌、岩堆防治措施,提出推荐整治方案。

(2)工程地质图。其要求如下。

①工程地质平面图,比例尺为1:500~1:2 000。

②工程地质断面图,比例尺:水平为1:500~1:2 000;垂直为1:100~1:200。

(3)成果资料。调绘记录本、勘探成果资料、试验成果资料、节理统计分析资料、稳定分析资料等应分别编目,整理成册;除记录本外,均应列入基础资料,正式出版。

(二)详细勘察阶段

1.勘察重点

(1)查清各危岩形状、体积及可能脱离母岩的裂隙特征。查明风化、侵蚀差异形成的凹凸尺寸及岩性特征。查明岩体节理、软弱夹层特征、发育程度及它们最不利组合。预测崩落体的形状、体积、崩落体重心高度。查明落石运动所经过和停积的场所及对路基桥涵和隧道的危害。

(2)查明崩塌、滑塌、剥落范围及岩堆范围地面坡度角变化、变坡点间距及地层、岩性变化特征。

(3)查明路基及防治构造物地基的地层、岩性及加载后的稳定性。

(4)查明挖方及新崩落体,清除弃土堆放场所。

2.勘探

(1)勘探是为查明公路工程、防治构造物地基及开挖边坡的地层结构和岩性。

(2)纵向勘探线沿工程轴线方向布置,勘探点间距不大于20m。通过纵向勘探线上的勘探点,做横向勘探线,横向勘探线上的勘探点一般不少于3个。

(3)勘探深度一般在基础底面或开挖最低点以下3m;如遇软弱夹层,应穿透软弱夹层以下3m。

(4)应尽量利用附近的露头或初勘时的勘探资料。

(5)勘探以物探为主,但轴线方向上至少有一个代表性勘探点为挖探孔或钻探孔。

3.试验

试验项目的要求同初勘的试验要求。

4.资料要求

(1)崩塌、岩堆工程地质勘察报告,文字部分的内容如下。

①概述崩塌、岩堆形成、发育的自然条件、人为活动因素及其机理联系,并论述对路基、桥涵和隧道工程的影响。

②提供拟定各项防治措施的依据。

③论述各项防治设计计算参数的选择依据,并推荐合理的计算参数。

④说明设计、施工、养护应注意的事项。

(2)工程地质图。其要求如下。

①工程地质平面图,比例尺为1∶500～1∶2 000。

②各项防治工程的代表性工程地质纵、横断面图,比例尺:水平为1∶500～1∶2 000;垂直为1∶100～1∶200。

③成果资料。调绘记录本、勘探成果、试验成果、节理统计分析成果、验算原始资料等应分别编目,整理成册;除记录本外,均应列入基础资料,正式出版。

二、滑坡

(一)初步勘察阶段

1.勘察重点

(1)地貌调绘。调绘范围必须包括由滑坡活动可能引起的地面变形破坏的范围,主要调绘下列内容。

①滑坡后缘断裂壁的形状、位置、高差及坡度。

②滑坡台地的形状、位置、高差、坡度及其形成次序。

③滑坡体隆起和洼地范围及形成特征。

④滑坡裂隙分布范围、密度、特征及其力学性质。

⑤滑坡舌前缘隆起、冲刷、滑塌与人工破坏状况。

⑥剪出口位置、距地面高度、滑坡面坡度及擦痕方向。

⑦滑体各部位(主轴线上)的稳定状态,如蠕动、挤压、初滑、滑动、速滑、终止。

⑧滑体上冲沟发育部位、切割深度、切割地层岩性、沟槽横断面形状、泉水的形成、沟岸稳定状况。

⑨调查坡脚破坏的原因与破坏速度。

(2)工程地质调绘。其主要内容如下。

①收集有关大地构造、新构造活动、地壳应力场及地震资料。

②收集航片资料,判释滑坡发育与分布规律。

③调绘滑坡地区地层、岩性、地质构造与裂隙发育、分布规律。调查范围应包括滑坡体及其周边稳定地段。

(3)水文地质调绘。其主要内容如下。

①收集区域水文地质资料。

②调绘地下水露头(如井、泉、积水洼地、潮湿地、喜湿植物群落等)的分布及发展变化的规律。

③调查含水层出露与埋藏条件、地下水位变化及地下水补给、排泄关系。

④调查滑坡附近的水利设施、灌溉习惯与滑坡活动的关系。

(4)滑坡活动历史调查。其主要内容如下。

①访问了解滑坡形成的时间、诱导因素、滑动速度及周期。

②调查滑坡体各部位滑动的先后次序及各部位地面隆起、凹陷、平面移动的状况。

③调查冲沟的形成、发展速度及发育阶段。

④调查泉水的形成与掩埋过程。

⑤调查醉林(或马刀树)的特征与树龄。

⑥调查滑体上建筑物的位移、破坏与修复过程。

⑦调查地震活动对滑坡的影响。

(5)气象、水文资料调查。其主要内容如下。

①调查连续降雨时间、暴雨强度和冻融季节变化与滑坡活动的关系。

②调查洪水水流对坡脚冲刷与滑坡活动的关系。

2. 勘探

(1)勘探是为了解滑体与滑床的地层结构、软弱结构面、含水层的性质、地下水位、滑动特征以及取样试验。

(2)勘探线。控制性的勘探线按滑体中心的主滑方向布置,长度应超过滑坡影响范围以外40m。

大型滑坡宜设2~3个地质断面,勘探点间距不宜大于50m。各勘探点的布置应便于绘出垂直滑动方向的横断面。

两个以上互相连接的滑坡应分别按滑体滑动主轴布置勘探线。

控制性勘探线上的勘探点不得少于3个(含钻探、挖探、露头)。同时,在稳定地段也应有勘探点。

(3)勘挖孔。其要求如下。

①滑坡后缘断裂壁坡脚、前缘剪出口处尽量采用挖探,查明滑动面特征。

②视地层结构、地面形态等条件选择物探种类,大型滑坡可采用多种物探方法,互相配合验证。

③控制性断面上的关键勘探点必须采用钻探。钻探深度要伸入到滑床2~3m。

④钻探终孔口径不小于110mm。

⑤钻孔岩芯描述除按一般描述外,应着重对滑坡面的特征,如擦痕、摩擦热变质、烧结状况、变色、滑带厚度等进行描述。

⑥钻探一般应采用干钻,亦可采用双重岩芯管或其他工艺,不得遗漏滑坡面或改变破坏滑动面的特征。

应分层测定地下水位,必要时应测定其流速、流向及流量。

3. 试验

(1)试样在挖探、钻探时一并采取。不同岩性地层应按上、中、下分别取样;层厚小于1m时变层取样;层厚较大时取样间距不得大于2m。

对黏性土、岩石取原状样;砂、砾、碎石土取不改变颗粒成分的扰动样。

(2)常用试验项目有:相对密度、天然密度、天然含水率、颗粒分析、液限、塑限、内摩擦角、黏聚力。

对破碎岩石、碎石土及其他无法取得原状样测定内摩擦角、内聚力的土体,可采用反算法求得。

对不同滑动状态土体的样品,其抗剪强度应测定受力条件相似的数值(如重复剪切并求出残余剪切强度等)。

4. 资料要求

(1)工程地质勘察报告的文字部分的内容如下。

①叙述滑坡形成、运动的自然因素,包括地形、地貌、水文、气象、地震、地质、水文地质等。

②论述滑坡的发生、发展及现状与自然因素、人为活动的机理联系,预测滑坡发展趋势。

③叙述滑坡类型的划分。滑坡类型按如下分类原则及顺序描述定名:规模大小、滑体厚

度、地层岩性及构造、滑动面形状、发育阶段、运动规律及其他性状。

④滑坡稳定性分析要充分利用综合调绘、勘探、试验成果,合理选择计算公式、计算参数进行验算。稳定性分析不仅要考虑滑坡的现状,还要预测未来的发展。

⑤论证滑坡的防治方案的合理性、可靠性及可行性。尽量将线位、桥位、隧道位置放在防治工程最少的位置。各项防治工程措施都要围绕对路线、桥梁、隧道、人工构造物的稳定性,有针对性地论述其合理性。

(2)工程地质图。其要求如下。

①工程地质平面图,比例尺为1:500~1:2 000。

②工程地质纵断面图,比例尺:水平为1:100~1:200;垂直为1:10~1:20。

(3)成果资料。调绘记录本、勘探试验原始资料(含挖探描述、钻孔柱状图、物探成果、原位测试成果、试验成果)、稳定验算资料及其他统计整理资料应分别编目成册,除记录本外,其成果资料均应列入基础资料。

(二)详细勘察阶段

1.勘察重点

(1)在初勘的基础上进一步查明各项防治构造物有关范围内的地层、岩性、地质构造、滑动面位置、地下水排泄和补给的关系。

(2)查明防治构造物范围滑体滑动方向、速度、周期与水文、气象变化的关系。

(3)查明与防治构造物有关范围的滑体滑动状态。

2.勘探

(1)勘探线按防治构造物轴线与滑体滑动方向交叉布置。顺滑动方向的勘探线间距不大于50m;若滑体宽度小于50m,至少有一条勘探线。

(2)防治构造物上的勘探点间距不大于20m。顺滑动方向的勘探点随地形变化布置。

(3)地形与下卧层起伏不大时,在代表性的勘探线上应设适量的钻孔。钻探点一般布置在防治工程的轴线上。

(4)在滑坡体、滑动面(带)和稳定地层中,应采取必要的试样,进行试验。

3.试验

(1)试验项目同滑坡初勘的试验要求(同前)。

(2)在地层岩性适合的情况下,尽量条采用原位测试,取得设计参数。

(3)需进行滑面重合剪、滑带土多次剪,并求出多次剪的残余剪的抗剪强度。

4.资料要求

(1)工程地质勘察报告,文字部分的内容如下。

①概述自然条件、人为活动与滑坡形成、发展、现状、发育趋势关系的机理。

②论证各项防治措施的针对性、合理性、可靠性及滑坡的稳定性。

③论证各项设计参数推荐值的合理性,并列出各项设计参数推荐值。

④设计与施工应注意的问题,并评价公路运营时滑坡对各项工程的影响。

⑤对公路工程影响较大,且又难于查明运动规律的滑坡,应提出进行长期观测的建议。

(2)工程地质图。其要求如下。

①工程地质平面图,比例尺为1:500~1:2 000。

②各项防治设计推荐方案平面示意图,比例尺为1:100~1:200。

③滑坡防治设计推荐方案平面示意图,比例尺为1:500~1:2 000。

(3)成果资料应整理成册，列入基础资料正式出版。

三、岩溶

(一)初步勘察阶段

1. 勘察重点

(1)查明岩溶的发育强度、基本形态、规模大小、分布规律及其与地层岩性、地质构造、地表水及地下水之间的关系。

(2)查明岩溶水的埋藏特点、富水程度、补给、径流、排泄条件，地下水位高程和水位变化特点。

(3)查明不同路段土洞的发育程度、分布规律和规模大小。

2. 调查与测绘

(1)工程地质调查和测绘应与航片、卫片的判释同时进行。调绘范围应以能满足方案选择和查明场地岩溶发育程度为原则，对路线限于中线两侧各200～300m；对特大桥和地质条件复杂的大桥限于桥轴线上、下游各200～500m；对隧道视地质条件复杂程度确定。测绘比例尺为1:500～1:2 000。

(2)工程地质测绘应重点查明可溶岩分布地段的地形地貌特征、地表岩溶的主要形态、规模大小、分布特点；可溶岩的岩性、分布范围、第四系地层岩性、成因类型、沉积厚度、结构特征；土洞的分布位置、规模；岩层产状、地质构造类型、新构造活动的特征、断裂和褶皱轴的位置、构造破碎带的宽度、可溶岩与非可溶岩的接触界线、岩体的节理裂隙发育程度；地下水类型、埋藏条件、补给、径流和排泄条件，地下水露头位置和高程、涌水量大小，地下水与地表水的水力联系，地表水的消水位置；不良地质现象的成因类型、规模、稳定情况和发展趋势。

3. 勘探

1)路基勘探

岩溶地区公路路基的工程地质勘探，应在全面分析研究遥感测绘资料的基础上，确定勘探点的位置，选择勘探方法。

勘探方法以综合物探为主，应在布线范围内平行路线走向布设2～3条物探测线，查明沿线不同路段的岩溶发育程度和分布规律。必要时，可在构造破碎带、褶皱轴部、可溶岩与非可溶岩接触带和岩溶洞穴、塌陷地带等处，布设物探测线，查明这些地带岩溶的发育强度和发育特点。

在判定的岩溶发育带和物性指标异常带应布置钻孔，验证物探成果，同时查明岩溶的基本形态和规模、洞穴充填物的性状和地下水位高程等。

利用人力钻和轻型机钻，查明第四系地层岩性、沉积厚度、结构特征、土洞的分布位置和规模。

2)桥基勘探

岩溶地区桥基的勘探首先应采用物探，查明桥位区岩溶的发育规律、不同地段的岩溶发育强度和发育特点，第四系的地层岩性、层序、沉积厚度、结构特点。

在判定的岩溶发育带和物性指标异常带应布设钻孔，以验证物探成果。必要时，在每个基础范围内可布置1个钻孔，查明岩溶发育特点。钻孔深度应在完整基岩内钻进5～10m，在该深度遇有岩溶洞穴时，应在洞穴底板完整基岩内钻进3～5m。

3)隧址勘探

隧道的工程地质勘探应以物探方法为主,并在充分分析遥感和测绘资料的基础上布置勘探工作。首先沿隧道中线和断裂破碎带、褶皱轴部、可溶岩与非可溶岩接触带布置物探勘探线,查明洞身不同地段的岩溶发育程度和分布规律、岩溶洞穴的含水特性等。

在隧道的洞口和已判定的岩溶发育带,物性指标异常时,应布置钻孔,查明洞体围岩的工程特性,主要内容为岩溶发育程度、基本形态和规模、洞穴充填物性状、岩溶的富水性、补给、径流和排泄条件。钻孔深度应在隧道底板设计高程以下完整基岩钻进5~8m;在该深度遇有溶洞时,钻孔应穿过洞穴,在溶洞底板完整基岩内钻进3~5m。

4. 试验

(1)为确定地基岩体强度和隧道围岩类别,应对测区内的岩石进行单轴极限抗压强度试验,测定洞体围岩的波速。

(2)为查明地下洞穴连通情况和地下水之间的水力联系,应做连通试验。

(3)为查明岩溶富水性和涌水量,必要时应对岩溶含水带做抽水试验。

(4)对地下水和地表水作水质分析,确定其对混凝土的侵蚀情况。

5. 资料要求

资料整编应在遥感、工程地质测绘、勘探和测试等各种原始资料准确、齐全的条件下进行。应提交的资料及其内容要求如下。

(1)工程地质勘察报告。文字部分应论述场地的工程地质条件和岩溶在水平和垂直方向上的发育强度与分布规律,并结合地形地貌特征,第四系岩性,沉积厚度,物理力学特征,路基挖深、填高,将场地进行工程地质分区,评价各区的稳定性和适宜性;论述桥、隧场地的工程地质条件和岩溶的发育特点、洞穴规模、充填物性状、富水程度;评价桥、隧场地的适宜性和桥梁地基、隧道围岩的稳定性。

对影响公路工程建筑物稳定与安全的各种岩溶洞穴和岩溶水,提出整治方案;论证岩溶洞穴、天生桥等用作公路隧道、桥涵的可能性。

(2)工程地质平面图。按路线、桥梁、隧道分别绘制,应全面反映场地的工程地质条件。重点标示出岩溶发育地段、特殊性岩土地段、岩溶洞穴塌陷等不良地质现象。比例尺为1:500~1:2 000。

(3)工程地质纵断面图。分别按路线、桥梁、隧道中线绘制,比例尺:水平为1:500~1:2 000,垂直为1:50~1:200。

(4)岩土、水质的试验、分析资料,水文地质试验资料。

(5)钻孔柱状图、物探成果图等。

(6)岩溶场地稳定性分区图。根据岩溶发育程度、基本形态、洞穴规模、路堑设计高程以下或路堤原始地面以下的第四系厚度和洞穴顶板岩体厚度等条件,将场地划分为无岩溶区、岩溶不发育区、岩溶发育场地稳定区和岩溶发育场地不稳定区等。

以上地质勘察成果,应列入基础资料,正式出版。

(二)详细勘察阶段

1. 勘察重点

(1)查明场地内影响公路工程建筑物稳定与安全的岩溶洞穴和土洞的形态、位置、规模、埋深,洞穴顶板岩体厚度,洞穴充填物性状。

(2)查明岩溶水埋藏特点、水动力特征、水位高程及其变化幅度和水的补给、径流、排泄条件。

2. 调查与测绘

(1)调绘范围的确定应以能满足工程设计、岩溶的处理和查明场地岩溶发育分布规律为原则，对路线控制在线位两侧各100~150m；对特大桥和工程地质条件复杂的大桥，控制在桥位中线上、下游各200m；对隧道应根据场地的工程地质条件复杂程度确定。比例尺为1:500~1:2 000。

(2)测绘中主要校核、修改补充完善初勘资料，重点查明岩溶洞穴、土洞、漏斗和落水洞的位置、形态、规模，洞穴塌陷的地表分布面积、垂直形态，暗河的位置和埋深；地下水涌出和地表水的消水地点，地表水与地下水在不同季节补给、排泄关系的变化；第四系的地层岩性、厚度、结构特征；可利用的岩溶洞穴、天生桥等的洞径大小，顶板岩体厚度、完整性，侧壁岩体的稳定性。

3. 勘探

1)路基勘探

路基勘探应以钻探为主，勘探的重点在初勘已查明的岩溶发育地段，主要查明路基范围内岩溶洞穴在水平和垂直方向上的分布特点、基本形态、洞穴规模，洞穴顶板厚度、完整性，溶洞的含水性、水位高程、水量大小，洞穴充填物性状。

利用人力钻或轻型机钻查明土洞的分布和规模。

在填土路段，钻孔应在完整基岩内钻进5~8m。在该深度同遇有溶洞时，应钻穿溶洞并在底板完整基岩内钻进3~5m。在挖方路段，钻孔应在路其设计高程以下完整基岩内钻进5~8m，或穿过溶洞后在底板完整基岩内钻进3~5m。

2)桥基勘探

在充分研究初勘资料的基础上，布置钻探工作，主要查明每个基础范围内岩溶的发育规律、基本形态、规模大小，洞穴顶板岩层厚度、完整性，洞内充填物性状。一般情况每个基础不少于4个钻孔。当采用桩基础时，应逐桩钻探。钻孔在完整基岩内钻进5~10m；在该深度内遇到溶洞时，钻孔应穿过溶洞，在洞穴底板完整基岩内钻进3~5m。

3)隧址勘探

除按常规要求进行隧道的工程地质勘探外，在岩溶区还应重点查明岩溶洞穴的分布、基本形态、规模大小，洞内充填物的性状，岩溶地下水的水位高程、富水程度、补给、排泄条件。

除在隧道洞口地段布置钻孔外，在洞身地段构造破碎带、褶皱轴部、可溶岩与非可溶岩接触带和已判定的岩溶发育带布置钻孔，钻孔应在隧道底板设计高程以下完整基岩内钻进5~8m；在该深度内遇有溶洞时，钻孔应穿过溶洞，在洞穴板完整基岩内钻进3~5m。

4. 试验

(1)对地基中的洞穴顶板岩石进行下列试验：饱和单轴抗压强度，岩石的黏聚力、内摩擦角、弹性模量、泊松比、剪切弹性模量等。

(2)对隧道洞体上部2.5倍洞径高度范围内的围岩进行下列试验：天然状态和饱和状态单轴抗压强度，弹性抗力系数，内摩擦角、弹性模量、泊松比、剪切弹性模量，有条件时测定围岩的弹性波的波速。

(3)对深路堑和隧道洞身附近的岩溶含水带进行抽水试验，查明含水带的水文地质特征。

(4)对地下水和地表水进行水质分析，判断其对混凝土的侵蚀性。

5. 资料要求

(1)工程地质勘察报告。文字部分应论述场地的工程地质条件，详述场地岩溶发育强度和溶洞顶板的稳定性、岩溶水的埋藏条件和水动力特征;评价岩溶发育带路基的安全和稳定性、岩溶水对路基的危害;对危害路基安全和稳定的岩溶洞穴和岩溶水提出整治措施。

详述桥位区的工程地质条件和岩溶的发育强度、洞穴基本形态和规模;评价桥基的稳定性,可能时提出洞穴顶板岩体的安全厚度;对影响桥基稳定的岩溶洞穴提出工程措施。

详述隧道场地的工程地质条件和岩溶发育程度、分布规律,岩溶含水带的水文地质特征和涌水量大小;分析评价岩溶洞穴的岩溶水对隧道安全和稳定性的影响及在施工和营运时产生的危害;对岩溶洞穴和岩溶水提出处理措施。

(2)工程地质平面图。按路线、桥梁、隧道不同工程场址分别绘制。除反映出一般工程地质条件外,重点标示出与岩溶及岩溶水有关的工程地质内容。比例尺为1∶500~1∶2 000。

(3)工程地质纵断面图。分别按路线、桥梁、隧道等工程绘制,比例尺:水平为1∶500~1∶2 000,垂直为1∶50~1∶200。

(4)岩溶发育带有关断面图。

(5)可利用的溶洞、天生桥等有关资料与图件。

(6)岩土、水质的试验成果。

(7)钻孔柱状图,物探资料成果。

以上地质勘察成果,应列入基础资料,正式出版。

四、泥石流

(一)初步勘察阶段

1.勘察重点

1)地貌调绘

(1)泥石流形成区的滑坡、错落、崩塌、岩堆及流域面积内可能形成泥石流的固体物质储备量,溯源侵蚀状况。

(2)流通区沟谷特征,如沟谷的曲折、横断面类型、岸坡形状、纵坡角度、通过长度、冲淤规律、泥石流痕迹残留厚度等。

(3)堆积区洪积扇的形状、大小、各部位地面坡度、较新泥石流沉积体互相叠覆状况、冲沟在洪积扇上发育状况(如位置变迁、切割深度、横断面形状等)。

2)工程地质调绘

(1)收集区域地质、大地构造、地壳应力场和新构造活动等资料及泥石流发育规律。

(2)泥石流形成区、通过区的地质构造、地层岩性、岩层风化状况、坡残积物的分布发育状况。

(3)堆积区洪积扇各部位的颗粒天然级配、颗粒的岩石或矿物成分、岩组排列、疏松、固结(胶结)状况。

(4)历次泥石流暴发时的流动方向与堆积部位。

(5)泥石流沉积与附近其他(冲积、洪积、冰积)的岩性区别,如颜色、颗粒形状、分选程度、与母岩关系、擦痕、泥球、堆积形状、层理产状差异、地形起伏状态等。

3)气象、水文调查

(1)除收集一般气象资料外,还应调查最大降雨延续时间降雨强度、出现年份以及对发生泥石流的影响程度。

(2)收集有关地形图(可用小比例尺图),圈定泥石流的汇水面积。

(3)调绘泥石流对河床稳定的影响;泥石流挤压河床,迫使河流外移,泥石流堵塞江河(含线外泥石流)造成回水的范围和高程;洪积扇被冲刷所形成岸边陡坎高度、坡度、稳定状况、出露的地层剖面,据以确定公路沿河各路段的年平均淤积量。

4)人为活动调查

(1)调查由于伐木、开荒植被破坏,造成水土流失的状况。

(2)调查采矿、开山与废弃岩石形成泥石流的可能性与现状。

5)泥石流发育历史调查

(1)调查、访问泥石流发生时间、频率、历时原因、规模大小,引发的灾害、危害程度、发展趋势。

(2)调查、访问泥石流暴发前的降水、融雪、融冰情况及暴发时的密度、流速、流向、体积范围,阵流头部的波高,泥石飞溅高,波头、波尾表层流动特征(颗粒有无上下相对运动),阵流的韵律。

(3)调查形成区土的侵蚀速度。

(4)调查以往当地防治泥石流的措施、成败的经验教训及当地防治规划。

2. 勘探

(1)一般应查明堆积区洪积扇的地层结构、岩性及流通区残留厚度。形成区需设人工构造物进行防治时,应查明固体物质储备的地层结构和岩性。

(2)代表性勘探本可呈十字形布置,纵向勘探线沿洪积扇脊部布置,并伸入到流通区沟谷内部,达到能表示流通区平均纵坡为止。而横向勘探线沿总体地形等高线延伸方向布置,达到洪积扇的边缘。纵、横勘探线交点宜在洪积扇重心部位。

一次淤积范围的勘探线比照上述方法布置。

各勘探线上的挖探或钻探的勘探点不得少于3个。

泥石流的勘探点需要加密时,也可采用物探;勘探点间距不大于50m。

3. 试验

(1)试验项目:相对密度、密度、含水率、颗粒分析,还应做泥石流的特殊项目。颗粒分析侧重于粉砂和黏土粒组含量百分数、小于1mm颗粒含量百分数、中值粒径(d_{50})。黏性泥石流做湿陷试验及可溶盐试验,疏松地层做固结试验。稀性泥石流还应取固体物质补给区的样品作颗粒分析。

(2)危害严重、流域面积大或有代表性的需特殊研究的泥石流,要建立观测站,进行长期观测。

4. 资料要求

(1)泥石流工程地质勘察报告,文字部分的内容如下。

①概述地质构造、新构造与区域性的泥石流集中分布的规律。

②逐项说明泥石流沟谷形成的地形、地貌、地质构造、地层岩性等自然条件及滥垦滥伐、不适当堆弃废土废石等人为因素。

③论述连续降雨、暴雨强度、融雪、冰川活动等气象因素与泥石流活动周期、活动规模的关系。

④叙述近年来各次泥石流淤积范围、冲沟冲淤的变化规律及流动特征。

⑤论述泥石流发生过的灾害、现状及未来发展趋势。

叙述当地防治泥石流的历史及成败的经验教训,为防治方案提供依据及提出下一步工作的意见。

(2)工程地质图。其要求如下。

①工程地质平面图(含3个区段),比例尺为1:2 000～1:10 000。

②工程地质纵断面图(含沉积区、流通区),比例尺:水平为1:2 000～1:1 000;垂直为1:200～1:1 000。

(3)成果资料。调绘记录、勘探成果资料、试验成果资料等应分别编目,装订成册;除记录本外,其余成果均列入基础资料,正式出版。

(二)详细勘察阶段

1.勘察重点

(1)查明泥石流区段公路路基、桥涵、隧道等建筑物地基地层、岩性,并为设计提供所需的物理力学参数。

(2)查明各项防治措施所针对的局部泥石流活动的规律,以及构造物地基的地层、岩性。

(3)查明各防治构造物设计所需的计算参数。主要有密度、流速、流量、阵流波头高度、飞溅高度、年平均冲出量、固体物质储备量、冲沟的冲淤速度、冲淤方向及构造物地基承载力、湿陷性等。

2.勘探

(1)勘探是为查明构造物地基的地层、岩性。

(2)勘探线应沿构造物轴线方向布置,各勘探线一般不少于3个勘探点。对桥位,当地基地层复杂时,应在墩台位置布置勘探点。

(3)勘探方法一般采用挖探或钻探。

(4)当初勘的勘探点临近勘探线时,有代表性并能满足设计需要的应加以利用,不再另设勘探点。

3.试验

(1)试验项目同泥石流初勘要求(同前)。

(2)确定地在承载力,尽量采用触探等原位测试。

4.资料要求

(1)泥石流工程地质勘察报告,文字部分的内容如下。

①概述有关泥石流形成、发展、活动、发生频率与自然及人为因素的机理关系。

②概述泥石流特征类型及今年来活动现状。

③针对各项防治措施需要,选择合理计算公式、计算参数,对泥石流活动作出定量评价。

④对构造物地基承载力进行论证分析,提出合理、可靠的设计推荐值。

⑤提出设计、施工、养护应注意的问题。

(2)工程地质图。其要求如下。

①工程地质平面图,一般含堆积区和流通区,当形成区设防构造物时需扩大至形成区。比例尺为1:2 000～1:10 000。

②工程地质纵断面图,根据防治构造物的需要分别绘制。

比例尺:水平为1:2 000～1:10 000,垂直为1:200～1:1 000。

(3)成果资料。观测资料、调绘记录、勘探成果资料、试验成果资料、计算书、原始图件等应分别编目,整理成册;除记录本外,其余成果均应列入基础资料,正式出版。

本章小结

1. 工程地质勘察的任务主要是查明建筑场地的工程地质条件，预测建筑物在施工和使用过程中，由于工程活动的影响或自然因素的改变可能产生的新的工程地质问题，并提出改善不良地质条件的建议。

2. 工程地质勘察按工程开发的工作程序可分为可行性研究勘察、初步工程地质勘察、详细工程地质勘察和施工期的工程地质勘察。

3. 本章还介绍了公路路基、桥梁、隧道和不良地质现象工程地质勘察的基本内容和勘察要点。

复习思考题

1. 试述公路工程地质勘察的主要任务。
2. 公路路线有几种类型？各有什么优缺点？
3. 试分析公路路基勘察中的主要工程地质问题。
4. 试分析公路桥梁勘察中的主要工程地质问题。
5. 试分析公路隧道勘察中的主要工程地质问题。

第四篇　工程地质勘察技能训练

第九章　室内地质分析应用技能的训练

第一节　矿物的识别

矿物的识别是指通过肉眼鉴定若干常见矿物,以确定矿物的类别和名称,常用工具有小刀、放大镜(10或20倍)、稀盐酸、条痕板、玻璃片、手锤等。

一、肉眼鉴别矿物的方法

正确地识别和鉴定矿物,对于岩石命名、鉴定和研究岩石的性质,是一项不可缺少而且是非常重要的工作。准确的鉴定方法需借助各种仪器或化学分析,最常用的为偏光显微镜、电子显微镜等。但对于一般常见矿物,用简易鉴定方法(肉眼鉴定方法)即可进行初步鉴定。所谓简易鉴定方法,即借助一些简单的工具如小刀、放大镜等对矿物进行直接观察测试。

二、肉眼鉴别矿物的步骤

主要运用矿物形态和物理性质特征来进行鉴别。抓住矿物的主要特征,可以从观察矿物的形态着手,观察矿物的光学性质和力学性质,再进一步观察矿物的其他性质,或借助化学试剂(如盐酸等)与它的反应现象而定出矿物的名称。

注意,在鉴别矿物时,必须在矿物的新鲜面上进行。

1. 矿物的形态

矿物的形态既是矿物的外观特征,又是矿物化学成分的第一观感。矿物的形态分为单体形态和集合体形态。矿物的单体形态是指矿物单个晶体的外形,晶体形态可分为两种类型:一类是由相同晶面所组成的称为单形;另一类是由两种以上的晶面所组成的称为聚形。根据晶体在三维空间发育程度不同,可将矿物分为三类。

(1)单向延伸型。晶体沿一个方向特别发育,其余两个方向发育较差,形成柱状、针状、纤维状,如角闪石、石棉等。

(2)双向延伸型。晶体沿两个方向特别发育,即有一个方向比其余两个方向发育差,形成片状、板状,如石膏等。

(3)三向延伸型。晶体在三个方向上发育相等,形成立方体、菱面体、八面体,如黄铁矿、方解石等。

矿物集合体形态是指同种矿物的多个单体聚集在一起的整体。集合体的形态取决于个体及集合方式。

按其矿物颗粒的大小,通常将集合体分为两类:显晶集合体和隐晶集合体。显晶集合体是用肉眼或放大镜可辨别出各矿物颗粒界限;隐晶集合体颗粒细小,只有在偏光显微镜下才能辨别其形态,隐晶集合体可以是化学沉积,也可以是胶体沉积。

2. 矿物的光学性质

矿物的化学性质包括颜色、条痕、光泽和透明度等。

(1)颜色。应以新鲜面为准,无论自色、他色和假色,一般以直观颜色为主,并以色谱中七色——赤、橙、黄、绿、青、蓝、紫为基调色。可以利用标准色谱的颜色比照标准矿物颜色进行描述,比如紫水晶等。也可以用最常见的实物颜色来比喻矿物颜色,如橄榄绿等。或用两种标准色谱中的颜色,如黄绿色、灰白色等。

(2)光泽。矿物的光泽以矿物新鲜面的反光强弱来鉴定,按矿物平坦表面的反射能力来说大部分矿物属于玻璃光泽。如矿物表面不平、或有细小孔隙、或为集合体,则其表面所反射出来的光必然受到一定程度的影响,而呈现出一些特殊的光泽,如油脂光泽、珍珠光泽等。

3. 矿物的力学性质

(1)硬度。它是矿物成分与结构牢固性的一种内在固有的特性,对许多矿物都具有鉴定意义。在矿物学中,通常是用摩氏硬度计中的10种等级的代表矿物为标准硬度来测定其他矿物的硬度。在野外用肉眼鉴定硬度时,通常采用一些简易的鉴定方法,一般用指甲、小刀、玻璃和钢刀等代替(指甲2~2.5;小刀5~5.5;玻璃5.5~6;钢刀6~7),可以粗略的用指甲和小刀来区分非硬度计的矿物,如下所示。

低硬度——凡能被指甲所能刻划的矿物;

中硬度——凡不能被指甲所能刻划,而能被小刀刻划的矿物;

高硬度——凡不能被小刀刻划的矿物。

(2)解理与断口。解理只能在晶体矿物中才有可能出现,但又不是所有晶体矿物都会出现解理,因为解理的形成受到矿物内部结构的严格控制。沿结晶裂开的面,称为解理面。在鉴别时,注意应仔细地分辨晶面与解理面,因为有的晶面不一定就是解理面,如石英晶体等。

断口不论在晶体还是非晶体矿物上均可发生,常见形态有贝壳状断口、锯齿状断口、参差状断口等,断口的形态也是肉眼鉴定矿物的辅助依据之一。

4. 其他性质

比如某些矿物的发光性、人的感官特性等。

第二节　岩石的识别

从岩石成因规律中掌握鉴别三大岩类的方法,同时通过三大岩类特征的对比,用肉眼对各大类中常见的主要岩石作出较准确的鉴定,为进一步认识和分析岩石的工程性质打下基础。

常用工具有小刀、放大镜(10或20倍)、稀盐酸、条痕板、玻璃片、手锤等。

一、三大岩类的区分

肉眼鉴别岩石,首先根据三大岩类的主要区别,确定出所鉴定岩石的所属类别,然后按每类岩石的鉴别方法进行鉴别。

区分三大岩类可以从岩石的结构和构造方面着手,因为结构和构造最能具体反映出岩石的成因规律。

1. 从结构上

岩浆岩　由高温熔融的岩浆冷凝而成,具有明显的晶质结构。

沉积岩　由母岩经过风化、剥蚀、搬运、沉积、压实和胶结形成的,具有明显的沉积环境特征。

变质岩　由不同的原岩受到不同程度的变质因素的影响而形成的,与原岩之间有着一定的联系,它在结构上既有一定的继承性又有一定的独特性。

在三大岩的结构中,都具有结晶结构,但由于其形成环境不同,在鉴定时也很容易区分。岩浆岩的结晶结构特征反映了在组合矿物上具有的先后冷凝结晶的顺序性;沉积岩的结晶结构特征反映了其矿物成分是由溶液中沉淀或重结晶而具有的化学性;变质岩的结晶结构反映了岩石在固体状态下,矿物成分同时重结晶而具有定向性。

2. 从构造上

岩浆岩　随着岩浆性质、产出条件和在凝固过程中运动状态的不同而呈现出不同的构造现象。其块状构造反映了岩浆冷却散热过程中矿物晶体间产生的凝聚力,在喷出岩中常因矿物呈玻璃质或隐晶质而形成流纹、气孔、杏仁状、块状等构造。

沉积岩　随着外动力地质作用的性质、古地理环境、物质来源及沉积条件等因素的不同,所形成的岩性不同,但是都具有层状构造的特征。

变质岩　随着原岩受变质作用的环境、方式和强度不同,表现出的构造现象也是多样的,但其最常见的构造是片理状构造。

在三大岩的构造中都可能有块状构造,其主要区别是:岩浆岩的块状构造反映了岩浆冷却散热过程中矿物晶体间产生凝聚力而形成的;沉积岩的块状构造是由于矿物颗粒间在沉积时,因压实脱水后胶结而形成的;变质岩的块状构造是因为原岩在固体状态下出现了明显而均匀的重结晶而形成的。

二、岩浆岩的鉴别方法

(1)在野外进行鉴定时,首先观察岩体的产状等,判定是不是岩浆岩及属于何种产状类型。

(2)然后观察岩石整体的颜色,从颜色深浅,确定所属的类别。岩石颜色的深浅决定于岩石中深色矿物与浅色矿物的含量比,含深色矿物多、颜色较深的,一般为基性或超基性岩;含深色矿物少、颜色较浅的,一般为酸性或中性岩。相同成分的岩石,隐晶质的较显晶质的颜色要深一些。应注意岩石总体的颜色,并应在岩石的新鲜面上观察,初步确定岩石的大类。

(3)进一步观察岩石的结构和构造特征,区分是深成岩、浅成岩或喷出岩。

深成岩　具有全晶质等粒结构,呈块状构造;

浅成岩　具有隐晶质、斑状结构,呈块状构造;

喷出岩　具有玻璃质、隐晶质、斑状结构,呈流纹、气孔、杏仁状、块状等构造。

(4)最后根据岩石中矿物的共生组合规律分析岩石的主要矿物成分,再综合其他特征,即可确定岩石的名称。但是有些岩石,特别是结晶颗粒细小的岩石,用这种方法是难以鉴别的。这时,若要准确地定出岩石的名称,则必须借助于一些精密仪器,最常用的是偏光显微镜。

(5)岩浆岩命名的根据主要是根据岩石中含量最多的主要矿物命名。

主要矿物是指岩石中含量超过20%的矿物,例如以角闪石和斜长石组合而成的岩石,命名为闪长岩。在岩石中含量在3%～20%的矿物称为次要矿物,对岩石的种属命名起到补充的作用,次要矿物放在岩石名称之前。

在野外地质工作中,应采用全名法描述岩石:颜色＋结构＋构造＋特征矿物＋基本名称。

三、沉积岩的鉴别方法

(1)先从观察岩石的结构开始,结合岩石的其他特征分出所属大类(碎屑岩、黏土岩、化学岩)。

碎屑岩用手触摸时有粗糙感,部分碎屑岩可以用肉眼区分其碎屑颗粒的大小,判断所属亚类。黏土岩颗粒细小,不易观察,但是触摸时有滑腻感,强度低,具有塑性,断裂面暗淡,呈土状。化学岩具有结晶结构,它一般比较致密,少数有重结晶现象。

(2)根据每类岩石的特征,进一步分析确定岩石的名称。

①碎屑岩类。按颗粒的大小划分亚类。砾岩和角砾岩一般颗粒粗大,显而易见;砂岩颗粒大小可用肉眼或放大镜观察,手感粗糙;粉砂岩用手沾水触摸时有细砂感外,还有泥质黏手指现象。

对于碎屑岩类还可以按颗粒形状、主要、次要矿物成分特征描述。

②黏土岩类。主要根据有无明显的层理特征来区分,页理发育的是页岩;页理不发育的是泥岩。

③化学岩类。在肉眼观察时,主要看它们对稀盐酸的反应情况来区分:石灰岩剧烈反应;白云岩微弱反应;泥灰岩剧烈反应,但泡沫混浊,干后留有泥点。

(3)沉积岩命名。沉积岩的基本名称主要是根据结构特征来命名的,然后再加上其他方面的特征描述,即按颜色、矿物成分的含量、胶结物等。在野外工作中,常用综合性描述来定名。

碎屑岩类　颜色＋构造＋胶结物＋结构＋成分及基本名称;

黏土岩类　颜色＋黏土矿物＋混入物及基本名称;

化学岩类　颜色＋构造＋结构＋成分及基本名称。

(4)沉积岩与岩浆岩的区别如下。

在物质组成上,黏土矿物、方解石、白云石、有机质是沉积岩所特有的。

在构造上,层理构造、层面特征和含有化石是沉积岩区别于岩浆岩的特征。

四、变质岩的鉴别方法

(1)先观察岩石的构造,确定是片理构造或块状构造,分别称为片理状岩石或块状岩石。

①片理状构造包括板状、千枚状、片状和片麻状等构造,根据它们各自的特征来识别。

②块状构造,常见的主要是大理岩和石英岩。两岩石的颜色都较浅,但成分不同,前者主要由方解石组成,遇酸反应,后者硬度高,遇酸不反应,这样就可以区分开。

(2)在结构构造的基础上,进一步鉴别主要矿物成分和特征矿物作为定名的参考。在野外地质工作中,对变质岩的描述包括以下几个方面:颜色＋结构＋次要矿物＋主要矿物及构造特征基本名称。

五、岩石鉴别记录表(表 9-1)

岩 石 鉴 别 记 录 表 9-1

岩石编号	颜色	结构	构造	矿物成分	其他	岩石名称

第三节 编制并分析节理玫瑰花图

节理对工程岩体稳定和渗漏的影响程度取决于节理的成因、形态、数量、大小、连通情况以及充填等特征。通过岩土工程勘察查明这些特征后,应对节理的密度和产状进行统计和分析,以便评价它们对工程的影响。

本节内容主要是学会利用节理产状编制玫瑰花图的方法,判断节理的发育程度,初步判定岩石的工程性质。

常用用具有地质罗盘、硬纸板、记录本、铅笔等。

一、玫瑰花图的编制原理

首先对一定地区岩石的节理产状、密度进行观测(按测定岩层产状的方法测量),把测得的数据加以整理,记入节理统计表,如表 9-2 所示,然后编制节理玫瑰花图。

节 理 统 计 表 表 9-2

方位间隔	节理数	平均走向(°)	平均倾向(°)	平均倾角(°)
1~10	15	186	96	61
11~20	10	194	104	70
21~30	4	209	119	58
—				

注:本表引自《构造地质与地质力学》(同济大学编)。

(1)节理走向玫瑰花图。以某一组岩石中节理数最多者为标准,取一定比例尺的长度为半径的半圆上,标出刻度(0°~90°;270°~360°),把所测得的裂隙按走向以每 5°或每 10°分组,统计每一组内的节理数并算出其平均走向。自圆心沿半径引射线,射线的方位代表每组节理平均走向的方位,射线的长度代表着每组节理的条数,然后用折线把射线的端点连接起来,即得节理走向玫瑰花图(图 9-1)。

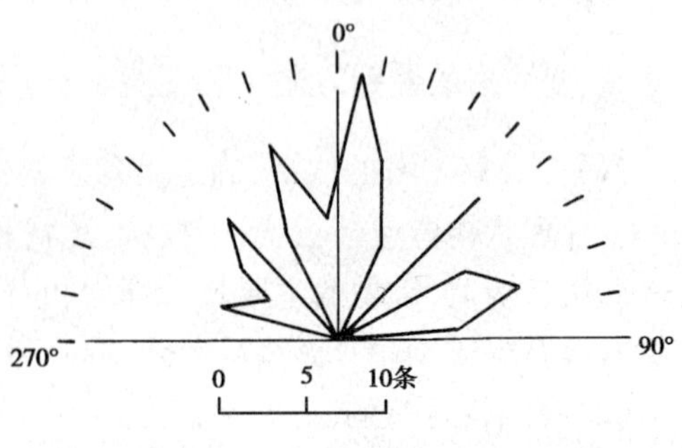

图 9-1 节理走向玫瑰花图

从已编制成的节理走向玫瑰花图中不难看出，每一花瓣愈长，表明该方位角内出现节理数目愈多；花瓣愈宽，说明节理方向的变化范围愈广。

为了表示最发育一组节理的倾向、倾角，可在走向玫瑰花图上沿最发育一组节理的平均走向方向上，沿径向上引一延长线，并将其等分成90°，用来表示节理的倾角；再在该线顶端作一垂直线，其长度按比例代表节理的条数，其所指的方向代表节理的倾向；将该组节理按倾向再分组，根据节理倾向和条数标出各点，每组分画成三角形，这就完成了最发育一组节理倾向和倾角图，如图9-2所示。

在该图上还可标出河流及建筑物方向，分析节理与建筑物关系。以垂直河流方向的节理最发育，且倾向河流下游者居多，据此可了解勘察区岩体节理的发育规律。

(2)节理倾向玫瑰花图。此图的画法与节理走向玫瑰花图的编制方法大同小异，因倾向方向具有单向性，只能有一个方位角数值，因而用全圆间隔来表示。同时与倾向相应的倾角，也是按倾角的平均值换成线段的长度，仍沿辐射线方向标点，而后按上述方法将各端点依次用直线连接起来，即得倾向、倾角玫瑰花图(图9-3)。

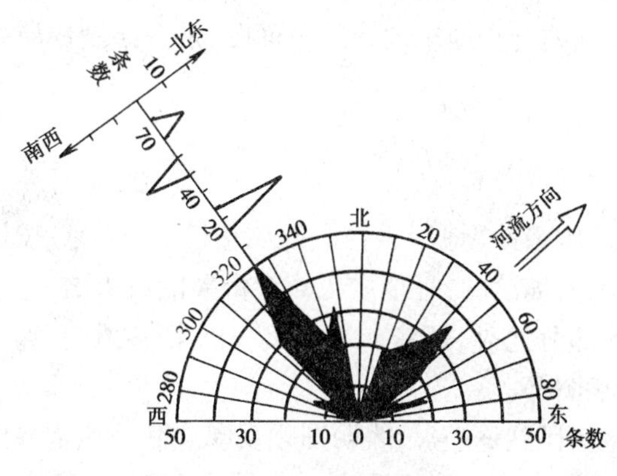

图9-2 某坝址岩体节理玫瑰图

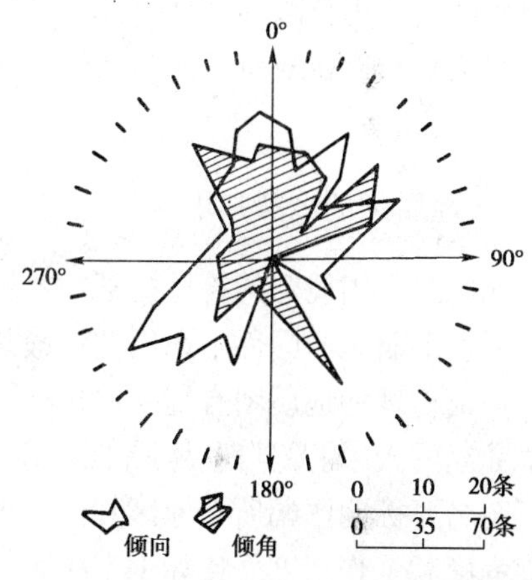

图9-3 倾向、倾角玫瑰花图

二、岩石节理发育程度的判别

岩石节理发育程度的判别如表9-3所示。

岩石节理发育程度 表9-3

发育程度等级	基本特征	附注
裂隙不发育	裂隙1~2组，规则，构造型，间距在1m以上，多为密闭裂隙。岩体被切割成巨块体	对基础工程无影响
裂隙较发育	裂隙2~3组，呈X形，较规则，构造型为主，间距大于0.4m以上，多为密闭裂隙。部分为微张裂隙，少有充填物，岩体被切割成大块体	对基础工程影响不大，对其他工程可能产生相当影响
裂隙发育	裂隙3组以上，不规则，构造型或风化型为主，间距小于0.4m，大部分为微张裂隙，部分有充填物，岩体被切割成小块体	对工程建筑物可能产生很大影响
裂隙很发育	裂隙3组以上，杂乱，以风化型和构造型为主，多数间距小于0.2m，以张开裂隙为主，一般均有充填物，岩体被切割成碎石状	对工程建筑物产生严重影响

三、要求学生利用节理产状编制玫瑰花图

表9-4所示为某坝址岩体节理产状，要求学生根据此表编制玫瑰花图。

某坝址节理统计表　　表 9-4

走向(°)	条　数	走向(°)	条　数	走向(°)	条　数	走向(°)	条　数
0 ~ 10	0	51 ~ 60	19	271 ~ 280	0	321 ~ 330	50
11 ~ 20	0	61 ~ 70	10	281 ~ 290	0	331 ~ 340	22
21 ~ 30	20	71 ~ 80	20	291 ~ 300	14	341 ~ 350	30
31 ~ 40	25	81 ~ 90	0	301 ~ 310	0	351 ~ 360	0
41 ~ 50	35			311 ~ 320	30		

第四节　阅读地质图并绘制地质剖面图

地质图是反映一个地区各种地质条件的图件。作为公路工程技术人员,必须会对已有的地质图进行分析和阅读,以便帮助我们进一步地了解一个地区的地质特征。本节要求学生熟悉各种地质构造在地质平面图上的表现,能够熟练的分析简单的地质平面图,掌握绘制地质剖面图的方法。

一、地质图的一般知识

地质图是用规定的符号把某一地区的各种地质条件(地层、岩性、地质构造、矿产等)按比例投影在平面上的图件。地质图一般是在地形图上编绘的,是地质工作最重要的成果之一。

一幅正规的地质图有统一的规格,除了正图部分之外,还应包括图名、比例尺、图例、编制单位和编图人、编图日期、地质剖面图和地层柱状图等。

图名要标明图幅所在地区和图件的类型,比例尺又称缩尺,表明图幅反映实际地质情况的详细程度和工作精度。比如 1∶50 000 ,即图上 1cm 相当于自然界真正的水平长度的 500m,比例尺一般放在图名或图框下方正中位置。

一般地质图的图例是用各种规定的颜色和符号来表明地层、岩石的时代和性质,图例通常绘在图框外的右边或下方。图例自上而下,按从新到老的年代顺序,列出的是图中出露的所有地层符号和地质构造符号。通过图例,可概括地了解图中出现的地质情况,读图例时要注意地层之间的地质年代是否连续,中间是否存在地层缺失现象。

图框外注明编图单位、编图人、编图日期等。

一幅完整的地质图还应该包括一个地层综合柱状图,按新老关系从上到下表示该区发育的各时代地层的岩性特征及其厚度、地层接触关系、岩体穿插关系等。柱状图的比例尺视情况而定,一般大于地质图的比例尺。

在地质平面图的下方必须有 1 ~ 2 幅穿过整个地质图的地质剖面图,以便补充说明全区主要地质构造的地下延伸情况。剖面在地质图上的位置用一条细线表示出来,两端注上代表剖面编号的数字或符号。

二、阅读地质图的步骤

1. 先看图和比例尺

先看图名、比例尺、地理位置、城镇网点,了解图的位置及其精度等情况。

2. 阅读图例

图中自上而下，按从新到老的年代顺序，列出的是图中出露的所有地层符号和地质构造符号，通过图例，不仅可以弄清图幅内采用的各种符号，而且可以了解图中出露的地层时代有无沉积间断，岩浆岩活动的时代、类型等。

3. 分析地形地貌特征

通过地形等高线或河流水系的分布特点，了解该区的山川形势和地形高低起伏情况，这样能对该地区有个完整的概括了解。

4. 阅读地层的分布、产状及其与地形的关系

分析不同地质年代的地层分布规律、岩性特征及新老接触关系，了解区域地层的基本特点。

5. 具体分析地质构造

根据图例，大致了解从老到新各时代地层分布的范围、延伸方向等；根据图例，分析各时代地层之间的接触关系及其在地质图上的表现特征，从而为分析该地区的发展历史做好准备。具体分析时，先从最老地层出露区着手，渐次向外扩大，逐个分析地质构造的类型。了解图中有无褶皱以及褶皱类型；有无断层以及断层性质、分布及断层两侧地层特征，分析本地区地质构造的基本特征。各种地质构造在地质图上所表现出来的特征（参见本书第二章第四节中"地质构造在地质图中的表现"部分内容）。

6. 综合分析

在上述分析的基础上，进一步分析各种地质现象之间的关系、规律性及其地质发展简史，同时根据图幅范围内的区域地层岩性条件和地质构造特征，结合工程建设的要求，进行初步分析评价。

三、地质剖面图的绘制

地质剖面图是指为了表明地表以下及其深部地质条件的图件，它在地质平面图中取一代表性断面，用统一规定的符号且按一定的方位、一定的比例尺表示出该断面上的地形、岩层层位和地质构造特征。它可以通过实地测绘，也可以根据地形地质图在室内编绘，绘制步骤如下。

(1)确定剖面线的方位。一般要求与地层走向线或地质构造线相垂直。

(2)确定比例尺。根据实际剖面的长度选择适当的比例尺，以便绘出的剖面图不至于过长或过短，同时又能满足表示各地质内容的需要。编绘时应注意水平比例尺与平面图的要相同；垂直（高程）比例尺可比平面图的适当放大些。

(3)按选取的剖面方位和比例尺勾绘地形轮廓（地形线）。可根据地形图上的等高线和剖面线的交点按高程及水平距离投影到方格纸上，然后把相邻点按实际地形情况连接起来，即为地形线，再把剖面方位标注上。

(4)将各项地质内容按要求划分的单元及产状用量角器量出，投在地形线上相应点的下方（地质界线与地形线的交点）。

(5)用各种通用的花纹和代号表示各项地质内容。

(6)标出图名、图例、比例尺、剖面方位及剖面上地物名称等（图 9-4）。

四、阅读和分析地质图

阅读宁陆河地区地质图（图 9-5）、I—I 断面剖面地质图（图 9-6）和综合地层柱状图

(图9-7)。下面根据宁陆河地区地质平面图、剖面图及综合地层柱状图,对该地区地质条件进行分析。

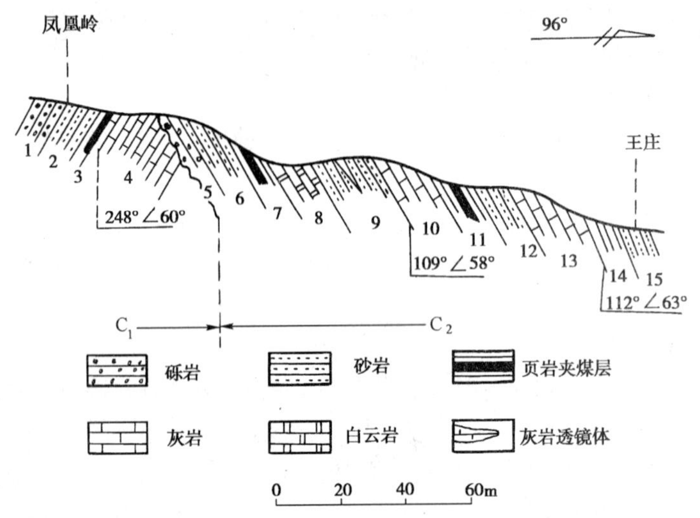

图9-4 王庄—凤凰岭地层剖面图(据杨丙中等,1984)

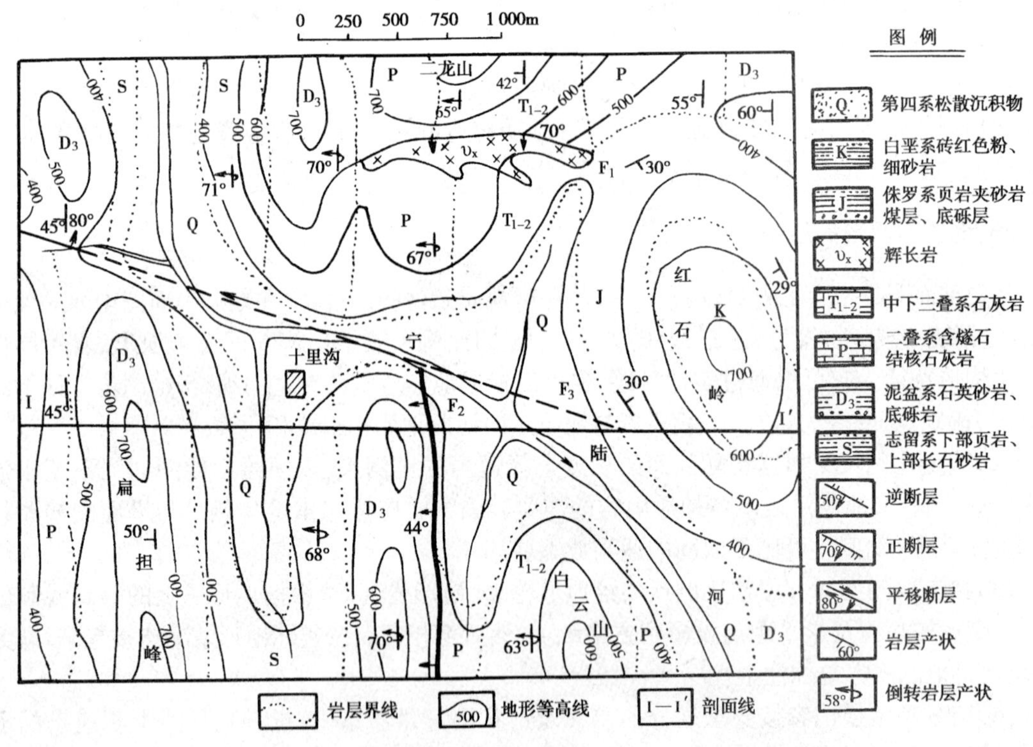

图9-5 宁陆河地区地质平面图

(1)本区最低处在东南部宁陆河谷,高程约300多米,最高点在二龙山顶,高程达800多米,全区最大相对高差近500m。宁陆河在十里沟以北地区,从北向南流,至十里沟附近,折向东南。区内地貌特征主要受岩性及地质构造条件的控制,一般在页岩及断层分布地带多形成河谷低地,而在石英砂岩、石灰岩及地质年代较新的粉细砂岩分布地带则形成高山,山脉多沿岩层走向大体南北向延伸。

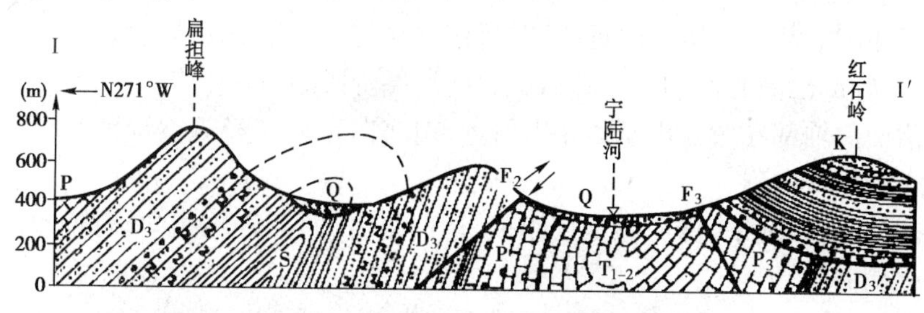

图 9-6　宁陆河地区 I—I′断面剖面地质图

(2)该区出露地层有：志留系(S)、泥盆系上统(D_3)、二叠系(P)、中下三叠系(T_{1-2})、辉绿岩墙(V_x)、侏罗系(J)、白垩系(K)及第四系(Q)。第四系主要沿宁陆河分布，侏罗系及白垩系主要分布于红石岭一带。由图 9-7 可看出，该区泥盆系与志留系地层间虽然岩层产状一致，但缺失中下泥盆系地层，且上泥盆系底部有底砾岩存在，说明两者之间为平行不整合接触。二叠系与泥盆系地层之间，缺失石炭系，所以也是平行不整合接触。图 9-7 中的侏罗系与泥盆系上统、二叠系及中下三叠纪三个地质年代较老的岩层接触，且产状不一致，所以为角度不整合接触。第四系与老岩层之间也为角度不整合接触。辉绿岩是沿 F_1 张性断裂呈墙状侵入到二叠和三叠系灰岩中，因此辉绿岩与二叠系、三叠系地层为侵入接触，而与侏罗系间为沉积接触。所以辉绿岩的形成时代，应在上中三叠系以后，侏罗系以前。

地层单位				代号	层序	柱状图 (1:25 000)	厚度 (m)	地质描述及化石	备注
界	系	统	阶						
新生界	第四系			Q	7		0 ~ 30	松散沉积层	
								角度不整合	
中生界	白垩系			K	6		111	砖红色粉砂岩、细砂岩，钙质和泥质胶结，较疏松	
								整合	
	侏罗系			J	5		370	浅黄色页岩夹砂岩，底部有一层砾岩，靠下部有一层厚达50 m的煤层	
								角度不整合	
	三叠系	中下统		T_{1-2}	4		400	浅灰色质纯石灰岩，夹有泥灰岩及鲕状灰岩	
								整合	
古生界	二叠系			P	3		520	黑色含燧石结核石灰岩，底部有页岩、砂岩夹层，有珊瑚化石	
								顺张性断裂辉绿岩呈岩墙侵入，围岩中石灰岩有大理岩化现象	
								平行不整合	
	泥盆系	上统		D_3	2		400	底砾岩厚度2m左右，上部为灰白色、致密坚硬石英岩，有古鳞木化石	
								平行不整合	
	志留系			S	1		450	下部为黄绿色及紫红色页岩，可见笔石类化石；上部为长石砂岩，有王冠虫化石	
审核				校核		制图		描图	日期　图号

图 9-7　宁陆河地区综合地层柱状图

(3)宁陆河地区有三个褶曲构造,即十里沟褶曲、白云山褶曲和红石岭褶曲(图9-5)。

十里沟褶曲的轴部在十里沟附近,轴向近南北延伸。十里沟倒转背斜构造,因受 F_3 断裂构造的影响,其轴部已向北偏移至宁陆河南北向河谷阶段。

白云山褶曲的轴部在白云山至二龙山附近,南北向延伸。经观察读图9-5,知此褶曲构造是个倾角不大的倒转向斜。

红石岭褶曲,由白垩系、侏罗系地层组成,褶曲舒缓,两翼岩层相向倾斜,倾角约30°左右,为一直立对称褶曲。

(4)区内有三条断层(图9-6)。F_1 断层面向南倾斜约70°,断层走向与岩层走向基本垂直,北盘岩层分界线有向西移动现象,是一正断层。由于倾斜向斜轴部紧闭,断层位移幅度小,所以 F_1 断层引起的轴部地层宽窄变化并不明显。F_2 断层走向与岩层走向平行,倾向一致,但岩层倾角大于断层倾角。西盘为上盘,由于出露的岩层年代较老,又使二叠系地层出露宽度在东盘明显变窄,故为一压性逆掩断层。

F_3 为区内规模最大的一条断层,从十里沟倒转背斜部志留系地层分布位置可以明显看出,断层的东北盘相对向西北错动,西南盘相对向东南错动,是扭性平推断层。

第五节　潜水等水位线图的判读及运用

一、潜水等水位线图的绘制

在公路的设计和施工中,为了弄清楚潜水的分布状态,需要绘制潜水等水位图。

潜水等水位线图是以地形图为底图,根据工程要求的精度,在测绘区内布置一定数量的钻孔、试坑,或利用泉和井,测出每个水文点的潜水位高程,然后将这些点以相应的位置投影在地形图上,再把同高程的水文点用光滑曲线连接起来,就绘成了潜水等水位线图,如图9-8a)所示。

同时也可以用剖面图的形式表示,即在地质剖面图的基础上,绘制出有关水文地质特征的资料。在水文地质剖面图上,潜水埋藏深度、含水层厚度、岩性及其变化、潜水面坡度、潜水与地表水的关系等都能清晰地表示出来,如图9-8b)所示。

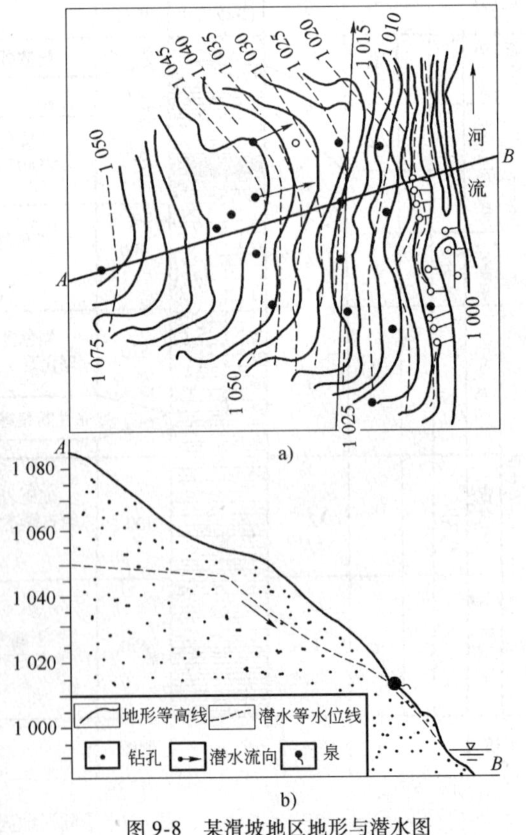

图9-8　某滑坡地区地形与潜水图
a)潜水等水位线图;b)地形与潜水剖面图

二、潜水等水位线图的判读

1. 确定潜水的流向

潜水在重力的作用下,始终沿着坡度最大的方向流动,即垂直等水位线的方向,由高水位流向低水位。在图9-8a)中,由高水位线垂直指向低水位线,即为潜水的流向,如图 9-8 中箭头所示。

2. 确定潜水的水力坡度

在潜水流向上,任取一线段,该线段距离内潜水位的高差与两者水平距离的比值即为该线段距离内潜水面的平均坡度。

3. 确定潜水的埋藏深度

将地形等高线与潜水等水位线图绘于同一张图纸上,等水位线与地形等高线交点处二线的高程差为该点的潜水埋藏深度。

某点潜水埋藏深度 = 该地点高程 - 该地点潜水面高程。

4. 判断潜水与地表水的相互补给关系

它是通过潜水等水位线与河道线之间的关系来分析的。即编制河流附近的潜水等水位线图,并测量出河流的水位高程,便可达到此目的。当河道切入潜水面以下时,等水位线与河道相交,便会出现三种情况:因潜水面高于河水面,形成潜水补给河水;或因潜水面低于河水面形成河水补给潜水;或是河水与潜水形成两侧互补的关系,如图 9-9 所示。

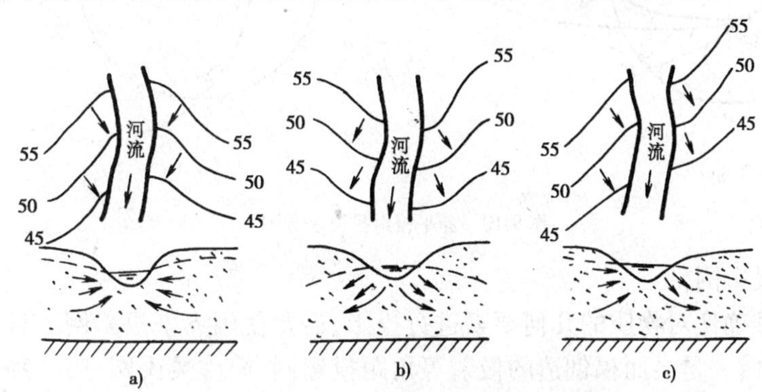

图 9-9　地下水与地表水的补给关系示意图

a) 潜水补给地表水;b) 地表水补给潜水;c) 潜水与地表水相互补给

三、读图

要求学生阅读一幅潜水等水位线图。

第六节　赤平极射投影的作图方法和运用

赤平极射投影是一种作图的投影方法,它主要用于岩质边坡的稳定性分析、工程地质勘察资料分析、地下洞室围岩稳定分析等。利用赤平极射投影来表示和测读空间上的平面、直线的方向、角度和角距,用图解的方法代替繁杂的公式运算,并可达到相当的精度。下面主要利用赤平极射投影的方法,进行岩质边坡的稳定性分析。

一、赤平极射投影原理

1. 赤平极射投影原理

它是利用一个球体作为投影工具,如图 9-10 所示,通过球心作一球体赤道平面 NWSE,称为赤平面。以球体的一个极点 R(在上)或 P(在下)为视点,发出射线,称为极射。射线与赤平面的交点,即为该点的赤平极射投影。所以,赤平极射投影实质上就是把物体置于球体中心,将物体的几何要素(点、线、面)投影于赤平面上,化立体为平面的一种投影方法。图9-10中经过球心的平面 M 与上半球面的交线为圆弧NAS,就是 M 平面的球面投影。自球极 P,向上半球面投影NAS发出射线,这些射线与赤平面NWSE的交点构成大圆弧NCS,这条大圆弧就是 M 平面的赤平极射投影。由球极 P 向 M 平面之法线的球面投影发出射线与赤平面的交点,称为 M 平面法线的赤平面极射投影。

注意,上述是以球极 P 为发射点所获得的赤平极射投影,称上半球投影;若用球极 R 为发射点所获得的赤平极射投影,称下半球投影。同一平面的上半球和下半球投影处于相反的对称位置,在作图和读图中要注意区别。

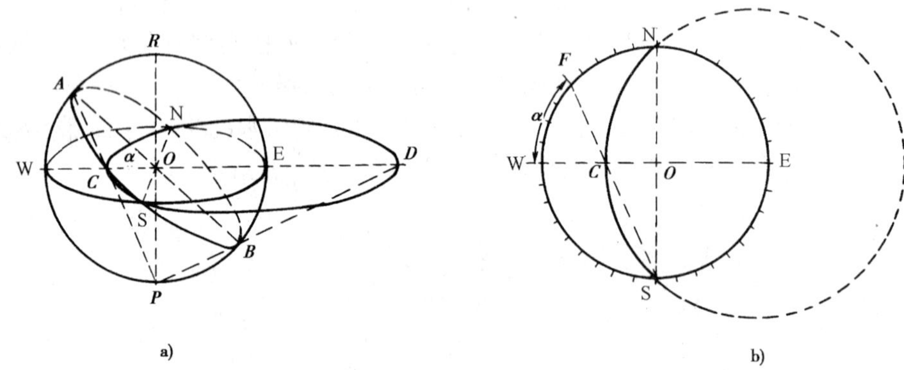

图9-10　赤平极射投影示意图

2. 赤平极射投影网

为了迅速而准确地对物质的几何要素进行投影,需要使用赤平投影网。目前广泛使用的赤平投影网有两种:一是吴而福创造的极射等角距投影网,简称吴氏网;第二种是施密特创造的等面积投影网,简称施氏网。一般习惯使用吴氏网。

二、赤平投影的作图方法

赤平极射投影作图分两步进行:①作球面投影,将物体的几何要素置于投影球中心,然后从球心投影到球面上去,得到球面投影;②化球面投影为赤平极射投影,由球极向球面投影发出射线与投影球的赤平面的交点就是赤平极射投影。

[例9-1]　已知测得两结构面的产状,如表9-5所示。作此两结构面的赤平极射投影图,并求出其交线的倾向和倾角。

结构面产状　　表9-5

结构面	走向	倾向	倾角
J_1	N30°E	SE	40°
J_2	N20°W	NE	60°

解　(1)预先准备一个等角度赤平极射投影网(亦称吴尔福网,如图9-11所示);

(2)将透明纸放在投影网上,按相同半径画一圆,并标上南北、东西方位(图9-12);

(3)利用投影网在圆周的方位角数上,经过圆心绘N30°E及N20°W的方向线,分别注为 AC 和 BD。

(4)转动透明纸,分别使 AC、BD 与投影网的上下垂直相重合,在投影网的水平线(东西线)上找出倾角为40°和60°的点(倾向为NE、SE时在网的左边找,倾向为NW、SW时在网的右边找)，分别注上 K 及 F。通过 K、F 点分别描绘40°、60°的经度线，即为结构面 J_1、J_2 的赤平极射投影弧 AKC 和 BFD。再分别延长 OK、OF 至圆周交于 G、H 点，就完成了所求结构面 J_1、J_2 的投影图。图中 AC、BD 分别为 J_1、J_2 的走向；GK、HF 表示 J_1、J_2 的倾角；KO、FO 线的方向为 J_1、J_2 的倾向，如图9-12所示。

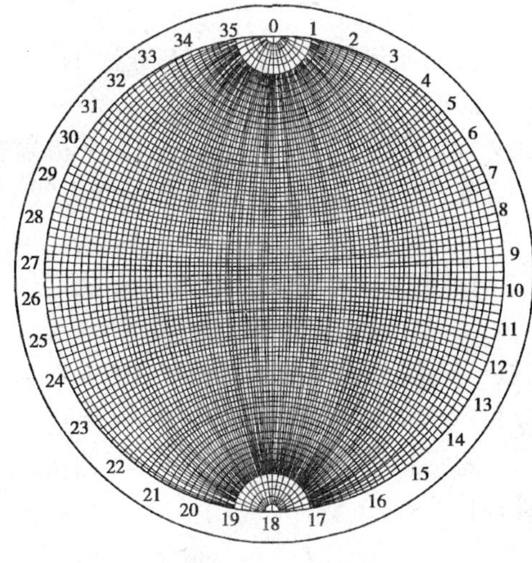

图9-11　吴尔福网

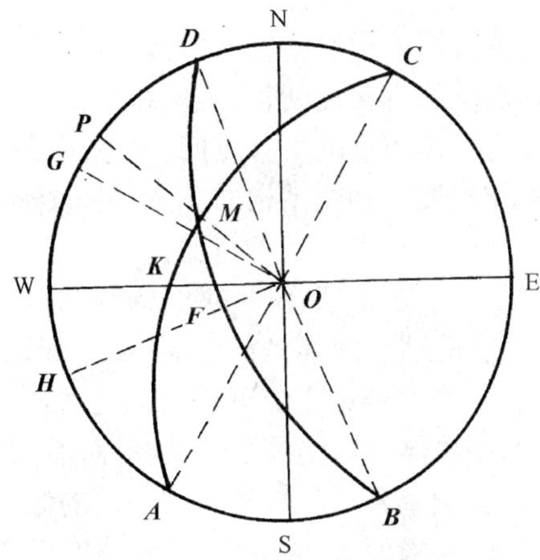

图9-12　赤平极射投影图作图示例

AKC 和 BFD 的交点，注上 M，连 OM 并延长至圆周交于 P，MO 线的方向即为 J_1、J_2 交线的倾向，PM 表示 J_1、J_2 交线的倾角。

[例9-2]　已知一平面，该平面的产状为310°∠30°，求作其投影。

解　(1)在透明纸上作好基圆，并标出已知平面走向方位 A(40°)倾向方位点 G(310°)；

(2)转动透明纸，使 C 点和吴氏网的 W 点(或 E 点)重合；

(3)在 GO 的延长线上找出与已知平面倾角一致的经线(30°)，将其描在透明纸上，得大圆弧 ABC 即为所求，如图9-13所示。

[例9-3]　已知一平面产状为310°∠60°，求作其法线的赤平极射投射。

解　如图9-14所示。

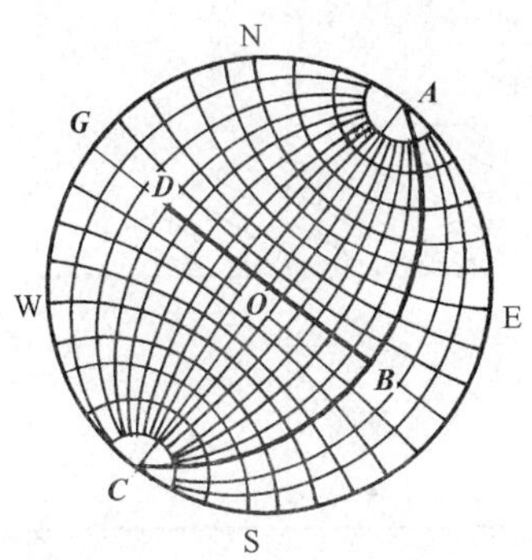

图9-13　已知平面的投影示意图

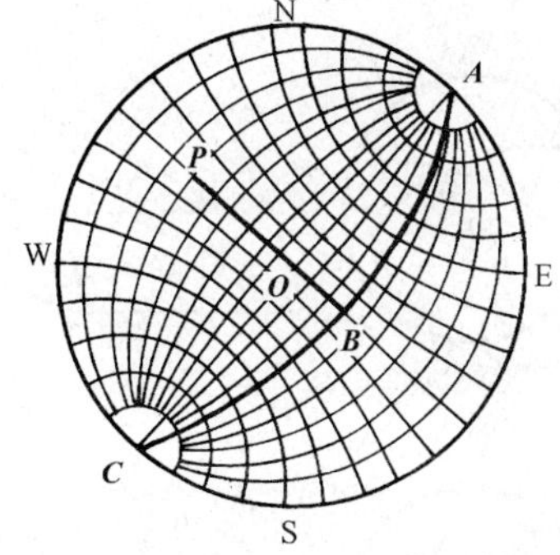

图9-14　已知平面法线的投影示意图

(1)按基本作图法，作出已知平面的大圆弧 ABC；

(2)连 BO，即为已知平面的倾向线，自 B 点沿吴氏网 EW 线按经线分度数90°，得 P 点即为已知平面法线的投影，其产状为130°∠30°。

从上例分析可以看出，利用赤平极射投影可以比较简便地表示出结构在平面上点、线、面的角距关系，直观地反映了岩体中各种边界面的组合关系，据此即可对岩体稳定性进行结构分析。

三、赤平极射投影的应用

（一）滑动方向的分析

岩体边坡失稳滑移方向可分为两种情况：一是单一滑动面边坡，不稳定块体在重力作用下沿滑动面倾斜方向运动；二是两组相交结构面构成的可能滑移体，多数是楔形体。

在自重作用下的滑移方向，受两组结构面的组合交线的倾斜方向所控制。在赤平极射投影图上作边坡面和两结构面 J_1、J_2 的投影，并绘出两结构面的倾向线 *AO*、*BO* 及组合交线 *CO* 边坡滑动方向有以下三种情况：

（1）组合交线 *CO* 位于它们的倾向线 *AO* 和 *BO* 之间，则 *CO* 的倾斜方向，即为不稳定体的滑移方向，两结构面都是滑动面[图 9-15a)]。

（2）组合交线 *CO* 位于它们倾向线同一侧时，则位于三者中间的那条倾向线 *AO* 方向为滑移方向，即块体只沿结构面 J_1 做单面滑动，结构面 J_2 只起侧向切割面的作用[图 9-15b)]。

（3）组合交线 *CO* 与某一结构面的倾向线重合，*CO* 的倾斜方向仍为滑移方向，两结构面都是滑动面，结构面 J_2 是主滑动面，结构面 J_1 为次滑动面[图 9-15c)]。

（二）边坡滑动可能性初步判断

根据边坡岩体结构分析，可以初步判断边坡产生滑动的可能性及稳定的边坡角的大小。

1. 一组结构面分析

一组结构面最典型的是沉积岩的层面。当岩层（结构面）的走向与边坡的走向一致时，其稳定性可直接通过赤平极射投影图得到判断。图 9-16a）中 *AMC* 为边坡的投影，J_1、J_2、J_3 为三个与边坡走向一致的结构面，其中 J_1 与坡面 *AC* 倾向相反[图 9-16b)]，显然是稳定结构；J_2 与

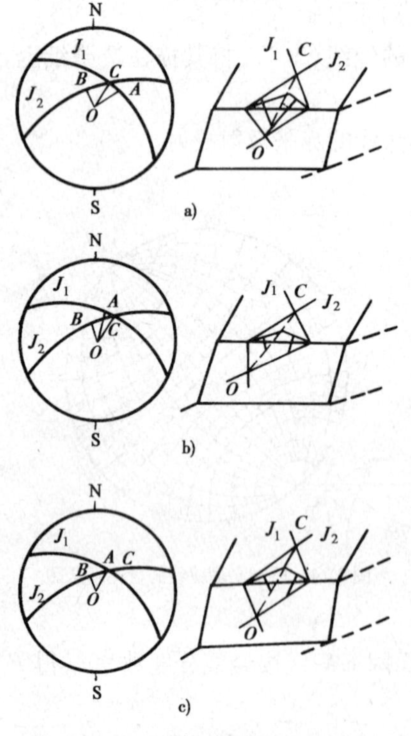

图 9-15　结构体滑移方向示意图

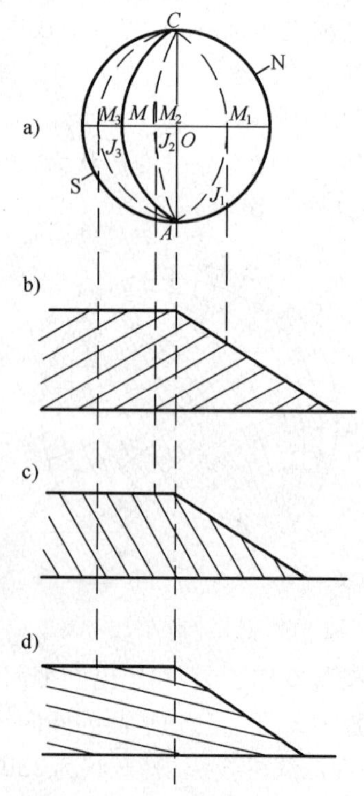

图 9-16　岩体稳定性判断示意图（一组结构面）

坡面 AC 倾向相同,但其倾角大于坡角[图 9-16c)],可认为属基本稳定结构;J_3 与坡面 AC 倾向相同,且倾角小于坡角[图 9-16d)],一般属于不稳定结构。由此,可以得出结论:在赤平极射投影图上结构面投影弧形与边坡投影弧形的方向相反,属稳定边坡;方向相同,而结构面投影弧形位于坡面投影弧形以内者,属于基本稳定结构;在外者,属于不稳定结构。至于稳定坡角,那些反向边坡,如图 9-16b)所示,结构面对边坡的稳定性没有直接的影响,从岩体结构的观点来看,即使坡角达到 90°也还是比较稳定的。那些顺向边坡,如图 9-16c)、d)所示,可以直观地看出,结构面的倾角即可作为稳定坡角。

当单一结构面与边坡走向斜交时,若边坡的稳定性发生破坏,从岩体结构的观点来看,必须同时具备两个条件:

第一,边坡稳定性的破坏必是沿着结构面发生的。

第二,必须有一个直立的并垂直于结构面的最小抗切面($\tau = c$)DEK,如图 9-17 所示。

图 9-17 中最小抗切面是推断的,边坡破坏之前是不存在的。但是,如果发生破坏,则首先沿着最小抗切面发生。这样,结构面与最小抗切面就组合成不稳定体 $ADEK$。为了求得稳定的边坡,将此不稳定体消除,即可得到稳定坡角 θ_v。这个稳定坡角是大于结构面倾角的,而且不受边坡高度的控制。

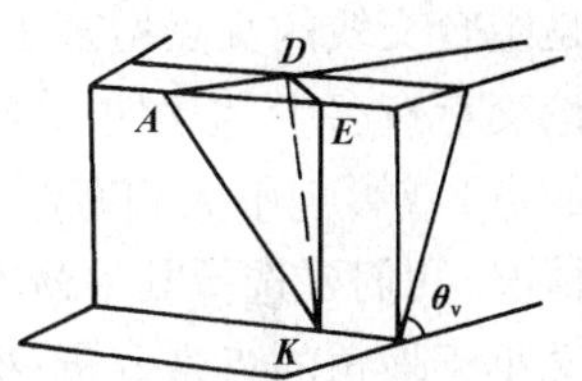

图 9-17　岩体中一组斜交结构面的立体示意图

2. 岩体内有两组结构面的分析

(1)在图 9-18a)中,两组结构面 J_1、J_2 的交点 M,在赤平极射投影图上位于边坡面投影弧(cs、ns)的对侧,说明组合交线的倾向与边坡倾向相反,没有发生顺层滑动的可能性。属于最稳定结构。

(2)在图 9-18b)中,结构面的交点 M 虽与坡面处于同侧,但位于开挖坡面投影弧 cs 的内部,说明结构面的交线倾角大于边坡面的倾角,属于稳定结构。

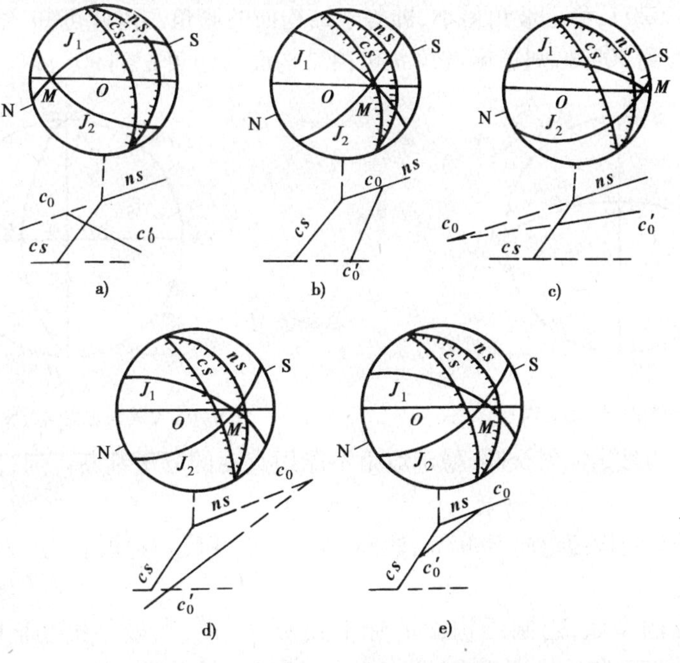

图 9-18　岩体中有两组结构面的情况

（3）在图9-18c）中，结构面交点 M 与坡面处于同侧，但位于天然边坡面投影弧 ns 的外部，说明组合交线的倾角小于边坡面的倾角，但由于其在坡顶尚未出露，因而也较稳定，属于较稳定结构。

（4）在图9-18d）、e）中，结构面交点 M 与坡面处于同侧，但位于边坡面投影弧 ns 和 cs 之间，说明组合交线的倾向与坡面倾向一致，但其倾角大于天然坡角，小于开挖坡角，它的稳定性有两种可能：其一，若在坡顶的出露点 c_0 距开挖坡面较远，而定线在开挖边坡上不致出露，对不稳定的结构体尚有一定支撑，这种情况为较不稳定结构［图9-18d）］；第二种情况是比较常见的，在两个边坡上都有出露点，最容易发生顺层滑动，应属于最不稳定结构［图9-18e）］。

3. 三组结构面的分析

由三组或多组结构面组成的边坡，其分析的基本原理和方法与两组结构面一样，所不同的是组合交线的交点增多了。如三组结构面有三个交点，四组结构面最多有六个交点等等。无论交点有多少，但经过分析就可以看出其中必有不影响边坡稳定性的（如位于边坡投影对侧的点）或影响不大和有明显影响的（如位于边坡投影同侧，倾角又小于坡角的点）等几种不同情况，我们要选择其中最不利的交点进行分析。如在判断稳定性时，要选择交线倾角最大，但又小于坡角的点来分析；推断稳定坡角时，要选择倾角最小的点来分析等。必须说明，这一分析是基于各组结构面的物质组成、延展性、张开程度、充填胶结情况、平整光滑程度等特征基本相同的情况。如它们各不相同时，则应根据各组结构面不同特征进行综合分析，先判断出对边坡稳定性有直接影响的两组结构面，然后以此两组结构面作为依据，来判断边坡稳定性和推断或计算其极限稳定坡角。

4. 边坡稳定坡角的初步判断

1）层状结构边坡

当层面走向与边坡走向一致时，其稳定边坡可直接以层面的倾角来确定。

当结构面走向与边坡走向垂直时（图9-19），稳定坡角最大，可达90°；当结构面走向与边坡走向平行时（图9-20），稳定坡角最小，即等于结构面的倾角。由此可知，结构面走向与边坡走向的夹角由0°变到90°时，则稳定坡角 θ_v 可由结构面的倾角 α 到90°。

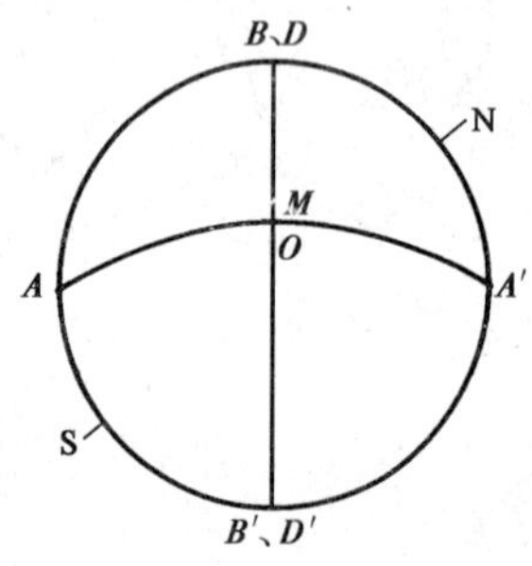

图9-19　结构面走向与边坡走向直交情况

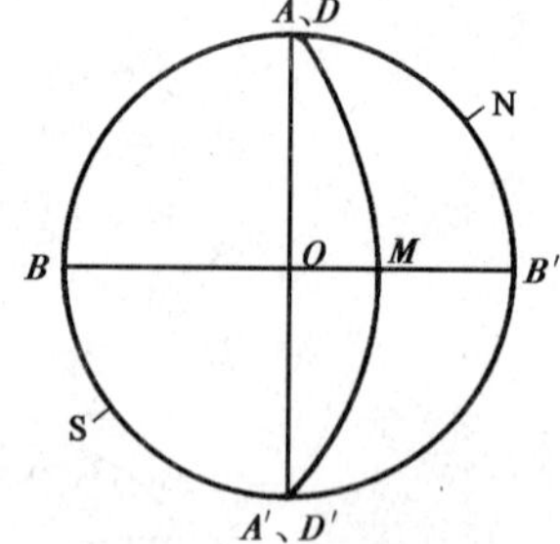

图9-20　结构面走向与边坡走向平行情况

当层面走向与边坡走向斜交时，稳定坡角不能用直观的方法判断。通过下面的例子说明稳定坡角的确定。

［例9-4］　已知结构面走向N80°W，倾向SW，倾角50°，与边坡斜交。边坡走向N50°W，求稳定坡角。

解　据结构面的产状，绘制结构面的赤平投影 $A—A'$，和最小抗切面的赤平极射投影 $B—B'$，因为最小抗切面与结构面垂直，并直立。所以最小抗切面的走向为N10°E，倾向90°。

它与结构面相交于 M 点。MO 即为两者的组合交线的倾向。据边坡的走向和倾向，通过 M 点，利用投影网求出稳定边坡的投影弧 DMD'。据边坡 DMD'，利用投影网，可求得边坡 DMD' 的倾角，此倾角为推断的稳定坡角（54°），如图 9-21 所示。

2）两组结构面边坡

［**例 9-5**］ 若已知两结构面 J_1 和 J_2 的产状为 240°∠60°、160°∠50°，而设计边坡走向为 NW310°，倾向 SW220°，求边坡的稳定坡角。

解 先作两结构面 J_1 和 J_2 大圆弧，交于 I 点，再作设计边坡面走向线的投影 AA'，并过点 A、I、A' 作大圆弧，即为所求的边坡面，读得边坡的稳定角为 52°（图 9-22）。

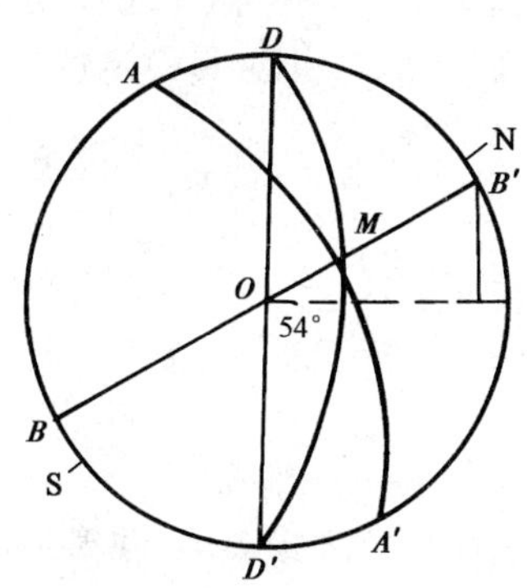

图 9-21 一组斜交结构面走向与边坡走向直交情况

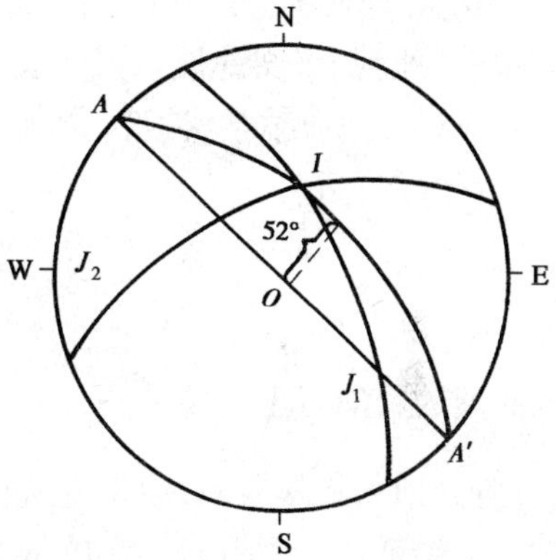

图 9-22 两组结构面岩体稳定坡角的确定

应该指出，上述关于边坡稳定条件分析以及边坡角的推断，是假定其 c、φ 值均很小，得出的结果是偏安全的。同时，这些分析只考虑了岩体结构单一条件，实际上，边坡的稳定性是由许多因素综合作用的。

第十章　野外地质勘察应用技能的训练

本门课程在完成课堂理论、室内实习(试验)教学的同时,还必须进行为期一周的野外地质勘察应用技能的训练——野外地质教学(认识性)实习。

公路是一种延伸很长,且以地壳表层为其基底的线形建筑物,故这种教学实习的特点是:沿已建成和将要建成的公路线两侧布置观测点,在教师的指导下,对不同路段的地层、岩土性质、地质构造、地貌、水文地质以及不良地质现象等,进行现场勘察,并对其稳定性作出评价。为此,特编拟野外地质教学实习部分内容,供大家参考。

第一节　地质实习教学大纲

一、实习的目的与基本要求

通过野外地质教学实习,使学生从自然界许多具体的地质事物和现象中,获得一些生动的感性认识,以验证和巩固课堂所学的基本理论,并对某些路段的不良地质现象及岩体稳定性问题作出分析、论证,从而为今后路桥工程的测设、施工等方面的专业课学习,奠定必备的工程地质知识。对此,提出如下基本要求。

(1)针对野外具体的岩石和土层,能借助简易工具和试剂对其性质、结构、构造、类别作出鉴别和描述;岩石还应估测其工程强度和石料等级。

(2)运用地质罗盘仪测量岩体结构面的产状,识别不同类型的地质构造,并分析它们对路桥工程稳定性的影响。

(3)认识和区分一般中、小型地貌,以及不同地貌形态对路线测设、施工、养护等方面的影响。

(4)识别山区常见不良地质现象,分析其发生的原因、对道路或桥梁的危害,并从中了解和探讨一些有关预防和整治的措施。

(5)初步了解公路工程地质调查的内容和一般方法。

二、组织领导及实习日程安排

(1)成立教学实习小组,每班分为4~5组,设学生组长1人。确定指导教师,负责实习中的业务、安全、纪律、后勤、生活等事宜。

(2)实习具体日程安排:实习时间为一周,可参考表10-1所列安排。

三、实习地点

实习地点应尽量选在能满足教学实习的要求、地质类型比较齐全,具有一定代表性的拟建或已建的公路工程地区。若建筑工程地区不能满足实习要求时,亦可增加几个地质典型地点进行补充实习。

实习日程安排表　　　　表 10-1

星 期	实 习 安 排	备 注
一	召开实习动员大会,强调安全纪律;宣布实习领导小组成员及实习计划;借领野外实习装备等;实习地区地质条件概况介绍	
二	离校,开赴实习地区,开展路线观察实习	
三	全天路线观察实习	
四	全天的路线观察及技能考核	
五	召开实习总结大会,布置编写实习报告的纲要;归还实习装备;整理野外记录及资料;编写个人实习报告	

四、实习成绩考核

本实习成绩按照国家教委有关规定,应单独考核、评定,不及格者,无补考机会。

实习成绩的具体评定方法如下。

1. 组织纪律考核

包括实习路途、观察地点等的纪律情况,按照有关规定执行。

2. 罗盘仪使用考核

熟悉使用罗盘仪测定岩层的产状要素,这是学生必须掌握的一项基本技能。

3. 野外实习记录

在每个观察点上做好观察记录是实习的一项基本要求,同时也是编写地质实习报告的前提。

4. 实习报告

实习报告是学生在实习中收获的体现,在评定成绩时占较大的比重。

五、编写实习报告的内容

(一)报告的名称

______地区路桥工程地质认识实习报告

班级______学号______姓名______日期______

(二)报告的内容

绪言:实习区的行政区划、经纬位置、自然地理概况、实习目的、实习时间等。

(1)对不同观察点上所见不同岩层,按三大岩类或由新到老的顺序作具体描述,并判断其工程强度的类别。

(2)描述在实习地区,认识的地质构造及地貌的类型,根据所见实际情况并结合路桥工程的勘测设计、施工等问题作出综合分析,提出自己的见解。

(3)描述在实习地区所见到的各种不良地质现象,描述它们对路桥工程造成的危害及其采取的措施,并给出自己的评价。

(4)除了安排的观察内容以外,提出自己的新发现、新见解或认为需要探索的问题。

(5)结束语。

第二节　地质教学实习参考资料

本部分借鉴四川交通职业技术学院的野外地质教学实习的内容作为参考来说明。

一、概述

实习地区在四川省都汶山区沿岷江主、支流河谷的公路线两侧，东达虹口、西临映秀、南迄漩口、北抵雁门。其经纬位置大约在 E105°29′～E103°40′，N31°00′～N31°22′之间。都江堰市位于成都市西北约 70km 处，以举世闻名的古代水利工程——都江堰在此而得名；汶川县是阿坝藏族自治州的东南大门，是高原山区与盆地平坝物资交流的集散地。都汶公路就是该地区的重要的经济命脉。实习地区在区域地质构造上属四川东部地区（或称扬子地块）西缘的"龙门山褶断带"，该带之西北为四川省西部地槽区（即松潘甘孜褶皱系），实际上是地台区与地槽区的过渡带。

龙门山褶断带是纵贯我国的北东向华夏构造体系的一部分，也是我国地势上西高东低呈三级梯状的一、二级阶梯的过渡带之一。龙门山褶断带呈狭长条带状分布于四川省中偏北部，起于陕西宁强，经过省内青川、广元、北川、绵竹、汶川、都江堰（灌县）、宝兴、天全、康定、泸定，全长 500km，宽 25～40km。由北东向隆起、拗陷、单背斜与复背斜、走向与垂向的各类断裂等所组成。在构造上可分为三段：绵竹以北为北段，即印支期构造明显，有褶皱断裂；绵竹玉灌县为中段，早期喜马拉雅运动（四川运动）的构造形迹十分显著，有著名的飞来峰构造；灌县以南为南段，其上三叠系有多层火山岩，火山活动频繁，也有断裂产生。本实习地区为这一构造单元的中段（图 10-1）。

就地貌而言，本区地势自西北向东南倾斜，呈阶梯状逐级下降，由九顶山 4 982m 逐渐下降到 500m 左右的成都平原。习惯上，一般以岷江为界分为两段，东段为龙门山，西段为邛崃山。

由于本地区山岭海拔一般在 3 500m 以下，地貌区划上属于龙门山中山区。区内岷江由北而南，过松潘后流经硬质岩地段，形成高陡的峡谷；流经软质岩地段多形成山间河谷盆地，宽谷两岸阶地发育，一般可见 III～V 级阶地。高谷两侧崇山峻岭，相对高差达 1 000m 以上，坠积、坡积、冰碛物遍布山麓，冲沟及洪积扇地貌比比皆是，地形支离破碎，常有不良地质现象发生。

上述区域地质、地貌特征，对山区路桥工程的测设、施工、营运及其安全、稳定性等问题起着制约作用。通过在本区域内的教学实习，可举一反三地对其他山区路桥工程建设有着广泛的指导意义。

二、地层与岩性

在实习地区内所出露的部分地层，按其地质年代的新—老顺序列表，见表 10-2，并将其具有代表性岩石性质作出描述。

本实习区内的岩浆岩，主要是指"彭灌杂岩"，可见于汶川映秀至七盘沟的岷江两岸，其主体为元古代澄江—晋宁期侵入的闪长岩和花岗岩。按其相对期次，除最先的黄水河群火山岩外，依次为基性岩、中性岩、酸性岩。本区内，基性岩以兴文坪的辉长岩和辉绿岩为代表，呈小型岩株、岩脉产出；中性岩出露广泛，以闪长岩和石英闪长岩为主体，多呈岩株、岩基产出；酸性岩由花岗岩和花岗闪长岩组成，是彭灌杂岩的主体，分布很广泛，呈岩基和大型岩株产出。由于晚期酸性岩侵入，导致早期侵入岩体，被分割成大小不等的块体分散在杂岩体内。

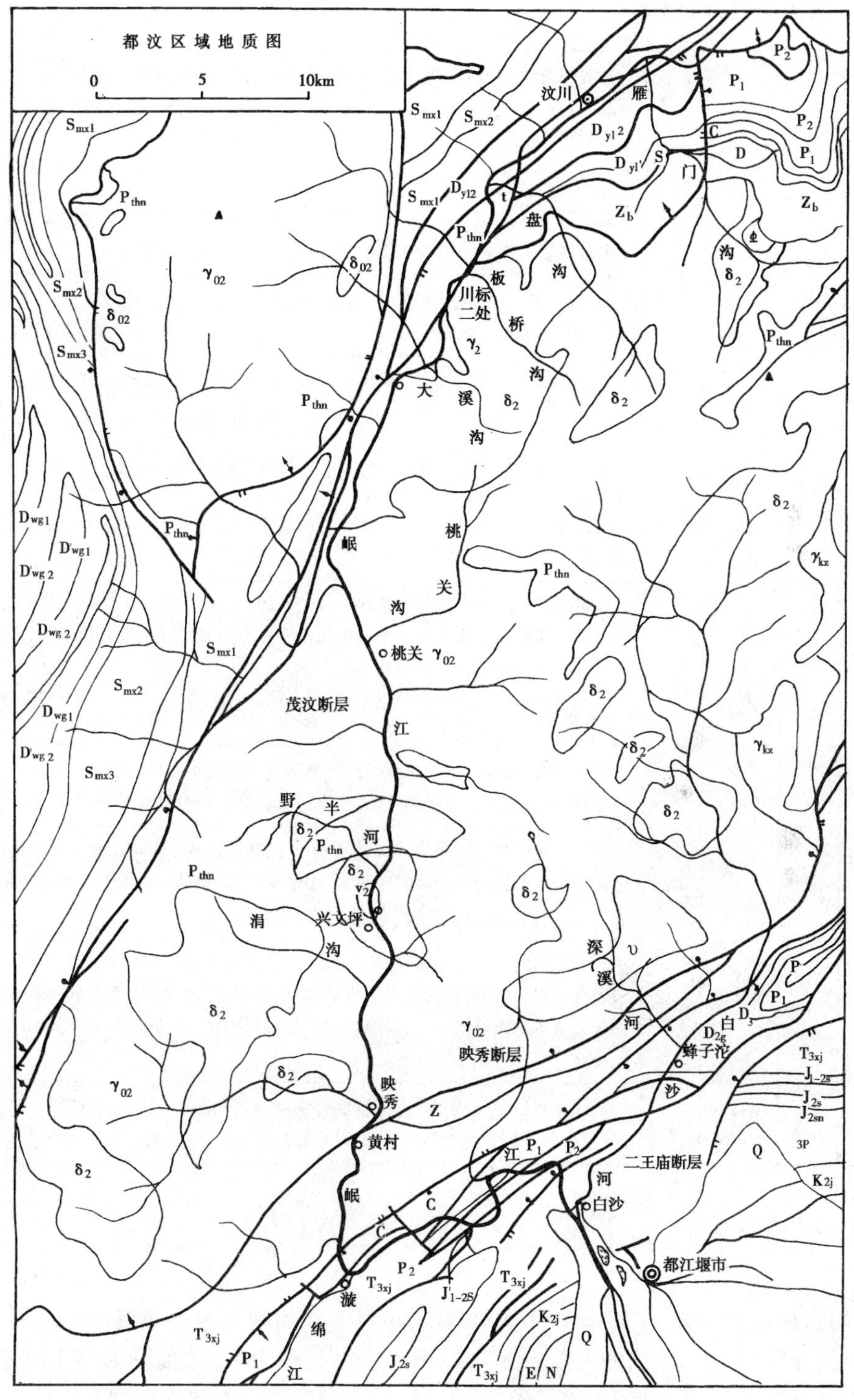

图 10-1　都汶区域地质图

地质年代表 表 10-2

界	系	统	地方性地层名	代号	岩性描述
新生界	第四系	全新统		Q_4	按成因分为冲积型和冲洪积型:①冲积型,其下部为河床相砂土、砾石层;上部为河漫滩相亚砂土层。②冲洪积型,其下部为砾石层,由砂泥质充填,砾石排列杂乱,结构紧密;上部为亚砂土、亚黏土或黏土层。该地层分布于近代河床、河漫滩及构成高出河面 5~8m 的Ⅰ级阶地
		更新统	广汉砾石层	Q_3	该统可分为上、中、下三个层位,常构河两岸上的Ⅱ、Ⅲ、Ⅳ、Ⅴ级阶地。Ⅱ级阶地,是由基岩之上由磨圆度较好的砾石、卵石、黄色砂质黏土组成
				Q_2	Ⅲ、Ⅳ级阶地,因受冰川作用,在基岩之上的冰碛物成分比较复杂,在砾石层之上覆盖有浅灰或黄色亚黏土层
				Q_1	"?"Ⅴ级阶地,已不显见,在高出河面近 100m 之上偶见残留的阶面
中生界	侏罗系	上统		J_{31}	棕红、砖红色泥岩及粉砂质泥岩为主,底部为灰绿色中—厚层钙质砂岩
	三叠系	上统	须家河组	T_{3xj}	由一系浅灰、黄灰色厚层砂岩、长石砂岩、钙质粉砂岩、泥岩,与炭质泥岩、页岩、细砂岩夹薄煤层等交互组成。 通常分为五段:1、3、5 段以砂岩为主夹泥页岩及煤线;2、4 段为炭质页岩、泥岩及煤层为主夹砂岩。本区内,向西北方向变质程度逐渐加深,页岩生成板岩
古生界	石炭系		未分统	C-P	本系地层在省内大部分地区缺失或未出露,而在边缘地带只有零星分布,唯龙门山一带较为集中。如灌县龙溪带可见 148~500m 的沉积岩,为灰白色、白色块状纯灰岩、夹白云质灰岩。 在有些地带由于相变不甚明显,常与上部二叠系的沉积关系无法区分。故可视为"未分统"
	泥盆系	中统	观雾山组	D_{2g}	在九甸坪、懒板凳一带及深溪沟均有出露,厚度可达 680~1 000m 左右,为灰、深灰、层状灰岩与白云质灰岩互层,夹黑色页岩及暗褐色铁质砂岩
	泥盆系		月里寨组	D_{yl}	以汶川雁门沟月里寨为代表,该群地层出露厚度达 1 400m,为一套浅变质泥质岩夹灰岩。上部以灰岩为主夹千枚岩,中部为灰、深灰的千枚岩与灰岩不等厚互层;下部为灰、深灰、灰黑色千枚岩夹薄层灰岩及石英砂岩
	志留系	上中统	茂县群上亚组	S_{mx2}	在后龙门山茂县一带分布甚广,发育完好。自上而下可分为三个亚组:上为绿色绢云母板岩、夹细砂质灰岩及生物灰岩;中为薄层微晶灰岩、泥砂质灰岩及绿色绢云母板岩呈不等厚互层;下以灰绿色绢云母板岩为主,夹薄层透镜状砂质灰岩,底部为鳊状灰岩
		下统	茂县群下亚组	S_{mx1}	灰绿夹紫红色千枚岩与上亚群底部鳊状灰岩呈整合接触。该亚群厚度为 300 余米,由炭质千枚岩夹少量薄层硅质岩,底部夹薄层砂岩,假整合于奥陶系宝塔组之上

三、地质构造与地貌

(一)地质构造

1. 单斜岩层

当岩层层面和大地水平面的夹角介于 10°~70°之间时,称为单斜构造。由单斜构造组成的地貌,称为单面山;由大于 40°倾斜岩层构成的山岭,称为猪背岭。在单斜岩层分布的地区,公路测设应特别注重路线走向与岩层产状的关系。当路线走向与岩层走向一致时,见图 10-2 中①,公路布线一般认为顺向坡较为有利,因逆向坡的坡麓常有松散的坡积物或崩积物,对路基的稳定性不利;但是如果顺向坡的单斜层面的倾角大于 45°,且层位较薄,或夹有软弱岩层时,则易形成边坡坍塌或滑坡，如深溪沟内罗家磨子一带(图 10-3)。当路线走向与岩层走向正交时，如果没有倾向于路基的节理存在，则可形成较稳定的高陡边坡，如白沙河蜂子沱地段，见图 10-2 中②。当路线走向与岩层走向斜交时，其边坡稳定情况介于上述两者之间，见图 10-2 中③。

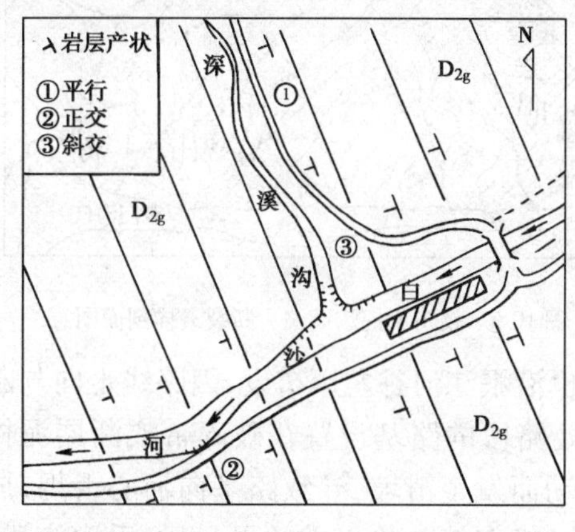

图 10-2　路线走向与岩层产状的关系图

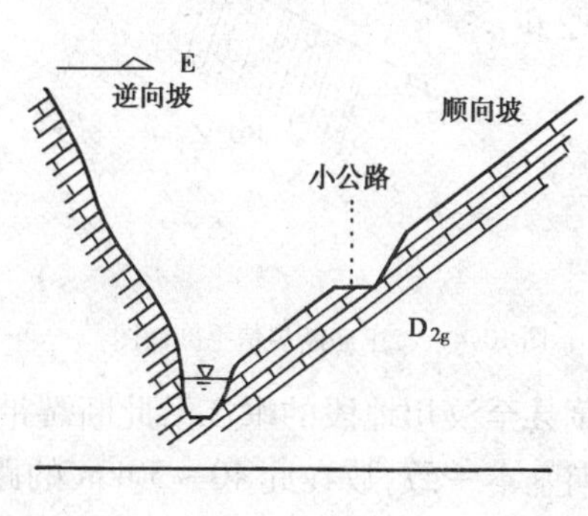

图 10-3　深溪后单斜构造示意图

2. 节理

节理又名裂隙，是断裂面两侧的岩块未发生明显相对位移的断裂现象。节理是地壳表层广泛发育着、呈有规律成组分布的构造现象。节理的存在对工程活动有好的一面，也有不利的一面。节理能使岩体的完整性遭到破坏，降低了岩体的强度和稳定性。当其彼此贯通时，又成为地下水活动的通道；加速了岩体的风化破坏。但节理的适当发育却有利于石料的采集和减少工程施工量。

应特别指出，在高陡切坡地段的节理产状对其边坡的稳定性的影响至关重要。当有一组节理倾向于路基，或有两组节理呈楔形分布与路线斜交时，就有可能造成边坡失稳而发生崩塌或滑坡。蜂子沱峡谷高陡边坡发生崩塌的主要原因之一，就是有一组节理倾向于路基(见后文中图 10-11)。

3. 断层

从大地构造单元而论，龙门山褶断带系由北西—南东方向的高角度挤压而成的叠瓦式构造，其中顺应褶断带构造方向呈北东—南西向分布的有三大断裂带：二王庙断裂带(江油—灌县)、映秀断裂带(北川—映秀)和茂汶断裂带(见前文中图 10-1)。

二王庙断裂带　以二王庙后山门公路边所见而命名。它是隶属于江油—灌县断裂带的一部分，该断裂带北起广元罗家坝，经江油、安县、灌县至天全南西，由若干压扭性断裂组成，全长 450km，大部分发生在太古界至三叠系中。在二王庙后山门处判别断层的根据是：在短离(约 100m)内地层缺失、岩层产状及岩性发生突然变化，且有破碎带存在。从图 10-4 中可见，上三叠系须家河组(T_{3xj})逆冲于上侏罗系莲花口组(J_{3l})之上，两者产状相反。这一断支，据地震局监测资料表明，至今仍在活动，每年相对错动 1mm，即断层的南东盘下降 0. 5mm、北西盘上升0. 5mm。

映秀断裂带(北川—映秀)　未在实习区内，所以未列入实习内容中。

茂汶断裂带　北起于茂汶北东一带，南达泸定，全长 250km。该断裂带切割于前震旦系至古生界变质岩系之中。从汶川雁门沟剖面图(图 10-5)可见，震旦系(Z_{bdn})推覆于泥盆系月里寨组(D_{yl})之上，形成叠瓦式冲断层，其间有明显的断层破碎带。由于逆冲的挤压力，使下盘 D_{yl}中出现层间揉褶现象。

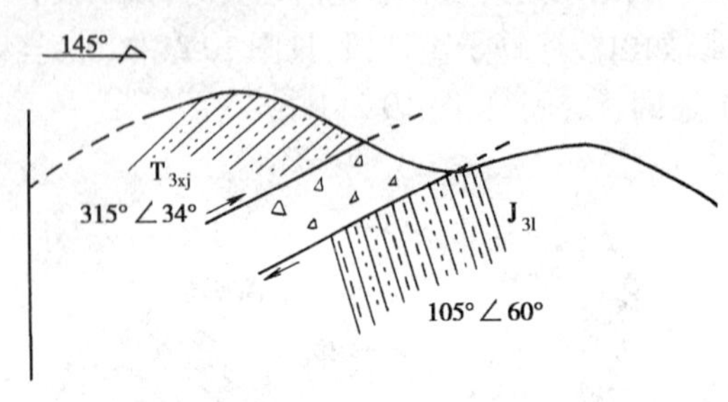

图 10-4　二王庙断裂信手剖面图

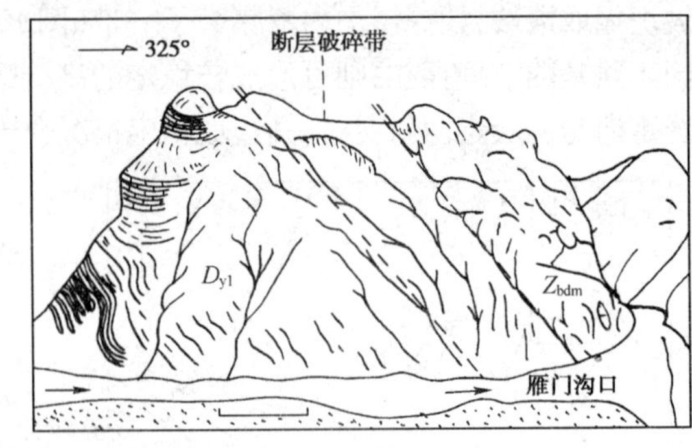

图 10-5　汶川雁门沟茂汶大断裂素描剖面图

在茂县至汶川地段的岷江沿此断裂带发育,公路也沿岷江河谷左岸布设,因路线走向与断裂带走向基本一致,故在此 40～50km 的距离内有多处路段的路基设置在破碎带或断层泥构成的松散体上,受岸边河水掏蚀和松散体内地下水活动而发生滑坡,导致路基向河心滑坍,成为常年病害的多发地段。如周仓坪和凤毛坪大滑坡体,经多年整治仍无效果,只好采取绕避,用桥跨改线至对岸后再跨回原线的办法,使道路得以畅通。

除上述三大断裂带外,在实习区内还可见到一些派生的断层现象。如白沙岷江大桥头公路旁所见的小背斜轴部两侧错动的断层(图 10-6)。它发生于 T_{3xj} 的砂岩组夹有页岩层之中,在路边短距离(约 25m)内,砂岩层产状明显地出现了变化。它是二王庙大断裂北西侧派生的小断层。因在核部错动,使岩体较为破碎,加之页岩易遭风化,故在此处公路的内边沟常被坍滑、撒落的碎屑阻塞,使之排水受阻而形成过水路面,导致路面破坏。此处可用护坡或挡土墙的措施即可根治。

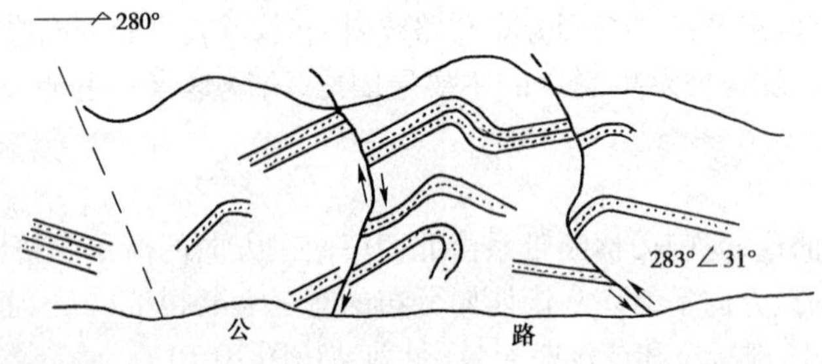

图 10-6　小背斜断层信手剖面图

又如黄村所见的两条斜交剪节型的逆断层(图 10-7),它属映秀断裂带南东侧派生的断层现象。它发生于 T_{3xj} 的板岩层中,由于岩层直立且与路线走向正交,故此处深切路堑边坡仍显稳定。然而,只因板岩中破劈理甚为发育,也有撒落碎片阻塞内边沟的现象,但不致泥化造成危害。

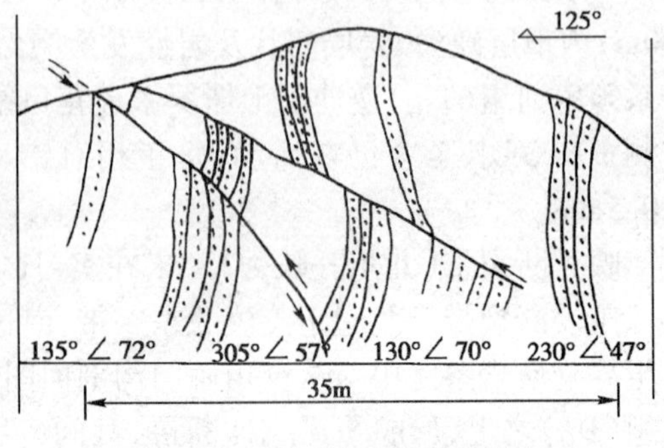

图 10-7　斜交剪切型断层示意图

鉴于上述断层构造对道路工程有着极为不利的影响,因而,在路勘测设中识别断层就显得很重要了。一般而言,可从三个方面去判别断层的存在:①在短距离内出现地层重复或缺失;②虽同一地层,但其岩性和产状在小范围内发生了突变;③在地貌和水文标志上也有体现。

(二)地貌

1. 冲沟与洪积扇

冲沟是沟谷流水冲刷作用所形成的一种动态地貌。如深溪沟,它是由细小纹沟发展为切沟后,进而加深、加宽并向源头方向伸长,逐渐形成颇具规模的冲沟。深溪沟主谷长约10km,近于自北而南流向,其源头于海拔2 500m的山岭上,汇于岷江支流的白沙河;纵坡高差达1 600m,横断面呈V形谷,两岸坡高达200m以上。因地壳上升运动,沟底呈明显地下切趋势,出现谷中谷。即在原沟谷底部因侵蚀基准面下降,底蚀作用加剧,又被切割出一宽度小于深度、陡壁式的沟谷形态。谷中谷在本实习区内,以及四川盆地周边地带普遍存在,它是更新世以来最新构造的产物。

在冲沟中布设公路路线时:①要认真勘察沟谷的构造形态,若属单斜构造的冲沟,则应测定单斜岩层的产状与路线走向的关系(参见上述"地质构造"部分),并分析其岩体边坡的稳定性;②对路基及跨沟桥涵设置的高度,应定在百年少见的洪峰之上,桥涵孔径应大于沟谷的排洪量。

洪积扇是冲沟洪流携带着大量碎屑物冲出沟口后,由于地势开阔,水流分散,流速锐减,将其碎屑向外围呈扇状散开堆积而成的地貌形态。如在深溪沟口汇入白沙河处的洪积层。该洪积层形成后,由于地壳上升,白沙河水下切,使之成为高出如今洪水位之上的一级堆积阶地;随着深溪沟口的侵蚀基准面下降的同时,底蚀作用加强,使该洪积层也被切割成两部分,出现谷中谷。在实习途中,河谷两岸所见的许多大小冲沟口,都有洪积扇分布。公路沿河岸布线,常要跨越冲沟口的洪积层地段。此时,除了认真勘察其地质结构(参见本书第三章第二节"地下水的地质作用"中"冲沟"部分)外,还应特别重视山洪急流及其洪积物对路基、桥涵的冲毁、淤塞等病害问题。

2. 峡谷

峡谷是指两岸谷坡陡峻、深度大于宽度的山谷。它通常发育在坚硬岩层分布的地段,由于地壳上升速度与河水底蚀作用相当的条件下,就会形成峡谷,其横断面呈V形。以地质构造而论,当河水横穿背斜轴部、或近于直立的单斜岩层、或横向断裂带时,都可能会出现峡谷地貌。在实习区的岷江及其支流白沙河的河道,基本都是由峡谷与河谷盆地地貌相间组成。

如蜂子沱峡谷,系白沙河横穿由D_{2g}层状白云岩及石灰岩组成的单斜构造而形成的峡谷。如漩口峡谷,系岷江沿横向断裂带切穿C-P厚层状结晶灰岩而形成的飞来峰式的峡谷。在映秀至绵竹之间的许多峡谷,如桃关、罗圈湾、沏底关等地段,均系岷江切割花岗岩、花岗闪长岩、闪长岩等岩体而形成的峡谷。

在山区沿河布设公路路线,不可避免地要遇上峡谷地段。因峡谷两岸属硬质崖壁,河水急湍,使公路线形的平、纵、横等受到极大的限制。对一般等级公路的测设,只能顺应峡谷山势,依弯就弯布设路线。也由于岩质坚硬,开挖后的路基较为稳定,且可切为陡直边坡。但应注意岩体节理组分布的产状和谷底水流特征。若有倾向于路基的节理,则易发生崩塌或滑坍;若崖顶有明显的风化裂隙,则易产生落石;若急流水直冲路基坡脚,则易发生水毁断路。

3. 河谷盆地

河谷盆地是指山区河流两个峡谷之间、地势开阔的河谷地段。它主要是河水流经软质岩层分布地带时,其侧蚀作用相对大于底蚀作用的条件下,使河谷拓宽而成;或因两江汇流而成。因而,河谷盆地中河道的曲流现象尤为明显,凸岸堆积,凹岸冲蚀;在地壳间歇性上升运动的过程中，便会在河谷盆地中留下多级阶地。

河谷盆地因地势开阔，常为山区城镇居民经济活动的集散地。如实习途中的沙湾、金沙坝、漩口场镇、黄村、映秀场镇、兴文坪、汶川县城等地段均属河谷盆地。

在河谷盆地中布设路线，通常选在土石较为密实的Ⅰ、Ⅱ级阶地上。若路线倚山，则应注重切坡后山体中的地下水活动及内边坡稳定情况的分析；若路线近河，则应注重曲流的主流线对路基边坡的冲蚀。

4. 河漫滩、心滩、江心洲

河漫滩是河谷底部，洪水期被淹没，平水期又出露于河床岸边的滩地。由于洪水期河漫滩上水流的深度、流速比河床中的小，其搬运力也较弱；退洪时，沉积在河漫滩上的物质颗粒粒径较河床中的相对要小些。上游河漫滩上的扁形卵砾石常呈逆水流方向排列，结构松散。

河漫滩可分布于河床两岸，也可分布于曲流的凸岸。若在宽谷的河床中，枯水期出露于河心的浅滩地，称为心滩。若心滩两侧河床下切加深，非丰年期洪水所能淹没而长期出露水面的心滩，则称为江心洲。

河漫滩在山区河谷中，除峡谷地段外，几乎随处可见，尤以河谷盆地中曲流发育的凸岸最为显著。

在公路跨河工程中，河漫滩对桥墩的位置、埋砌深度有着重要影响，而河漫滩上的砾石、砂却是良好的公路建筑材料。

5. 阶地

古老的河漫滩因地壳上升、河水下切而高出现今洪水位之上，呈阶梯状分布于河谷谷坡中的地貌形态即为河流阶地。河流阶地沿河分布并不是连续的，阶地多保留在河流的凸岸，在两岸也不是完全对称分布的，这是河水向凹岸侵蚀的结果。由于多种因素的影响，同一阶地的相对高度也有不同。

本实习区的阶地都是在第四纪(Q)形成的。由于第四纪构造运动的特点为“振荡式间歇性上升运动”，故形成了多级阶地。阶地的级数愈高，表明形成的时代越早。

阶地按成因、结构和形态特征可分为侵蚀阶地、堆积阶地和基座阶地等三大类型。堆积阶地是由冲积物组成的，常见于河流中、下游地段。而基座阶地是在基岩被侵蚀的阶面上再覆盖上一层冲积物，经地壳上升河水下切而形成的。它是侵蚀阶地与堆积阶地的复合式。在岷江、白沙河两江汇合处，可观察到Ⅰ~Ⅴ级阶地(图10-8)，其中Ⅰ级阶地属堆积阶地，其余均为基座阶地(侵蚀—堆积阶地)。

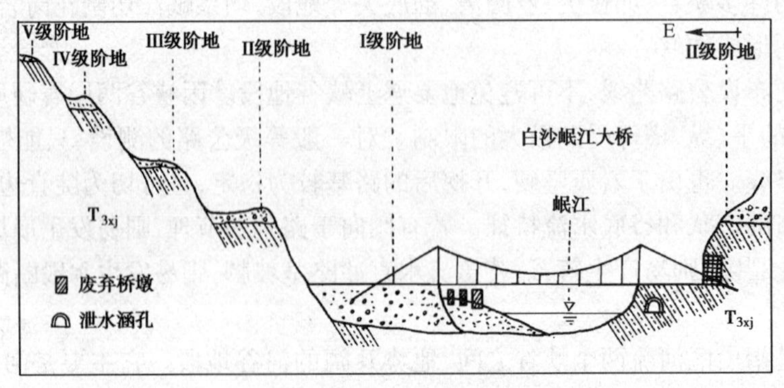

图10-8 白沙岷江大桥两侧阶地剖面示意图

一般而言,河谷都有不同规模的阶地存在,它一方面缓和了山谷坡脚地形的平面曲折和纵向起伏,有利于路线平纵面设计和减少工程量,另一方面不易遭受山坡变形和洪水淹没的威胁,易保证路基稳定。故阶地是河谷地貌中敷设路线的理想部位。当有多级阶地时,除考虑越岭高程外,一般常利用Ⅰ、Ⅱ级阶地敷设路线。

6. 河曲

自然界的河道因种种原因,常导致河流主流线的流向变化而使河道发生弯曲。在河道弯曲处,表层水流在离心力作用下以较大流速冲向凹岸,使之后退,同时,在凹岸冲刷所获得的物质随底流被带至凸岸进行堆积。如此长久地进行下去,使河道弯曲的曲率逐渐加大,河床比降减少、流速降低,从而使河床在河漫滩上自由摆动,形成河曲地貌。在白沙河和岷江的河谷盆地地段均可见到此种地貌。

河流侧蚀作用产生河曲,是河流发育的普遍规律。无论何处,只要河道稍有弯曲,就有凸岸的堆积作用和凹岸的冲蚀作用。因此,在河谷中沿岸边布设公路,应注意避让因河流在凹岸的冲蚀作用而导致路基、桥涵的水毁。

为防治凹岸水毁,通常采用的措施是设置丁坝和护岸保坎(挡墙)。丁坝的方向应与主流线呈钝角相交,其高度应略高于洪水位,以求改变水流方向,减弱对岸边的冲蚀力。护岸挡墙是在洪水位之上某一高处至枯水位之间的河岸边坡采用的防护工程,如砌石铺面、喷浆、布设笆笼等方法,防止河水对岸坡的掏蚀。在白沙岷江大桥头、桃关以及凡靠近河岸很近的路段均可见到有关防治水毁的工程。

7. 冲积扇

山区河流出山口后汇入大河或流入平原区,因流速降低、水流分散,将其挟带的泥、沙、石等物质堆积于河口地带,形如喇叭或三角形,故称为冲积扇或小型河口三角洲。如白沙河口汇入岷江处(地质历史上此处曾是古岷江汇入“巴蜀湖”之河口地带),因地势开阔,并受到岷江洪水倒灌的顶托力,故在白沙河口形成较大面积的冲积扇,或称小型冲积三角洲。三角洲上主流线极不稳定,时左时右,俗称“龙摆尾”;平水期流线分散,砂、砾、卵石等构成的边滩、心滩广布(图10-9),其冲积层的厚度由河口向岷江汇水处加深。

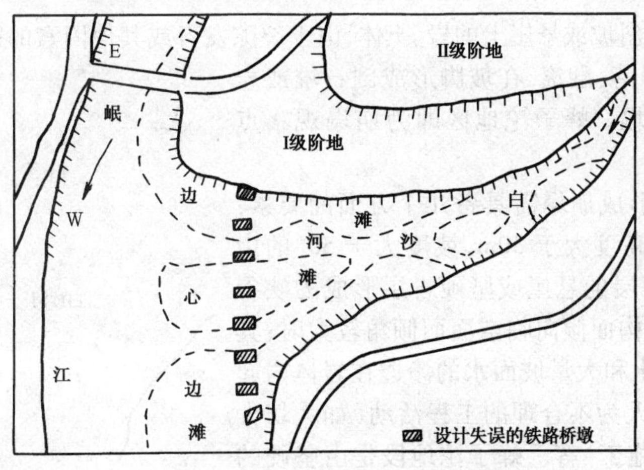

图10-9　白沙河小型冲积三角洲平面图

在冲积扇上布设桥跨时,桥位不宜设在三角洲的下部靠近汇水线的位置,而应尽可能远离两江汇流处。桥墩的砌置深度,应考虑三角洲上流水不稳定的特征与特大洪水的冲蚀力以及岷江水倒灌的顶托力等因素的影响。

8. 顺向河、逆向河

河谷按河水流向与岩层产状的关系可分为:走向河、顺向河和逆向河(图10-10)。凡水的流向与岩层走向一致的河段,统称为走向河(如曾描述的单斜谷即为走向河)。凡水流方向与岩层倾向相同的河段,称为顺向河;相反者则称为逆向河。桥基工程的稳定性取决于岩层产状、软弱结构面和河水的流向。在顺向河中,水力对岩层尤其是软弱岩层的冲蚀作用会影响基础的稳定性。若夹层较厚,易使基础产生不均匀沉降,从而导致桥墩倾斜,故桥基尽可能设计在单一的岩层上。在逆向河中,桥基也应避免建在不同岩性的接触面上。白沙河上的桥虽处于顺向河中,但桥基坐落在单一、坚硬的石灰岩层上,故桥基稳定。

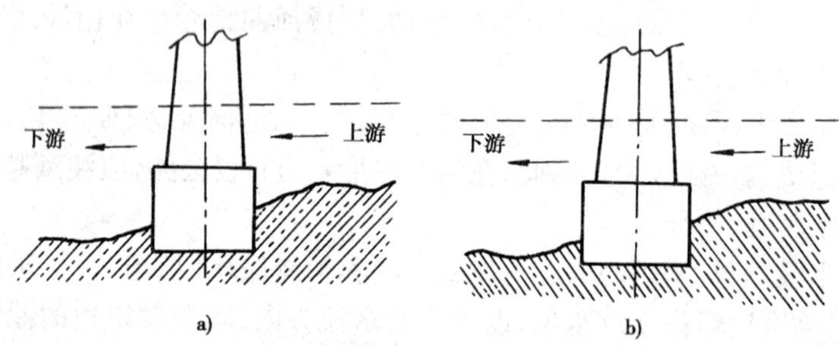

图10-10 顺向河、逆向河与桥基的关系示意图

a)顺向河;b)逆向河

四、不良地质现象

滑坡、崩塌、泥石流等是公路尤其是山区公路常见的不良地质现象。不良地质现象的存在,给道路、桥涵、隧道等建筑物的施工和正常使用造成很大的威胁。为保证公路工程的合理设计、顺利施工和正常使用,作为一名公路工程技术人员,掌握有关识别、预防和整治不良地质现象的措施是非常必要的,下面就实习区所遇到的几种不良地质现象作一分析、介绍。

1. 崩塌

崩塌是指陡峻斜坡或悬崖上的岩、土体,由于裂隙发育或其他因素的影响,在重力作用下突然而急剧向下崩落、翻滚,在坡脚形成倒石堆或岩堆的现象,称为崩塌。蜂子沱地区即为崩塌观察点(图10-11)。

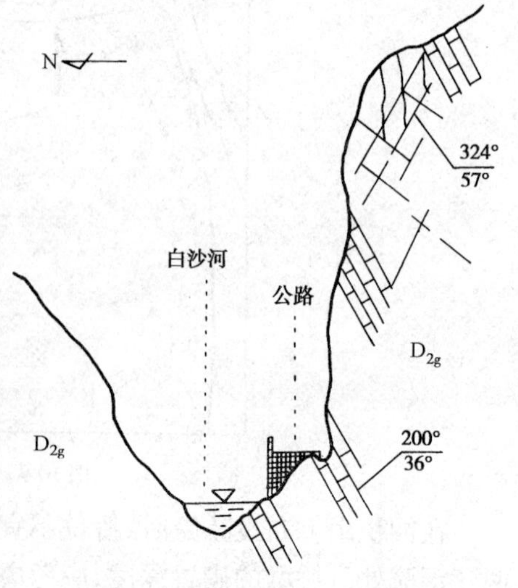

图10-11 蜂子沱峡谷崩塌信手剖面图

一般而言,要形成崩塌需具备几个方面的要素:其一,陡崖临空面高度大于30m,坡度大于50°的山体;其二,硬软岩互层的悬崖或坚硬岩层形成的峡谷地貌;其三,软弱结构面倾向临空面而倾角较大时;其四,强烈的物理风化和大量坡面水的渗透在岩体内起“润滑”作用,以及人为不合理的工程活动(如大切大挖、或采用大爆炸施工)等。蜂子沱地段是由坚硬的石灰岩经白沙河水切割而形成的峡谷地貌,临空面高度大于80m,近乎直立,在陡崖的岩体中发育着两组节理,一组节理倾向于路基,1984年的雨季,大量的降雨加大了岩体的容量,减少了岩体间的摩擦阻力,加之

公路施工时采用了大爆炸施工,造成了山体的进一步松动,多种因素综合在一起,使得蜂子沱于1984年7月大雨之后发生了大崩塌,使公路堵塞,河水上涨。事故发生后,有关部门组织人力、物力抢修,于1985年6月疏通了公路,向河岸加宽路面用半旱桥式挡土墙加固外边坡,但道路内边坡崖上多处风化裂隙、树木的根劈及坡面流水的渗透侵蚀等作用仍在进行,崩塌的隐患依然存在。

由于崩塌发生突然且破坏力强,整治比较困难,故一般强调以防为主的整治原则,即在选线时优先考虑绕避方案,若绕避困难则尽可能使路线远离影响范围,同时在施工中注意合理施工,不宜大爆破施工和大切大挖,以防山体震裂和失稳而引起崩塌。在强调以防为主的原则下,应结合具体情况,采用相应的预防措施。

2. 滑坡

滑坡是指斜坡上不稳定的土体或岩体在重力作用下,沿一定的滑动面(带)整体向下滑动的物理地质现象。在沙湾和二王庙后山门两处可看见一古老的滑坡。

滑坡的产生不是偶然的,必须具备一定的条件。首先,滑坡要具有滑动面;其次,组成斜坡的岩(土)体多为软质岩层和易于亲水软化的土层,由于水渗入滑坡体,降低了岩(土)的黏聚力,削弱其抗剪强度,加大了岩(土)的下滑力。据统计,90%以上的滑坡与降雨有关,故有“大雨大滑、小雨小滑、不雨不滑”之说。此外,人为不合理的切坡或坡顶加载、7级以上的地震、不适当的大爆破施工,都是影响滑坡产生的因素。

由于滑坡对公路造成的危害极大,因此路线勘测工作中,识别滑坡的存在和初步判断其稳定性,是合理布设线路、避免出现病害的一个基本前提。在野外,滑坡可根据一些地貌特征来认识。如山体变形,后壁陡崖因拉破呈圈椅状,滑坡舌向河心凸出呈河谷不协调现象[图10-12a)],滑体两侧出现双沟同源,滑坡体下部因滑动速度差异而呈鼓丘及滑坡裂缝,滑体表面的树木东倒西歪成“醉林”状、甚而出现马刀树等,都是滑坡存在的标志。

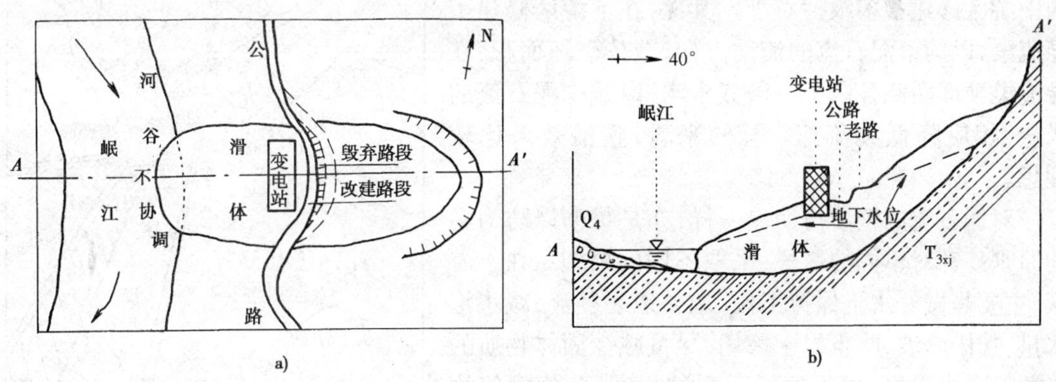

图10-12 滑坡体内地下水对公路的危害示意图

a)平面草图;b)剖面示意图

滑坡的防治,和泥石流一样,要贯彻“以防为主、整治为辅”的原则。即在选线时尽可能避开规模较大的滑坡,对于一些中、小型滑坡,则可比较整治和绕避两个方案的合理性、安全性、经济性,择优选择。滑坡的整治,通常采用排、挡、减、固等措施。

二王庙变电站处的滑坡体给公路造成了一定的病害[图10-12b)]。由于滑坡体内存在大量的裂缝,成为地下水活动的通道。因此当滑体内中下部排水不畅时,造成中上部地下水水位上升,甚至出露成泉水。

公路穿过该地段的路况极差。在约 20m 的路段,雨季路面翻浆,泥泞难行;干季路面干裂,而路基呈塑状,成为“橡皮路”,行车颠簸起伏。为克服这一病害,在此段路的下方筑一新路。但由于地下水问题未得到解决,故时隔数年后,这段数十米的新路面仍因排水不畅,又开始出现毁损现象;加之,地处急弯,行车视线受建筑物遮挡,从而影响着正常运营和安全。

3. 泥石流

泥石流是一种水、泥沙、石块混合在一起流动的特殊洪流。它具有爆发突然、流速快、流量大、物质容重大和破坏力强的特点。

典型的泥石流流域,一般可分为物质来源区(上游)、流通区(中游)和堆积区(下游)三部分。上游区地形陡峭,沟床纵坡大,汇水面积广,三面环山、一面出口的似漏斗状地貌,区内有大量松散物质,崩塌与滑坡密布,植被稀疏,水土容易流失。中游地段河谷狭窄,高岸深谷,使上游汇集到此的泥石流形成迅猛直泻之势。下游区平缓开阔,堆积物如扇形展开,有的形成河漫滩或阶地。水既是泥石流的组成物质,又是搬运泥石流物质的基本动力。因此,泥石流的产生多在暴雨、大雨或冰川、积雪的强烈消融之后。

白水沟口为一小规模泥石流的堆积区,是泥石流的多发地段,大量砂砾、碎石冲入岷江,在其凹岸处形成了河谷不协调现象。公路在此地段,多年来常因路面过水而损毁,交通不畅。1992 年又爆发了一次泥石流,不仅淤塞桥涵,而且在沟口的左侧又冲开一个缺口,将原庄稼地冲毁,变成一片乱石滩;公路也遭到破坏。此路段虽经清理、疏通整治,但因桥涵、路基的纵坡太低,排水不畅,到雨季仍有路面漫水现象。

与白水沟相比,大溪沟泥石流规模要大一些,其整治措施也较得力,如图 10-13 所示。首先,在泥石流的中游区修建了多级拦石坝。其次,在下游区修建了导流渠,以约束泥石流的流动方向,减少破坏面积,在导流渠顶部两侧各修了一条截水沟,以减少泥石流的水量,相应降低其流速。总的来看,整治效果比较理想。

图 10-13　大溪沟泥石流整治措施示意图

对泥石流的整治与崩塌一样,亦是贯彻以防为主的原则。针对不同的区段,采取不同的措施。在上游区,主要是做好水土保持工作,调整地表径流,减小汇水量,加固岸坡,防止岩土垮塌,尽量减少固体物质的来源。在中游区,可设置一系列的拦截坝、拦栅等构筑物,以阻挡泥石流中挟带的物质,减少其破坏力。在下游区,贯彻“宜排不宜堵”的原则,设置排导措施,使泥石流顺利排除。如修建排洪道、导流坝等,约束水流,保护公路路基或农田不受危害。

由于泥石流的破坏性较大,因此在公路选线时须查明所经路段是否存在泥石流的可能性。若可能发生泥石流,则应首先考虑绕避。一般情况下,对泥石流的调查,主要是通过阅读和研究所经地区的地形图和地质构造图,了解该地区的地质、地貌等情况,是否存在区域大断裂、滑坡等,在此基础上,判断泥石流存在的可能性,并采取相应的措施。

4. 路基水毁

都汶公路沿岷江河谷布设，途中常因路线靠近曲流的凹岸受洪水主流线的冲击、掏蚀，导致路基坍塌、滑移等现象的路段有多处。工程上将这一病害称为路基水毁。以桃关为例，在此处岷江流经花岗岩构成的峡谷区，但在桃关下游不远的地方曾发生一次较大的崩塌。松散的崩塌体呈半圆锥状，锥体高达80m左右，底宽约60m，其自然坡度为45°。国道横切坡体的中偏下部，路基长期不稳，还因岸边又处于凹岸，受河水的掏蚀而坍塌，路基随松散体下滑而断路，严重影响汽车运行。

1992年开始整治，采用了以下几项措施，如图10-14所示。

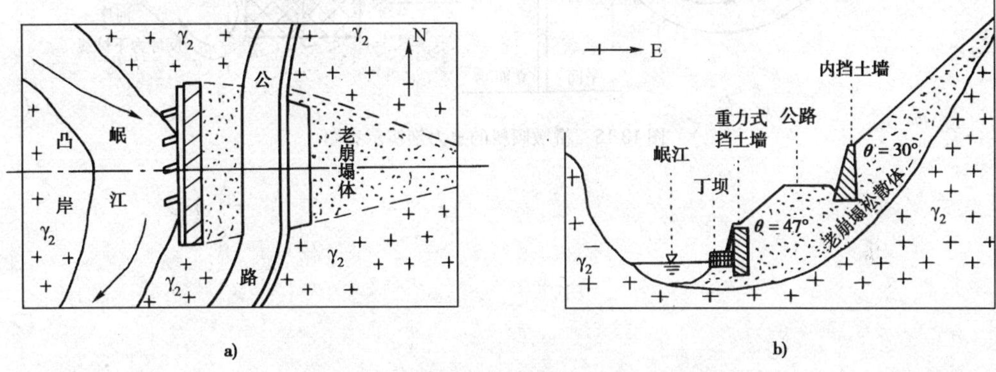

图10-14 桃关崩塌体水毁整治措施示意图

a）平面草图；b）剖面图

(1)重力式抗滑挡墙。在松散体坡脚，河岸边枯水位以下的河床中，浇灌钢筋混凝土的三角柱24个，每个边宽2m、高3m，间隔约0.2m，底边朝外一字排开，便筑成了重力式抗滑挡墙，然后放坡、填实。

(2)设置防波平台（挡墙护脚）及丁坝。在抗滑挡墙基脚修筑约1m宽的混凝土的防波平台，并对挡墙整体抹面（墙体内应预留排水孔若干）；然后在河岸边设长2.5m、宽0.8m、呈鱼背形的丁坝4条，其高度略高于洪水位，与主流线成钝角相交，以求改变主流线流向，减缓对挡墙坡脚的冲击力。

(3)修筑内挡墙。路基压实后，为防治内边坡松散碎石土层下滑，用卵砾石砌筑3m高的挡土墙；在铺垫水泥路面的同时，对内边沟做水泥抹面护理，以防止地表水渗入松散体内。

通过上述措施，此段公路多年来的顽疾得以根治。

5. 某铁路桥墩工程失误

20世纪50年代，为某工程的需要，拟建一铁路线由成都至灌县某地。此线以隧洞穿玉垒山下，此桥跨白沙河口。然因隧道内遇上二王庙断裂带未敢贯通；桥墩倾斜未能架梁，于是全线报废而终（图10-9）。

白沙河口留下钢筋混凝土桥墩8个，其中两岸边墩均向白沙河上游方向倾斜。究其原因，主要有以下几方面。

(1)白沙河口小型“冲积三角洲”上的主流线，因地势开阔极不稳定，时左时右，呈龙摆尾式地冲蚀着两岸，使边墩基部面向水力方向被蚀空。

(2)桥位线定在“三角洲”的下方，靠近汇水线，使得岷江洪水向白沙河倒灌，造成河水顶托之势。

(3)桥墩埋置深度不够,即桥墩基底的深度未超过白沙河洪水期最大水力反冲的下蚀线,如图 10-15 所示。

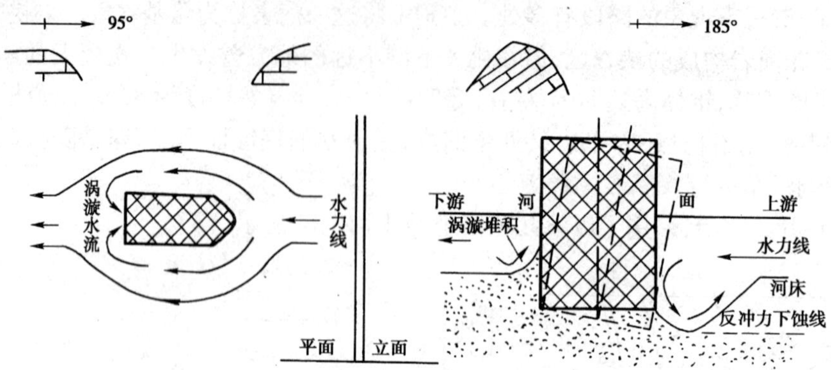

图 10-15　桥墩倾斜的水力剖析示意图

附录Ⅰ　　《工程地质》教学大纲

课程名称:工程地质

学　　时:38 学时

先修课程:《工程测量》、《工程力学》

适用专业:道路桥梁工程技术专业

一、总论

(一)课程性质

本课程是道路桥梁工程技术专业的一门实践性较强的技术基础课,主要是为培养本专业的高级实用型技术人才提供必要的工程地质基础知识和基本技能训练。

(二)开课的目的与任务

通过本课程的学习,既要为专业课和有关的后继课程奠定必要的工程地质基础知识,同时也为以后的工作培养一定的实践技能。在学习本门课之后,学生能够:

(1)能够根据地质资料在野外辨认常见的岩石,了解其主要的工程性质。

(2)能辨认基本的地质构造类型及较明显的、简单的地质灾害现象,掌握它们对公路工程的影响,并确定有关的防治措施。

(3)熟悉地貌类型、水的地质作用特征及它们对公路建设的影响。

(4)能够在公路工程勘测、设计及施工中,懂得搜集和应用有关的工程地质资料,对一般的工程地质问题作初步评价。

(5)熟悉工程地质勘察主要内容、不同阶段勘察的要点;学会阅读和分析常用的工程地质及水文地质资料(地质勘察报告书及地质图等)。

(三)课程教学的重点、难点、手段等说明

根据本课程在专业培养中的任务和工程实践要求,教学内容分为工程地质基础知识、工程地质分析、公路工程地质勘察和工程地质勘察技能训练四个部分。地质基础知识部分以岩石为重点,以阅读地质图为难点;常见的不良地质现象部分是工程地质条件的综合应用部分,教学重点,可根据地区特点自行拟定,一般对崩塌与滑坡部分可适当偏重。工程地质勘察篇主要是培养学生分析处理工程地质问题的能力,公路工程地质勘察部分也可结合野外地质实习内容来讲授。

二、课程内容及其学时分配、教学要求

(一)课程内容及其学时分配

导言 2 学时,岩石及其工程地质性质 8 学时(包括常见矿物与岩石鉴定 4 学时),地质构造 4 学时,水的地质作用 4 学时,地貌及第四纪地质 4 学时,岩体边坡稳定性分析 4 学时,常见的不良地质现象 6 学时,工程地质勘察 6 学时。

1. 导言(2 学时)

介绍工程地质学研究的对象、内容、任务和学习要求,以及工程地质条件在公路建设中的意义。

2. 岩石及其工程地质性质(8 学时)

矿物与岩石(4 学时):介绍矿物的主要物理性质,熟悉常见造岩矿物的识别,三大岩类的形成过程,常见岩石类型和主要工程性质。

常见矿物和岩石的鉴定(4 学时)。

3. 地质构造(4 学时)

地史的基本知识与地质构造(2 学时):介绍岩层产状及其测定方法了解单斜、褶曲、断裂构造及其与公路工程的关系。

阅读地质图(2 学时)。

4. 水的地质作用(4 学时)

地表流水的地质作用(2 学时):介绍地表流水的地质作用及其对公路工程的影响。

地下水的地质作用和路基翻浆(2 学时):介绍地下水的地质作用及其对公路工程的影响;路基翻浆的类型及其工程治理措施。

5. 地貌及第四纪地质(4 学时)

山地地貌和平原地貌(2 学时):介绍山岭地貌形态要素、类型,掌握垭口和山坡等与公路工程的关系;平原地貌的成因类型及对公路工程的影响。

第四纪地质(2 学时):介绍第四纪松散堆积物的成因类型及与公路建设的影响。

6. 岩体边坡稳定性分析(4 学时):

介绍岩体结构的类型及岩体稳定的分析方法。

7. 常见的不良地质现象(6 学时)

崩塌和滑坡(4 学时):介绍崩塌的形成条件、危害、防治措施,掌握滑坡的形态要素、发生条件、类型、野外识别及防治措施。

岩溶、泥石流和地震(2 学时):介绍岩溶形成的基本条件、形态要素及防治措施;泥石流形成的基本条件及防治措施;地震类型、震级与烈度、地震力对建筑物的破坏作用。

8. 公路工程地质勘察(6 学时)

介绍工程地质勘察的目的、任务及主要内容;公路工程地质勘察的内容和工程地质勘察中的主要工程地质问题。

(二)教学要求

导言　熟悉本课程的学习内容和学习要求,明确工程地质与公路工程的关系。

第一章　岩石及其工程地质性质

了解地质作用的类型、常见造岩矿物,掌握常见的岩石类型及工程性质。

第二章　地质构造

了解岩层地质年龄的确定方法及地质年代表,掌握岩层产状及其测定方法,了解单斜、褶曲、断裂构造及其与公路工程的关系。了解简单的地质图。

第三章　水的地质作用

掌握地表流水的地质作用及对公路建设的影响,了解地下水的来源、状态及形成条件,掌握地下水的特征及与公路建设的关系。

第四章　地貌及第四纪地质

了解地貌的形成和发展及地貌的分类,了解山岭地貌形态要素、类型,掌握垭口和山坡等与公路工程的关系。了解平原地貌的成因类型及对公路工程的影响,掌握第四纪松散堆积物的成因类型及与公路建设的影响。

第五章　岩体边坡稳定性分析

了解岩体结构的类型及岩体稳定的分析方法。

第六章　常见的不良地质现象

掌握崩塌的形成条件、危害、防治措施，掌握滑坡的形态要素、发生条件、类型、野外识别及防治措施，了解岩溶形成的基本条件、形态要素及防治措施，了解泥石流形成的基本条件及防治措施，了解地震类型、震级与烈度、地震力对建筑物的破坏作用。

第三篇　公路工程地质勘察

了解工程地质勘察的目的、任务及主要内容，掌握公路工程地质勘察的内容及工程地质勘察中的主要工程地质问题。

三、习题及习题课

在学习过程中应完成课后习题练习及教师布置的习题练习，可在课后完成。

四、实验

实验项目及学时分配：常见矿物与岩石的鉴定（4 学时）。

实验场地：校内实验室。

五、考核方法

平时成绩占总成绩的 30%，期末考试成绩占总成绩的 70%。

平时成绩分配如下：平时作业 10 分，课堂表现 10 分，出勤率 10 分。

附录 II 本书主要符号

一、地层、岩性符号

（一）地层年代符号及颜色

<table>
<tr><th>界</th><th colspan="3">系</th></tr>
<tr><td rowspan="2">新生界
K_2</td><td colspan="2">第四系 Q</td><td>黄色</td></tr>
<tr><td>第三系 R
（橙色）</td><td>晚第三系 N
早第三系 E</td><td>淡橙色
深橙色</td></tr>
<tr><td>中生界
M_2</td><td colspan="2">白垩系 K
侏罗系 J
三叠系 T</td><td>草绿色
蓝色
紫色</td></tr>
<tr><td>古生界
Px</td><td colspan="2">二叠系 P
石炭系 C
泥盆系 D
志留系 S
奥陶系 O
寒武系 ∊</td><td>棕色
灰色
褐色
靛青色
深蓝色
橄榄绿色</td></tr>
<tr><td>元古界 Pt</td><td colspan="2">震旦系 Z</td><td>蓝灰色</td></tr>
<tr><td>太古界 Ar</td><td colspan="2"></td><td></td></tr>
</table>

（二）岩性符号

1. 岩浆岩

符号	岩性	符号	岩性	符号	岩性
γ	花岗岩	γ_x	花岗斑岩	λ	流纹岩
δ	闪长岩	δ_μ	闪长斑岩	α	安山岩
υ	辉长岩	β_μ	辉绿岩	β	玄武岩

2. 沉积岩

符号	岩性	符号	岩性	符号	岩性
C_g	砾岩	S_s	砂岩	S_h	页岩
b_t	角砾岩	M_s	泥灰岩	L_s	石灰岩

3. 变质岩

G_n	片麻岩	S_c	片岩	P_h	千枚岩
S_b	板岩	M_b	大理岩	Q_u	石英岩

二、岩石符号

(一)岩浆岩

花岗岩　花岗斑岩　流纹岩

闪长岩　闪长玢岩　安山岩

正长岩　辉长岩　玄武岩

(二)沉积岩

砾岩　角砾岩　砂岩

页岩　泥岩　泥灰岩

石灰岩　白云岩　白云质灰岩

(三)变质岩

片麻岩　片岩　千枚岩

板岩　大理岩　石英岩

三、地质构造符号

地质界线　岩浆侵入体界线　水平岩层产状

垂直岩层产状　岩层产状　背斜轴

向斜轴　倾伏背斜轴　倾伏向斜轴

倒转褶曲　正断层　逆断层

平推断层　断层破碎带(断面图用)　不整合接触线(断面图用)

参考文献

[1] 杨景春.地貌学.北京:高等教育出版社,1985.
[2] 刘国昌.区域稳定工程地质.长春:吉林大学出版社,1993.
[3] 张咸恭,李智毅,等.专门工程地质学.北京:地质出版社,1990.
[4] 胡厚田,等.边坡地质灾害的预测预报.成都:西南交通大学出版社,2001.
[5] 刘春原,等.工程地质学.北京:中国建材工业出版社,2000.
[6] 南京大学.工程地质学.北京:地质出版社,1982.
[7] 杜恒俭,等.地貌及第四纪地质.北京:地质出版社,1981.
[8] 李中林,李子生.工程地质学.广州:华南理工大学出版社,1999.
[9] 李斌.公路工程地质.北京:人民交通出版社,1998.
[10] 于书翰,杜谟远.隧道施工.北京:人民交通出版社,2000.
[11] 黄成光.公路隧道.1998.
[12] 李瑾亮.地质与土质.北京:人民交通出版社,1998.
[13] 中华人民共和国行业标准.公路土工试验规程(JTG E40—2007).北京:人民交通出版社,2007.
[14] 交通部第二公路勘察设计院.路基.北京:人民交通出版社,1997.
[15] 黎明亮.公路养护工程.北京:人民交通出版社,2000.
[16] 胡长顺,黄辉华.高等级公路路基路面施工技术.北京:人民交通出版社,1999.
[17] 中华人民共和国行业标准.公路工程地质勘察规范(JTJ 064—98).北京:人民交通出版社,1999.
[18] 盛海洋.工程地质与地貌.郑州:黄河水利出版社,1999.
[19] 加拿大矿物和能源技术中心.边坡工程手册.北京:冶金工业出版社,1984.
[20] K.L.舒斯特,R.J.克利泽克.滑坡的分析与防治.铁道部科学研究院西北研究所译.北京:中国铁道出版社,1987.
[21] 刘世凯,等.公路工程地质与勘察.北京:人民交通出版社,1999.
[22] 刘起霞,等.环境工程地质.郑州:黄河水利出版社,2001.
[23] 孙玉科,等.边坡岩体稳定分析.北京:科学出版社,1988.
[24] T.H.汉纳.锚固技术在岩土工程中的应用.胡定,等译.北京:中国建筑工业出版社,1987.
[25] 中华人民共和国国家标准.锚杆喷射混凝土支护技术规范(GB 50086—2001).北京:中国建筑工业出版社,2001.
[26] 林宗元.岩土工程勘察手册.沈阳:辽宁科技出版社,1996.
[27] 戴塔根,等.环境地质学.长沙:中南大学出版社,1999.
[28] 黄春长.环境变迁.北京:科学出版社,1998.
[29] 朱建德.地质与土质.实习实验指导.北京:人民交通出版社,2001.
[30] 李隽蓬,等.土木工程地质.成都:西南交通大学出版社,2001.
[31] 盛海洋.工程地质与桥涵水文.北京:机械工业出版社,2006.
[32] 杨晓丰.工程地质与水文.北京:人民交通出版社,2005.
[33] 陆培毅.工程地质.天津:天津大学出版社等,2003.